高原湖区农田土壤氮累积及其对地下水的影响

陈安强　张　丹　付　斌　王攀磊　王　炽等　著

科学出版社

北　京

内 容 简 介

本书聚焦云南水环境敏感的高原湖泊流域，以高原湖区农田土壤和浅层地下水为研究对象，全面介绍了高原湖区浅层地下水位波动特征、农田土壤剖面氮素累积现状、地下水位波动对土壤氮素流失的影响、浅层地下水的氮素污染与来源等研究进展和研究内容，提出了高原湖区农田土壤氮素减蓄与高效利用的策略和方法。本书为读者快速了解高原湖区农田土壤氮素累积和浅层地下水氮素污染现状及其对环境的影响提供了丰富的素材。

本书可为农业环境保护、土壤学、植物营养学等相关领域的科研工作者、大专院校师生、专业技术管理人员提供借鉴和参考。

图书在版编目 (CIP) 数据

高原湖区农田土壤氮累积及其对地下水的影响/陈安强等著. —北京：科学出版社，2024.4

ISBN 978-7-03-077622-8

Ⅰ. ①高… Ⅱ.①陈… Ⅲ. ①湖区–土壤氮素–影响–地下水–研究 Ⅳ.①P641.13

中国国家版本馆 CIP 数据核字(2024)第 017796 号

责任编辑：李秀伟 刘 晶 / 责任校对：郑金红
责任印制：肖 兴 / 封面设计：无极书装

科 学 出 版 社 出版
北京东黄城根北街 16 号
邮政编码: 100717
http://www.sciencep.com
北京九州迅驰传媒文化有限公司印刷
科学出版社发行 各地新华书店经销
*
2024 年 4 月第 一 版 开本：720×1000 1/16
2024 年 9 月第二次印刷 印张：13 1/4
字数：260 000
定价：198.00 元
(如有印装质量问题，我社负责调换)

《高原湖区农田土壤氮累积及其对地下水的影响》
著者名单

主要著者 陈安强　张　丹　付　斌　王攀磊　王　炽

其他著者（按姓氏汉语拼音排序）

陈清飞　陈兴位　崔荣阳　段艳涛　郭树芳

胡万里　李桂芳　李枝武　马心灵　闵金恒

倪　明　王洪媛　王　蓉　闫　辉　杨　恒

杨树明　杨艳鲜　叶远行　翟丽梅　张金萍

赵新梅

前　言

土壤遗留氮的环境风险已引起国内外学者的广泛重视。云南高原湖区农业集约化种植强度高、氮肥施用强度大，造成了土壤中氮素累积量高。土壤遗留氮的再释放会成为环境中氮素的主要来源之一，是造成高原湖泊流域水环境氮素污染的重要因素。更重要的是，高原湖区地下水位浅，雨、旱季变化导致地下水位季节性波动大，从而加大了累积在土壤中氮的流失，造成高原湖区浅层地下水氮污染严重，氮随浅层地下径流进入湖泊，成为陆源氮入湖的重要途径之一。因此，明确云南高原湖区农田土壤氮素累积特征及其对浅层地下水的影响，对防控高原湖区农田面源污染、保护湖泊水质安全具有重要意义。

本书以云南 8 个高原湖区农田土壤和浅层地下水为研究对象，开展了高原湖区浅层地下水位波动、氮素在农田土壤和地下水中累积、浅层地下水中氮素溯源、地下水氮浓度预测等长期监测和研究工作，分析了高原湖区农田土壤氮素累积特征及其对浅层地下水的影响，明确了浅层地下水中氮素的主要来源及其贡献，预测了浅层地下水氮浓度变化，提出了高原湖区农田土壤氮素减蓄与高效利用的策略和关键技术，研究结果可为高原湖区农田面源污染精准防控提供方向和参考。

本书共分 9 章，第一章为高原湖泊流域概况，第二章为高原湖区农田土壤氮储量分布特征，第三章为高原湖区农田浅层地下水位变化，第四章为高原湖区浅层地下水位变化驱动的农田土壤氮流失，第五章为高原湖区农田土壤剖面与浅层地下水中氮浓度关系，第六章为高原湖区浅层地下水氮浓度变化及驱动因素，第七章为高原湖区浅层地下水氮浓度预测，第八章为高原湖区浅层地下水中硝酸盐的来源与贡献，第九章为高原湖区农田土壤累积氮素减蓄技术。

本书是在主要著者承担的国家自然科学基金系列项目、云南省系列人才项目和省级创新团队项目的支持下完成的，在此表示衷心感谢。

在写作过程中，我们力求方法详尽、数据翔实、分析透彻、观点客观，表述简洁明了。由于著者水平有限，书中不足之处恐难避免，敬请广大读者批评指正。

陈安强

2023 年 8 月

目　　录

第一章 高原湖泊流域概况

第一节 地理位置

云南省位于我国西南地区，地处21°8′～29°15′N、97°31′～106°11′E，东部与贵州、广西为邻，北部与四川相连，西北部紧依西藏，西部与缅甸接壤，南接老挝和越南。云南省是我国天然湖泊最多的省份之一，湖泊流域涉及昆明、大理、玉溪、丽江、红河等州（市）的17个县。全省面积大于1km^{2}的湖泊有37个，水面面积总和约1100km^2，湖泊总储水量约300亿m^3，其中湖泊面积排名靠前的九大高原湖泊（简称“九湖”）分别为：滇池、洱海、星云湖、阳宗海、抚仙湖、杞麓湖、程海、异龙湖、泸沽湖。“九湖”流域总面积为7849.7km^2，约占全省面积的2%；湖泊水面总面积为1020.8km^2，总蓄水量为299.6亿m^3。九大高原湖泊分布在滇中、滇南、滇西和滇西北，分属昆明、玉溪、大理、红河、丽江等州（市）。因泸沽湖水质类别为Ⅰ类，湖泊周边农田面积较小，农业面源污染风险低，因此，在以下的研究中并未涉及该湖泊流域，重点针对滇池、洱海、星云湖、阳宗海、抚仙湖、杞麓湖、程海、异龙湖8个湖泊进行研究。

滇池是云南省最大的淡水湖，也是中国第六大淡水湖，有“高原明珠”之称。滇池流域位于云南省昆明市境内（24°27′～25°27′N，102°29′～103°00′E），流域总面积2930.0km^2，包括盘龙区、西山区、五华区、官渡区、晋宁区、呈贡区、嵩明县7个县（区），流域呈南北走向，地处长江、红河、珠江三大水系分水岭地带，属长江上游金沙江水系。滇池位于昆明市主城区的下游，湖体呈南北走向，湖泊水面面积309.5km^2，湖面海拔1886.4m。

洱海是云南省第二大湖泊，位于云南省大理白族自治州境内（25°25′～26°16′N，99°32′～100°27′E），地处澜沧江、金沙江和元江三大水系分水岭地带，属于澜沧江–淯公河水系。洱海湖体呈南北走向，流域面积2565.0km^2，湖泊水面面积282.9km^2，湖面海拔1973.7m。洱海湖体主要在大理市主城区上游，北岸连接洱源县东南隅、苍山东麓、玉案山西麓。湖泊沿岸，东有挖色、海东等镇，南有下关、凤仪等镇，西有喜州、湾桥、城邑、七里桥等镇，北有双廊、江尾两镇。泄水口西洱河位于大理城区西南端。

抚仙湖位于云南省玉溪市境内（24°29′～24°55′N，102°42′～103°4′E），是中国最大的深水型淡水湖泊。抚仙湖居滇中盆地中心，跨澄江、江川和华宁三县，西部、北部、东部分别与昆明市所辖的呈贡区、晋宁区、宜良县相邻，南部与玉溪市所辖的江川区、华宁县毗邻。抚仙湖湖体呈南北走向，流域面积 674.7km^2，湖泊水面面积 216.6km^2，湖面海拔 1721.0m。抚仙湖地处长江流域和珠江流域分水岭地带，属南盘江流域西江水系，位于滇中湖群五大湖泊（抚仙湖、星云湖、杞麓湖、阳宗海和滇池）的中心部位，与滇池、杞麓湖和阳宗海的水平距离分别为 17.0km、18.0km 和 27.0km，南部有 2.5km 长的玉带河与星云湖相通。

星云湖位于云南省玉溪市江川县境内（24°17′～24°23′N，102°45′～102°48′E），东临华宁县，西接玉溪红塔区，南与通海接壤，北与晋宁、澄江两县为邻。星云湖流域属于珠江流域南盘江水系，湖体呈南北走向，流域面积 375.0km^2，湖泊水面面积 34.7km^2，湖面海拔 1722.0m。

杞麓湖流域位于云南省玉溪市通海县境内（24°4′～24°14′N，102°33′～102°52′E）。流域北枕江川县星云湖，南望曲江干流，西依玉溪大河（曲江上游段），东邻华宁县龙洞河。通海县城距昆明市 133.0km，距玉溪市 54.0km。杞麓湖湖体呈东西走向，流域面积 354.0km^2，湖泊水面面积 37.3km^2，湖面海拔 1796.8m。

异龙湖位于云南省红河哈尼族彝族自治州石屏县境内（23°28′～23°42′N，102°28′～102°38′E），在县城异龙镇东南 3.0km 处。异龙湖湖体呈西北—东南走向，流域面积 360.4km^2，湖泊水面面积 31.0km^2，湖面海拔 1412.2m。异龙湖在珠江支流南盘江与红河两大流域分水岭地带，系南盘江支流泸江的源头，原属珠江水系；1971 年凿开青鱼湾洞后，湖水从青鱼湾隧道放入五郎沟河，经小河底河进入红河，属红河水系；2017 年 3 月 10 日，异龙湖湖水实现西进东出，复归珠江水系。

程海位于云南省丽江市永胜县南部，隶属永胜县程海镇（26°27′～26°38′N，100°38′～100°41′E），东与东山乡接壤，南与期纳镇相邻，西与顺州乡交界，北与三川镇毗邻，是永胜县南端的经济、文化中心和交通枢纽。湖心距离永胜县城 18.5km，距丽江古城 120.0km，距昆明 410.0km，距泸沽湖 200.0km，距大理 140.0km。程海属长江上游金沙江水系，湖体呈南北走向，流域面积 318.3km^2，湖泊水面面积 77.2km^2，湖面海拔 1503.0m。

阳宗海位于昆明市和玉溪市的宜良、呈贡、澄江三县交界处(24°27′～24°54′N，102°55′～103°02′E)，距昆明市区约 36.0km，为小江断裂控制形成的天然断陷淡水湖泊。受小江断裂带的影响和水流的溶蚀，山系、河流、湖体均呈南北走向。阳宗海属珠江流域南盘江水系，流域面积 286.0km^2（含摆依河引洪区域 94.0km^2），湖泊水面面积约 31.7km^2，湖面海拔 1770.0m。

第二节 地形地貌

云南省是多山省份，属青藏高原南延部分，山区面积占全省面积的 94%。全省地势西北高、东南低，由西北向东南倾斜；地形以元江谷地和云岭山脉南段的宽谷为界，分为东、西两大地形。云南境内主要水系可分为三部分：西部横断山脉地区的怒江和澜沧江，通过本省向南流出国境至印度洋；北部为金沙江水系、南盘江水系，经长江、珠江入海；中南部红河流经越南入海。

滇池流域以滇池湖体为中心，形成由滇池水域、湖滨平原、山前台地、中山山地逐级抬升，且独具特色的不对称阶梯状同心椭圆高原盆地地貌格局。滇池流域山地和丘陵面积达2030.0km^2，湖滨平原面积590.5km^2，湖泊水面面积309.5km^2，山地、平原、水面面积比约为6∶2∶1。流域内面山地带可以分为12个小流域，包括：柴河水库流域、小河流域、甸尾河流域、松华坝水库流域、宝象河水库流域、果林水库流域、洛龙河上游流域、横冲水库流域、松茂水库流域、大河水库流域、双龙水库流域、西山散流。

洱海流域地势从西北到东南逐渐倾斜，海拔为1852～4122m。不同区域坡度差异明显，51%的流域面积坡度在13°以上，坡度较缓的区域主要分布在海南、海西与海北的坝区，海西苍山山脊、海北、海东与海南地形坡度较大。最高区域位于洱海西岸的苍山山脉，由19座山峰自北向南组成，北起洱源邓川，南至下关天生桥，南北长48.0km，东西宽约10.0km，最高峰为苍山山脉的马龙峰，达4122m；最低处位于洱海的出水口——西洱河口，海拔仅1852.0m。大理坝子，是一片西北—东南走向的小平原，北起洱源县下山口，南抵大理市凤仪镇，东有洱海，西依苍山，长约60.0km，面积601.0km^2。洱海流域东部地形为中山谷地湖滨复合地形，海拔1974～2800m；西部地形为高山分水岭冰成坝地形，海拔1974～4122m；南部地形为中山宽谷及盆地复合地形，海拔1852～3300m；北部地形为中山冲积坝地形，海拔1974～3000m。

抚仙湖流域以高原地貌为主，受构造盆地影响，区域内地势周围高、中间低，相对高差大。抚仙湖东西两岸山势陡峭，呈东北—西南走向，与构造线基本一致。湖泊东、南、西三面环山，北面与澄江坝子相连，湖面形似葫芦状，南北向发育，中间窄，两端宽，北端宽而深，南部窄而浅，北部最宽处11.5km，中段最窄为3.2km，平均宽度6.8km。区域内最高点为梁王山，海拔2820m。山脉经东虎山（2628m）、黑汉山（2494m）、谷堆山（2648m）、老君山（2319m）等一系列山脉由东北向西南延伸，形成了金沙江水系（滇池）与珠江水系（抚仙湖、星云湖）的分水岭。

星云湖流域位于扬子准地台西南缘，受前震旦纪晚期的晋宁运动波及，加里东运动造成本区中、上寒武世至志留纪的沉积缺失。星云湖海拔最高点2648m、最低点1690m。星云湖流域处于滇东"山"字形构造体系的前弧与脊柱之间地盾区域，由于地壳局部下陷形成。星云湖周围为低山、丘陵地形，为滇中高原陷落型浅水湖泊；流域内山区、半山区约占65%，坝区占35%，水域占14%。

杞麓湖流域是一个典型的高原湖盆地，四周群山环抱、山峦起伏，中部为湖泊，湖面海拔 1790m，湖周为平坝区，主要分布在湖泊的南、西、北三面，面积约 100km^2，坝区外围为中低山，海拔多为 1979～2100m。流域主要由山区和坝区组成，面积分别占 61%和 30%。杞麓湖四周为平坦肥沃的农田，是通海县粮食和经济作物的主要产区。在地质构造上，流域处于云南“山”字形构造体系的前弧内缘，由通海复式褶皱及伴生的一系列北东向压性和压扭性断裂组成，受曲江断裂带和小江断裂带的影响，地震灾害比较频繁。

异龙湖湖区呈东西向条带状，为断陷溶蚀湖积盆地，湖盆中为长 30km、宽 2～6km、面积 92km^2 的冲积平原。湖区内地势平坦，沿西北向东南展布，海拔 1420m 左右，呈半封闭状态，盆内积水成湖，周围均为构造侵蚀中、低山地。盆地周围山峦起伏，从而构成了异龙湖汇水区典型的中山湖盆地貌。异龙湖北靠乾阳山，岸坡较陡，一般为 35°以上的高坡；南岸为五爪山，山峦丘陵起伏，岸坡地势低缓，坡度在 20°以下，坡积厚度一般在 20m 左右；湖东、西两面地势平缓，均已开垦为农田，湖西为冲积坝，石屏县城就坐落在冲积坝上。

程海湖东、西、北三面环山，山体海拔为 2500.0～3300.0m，南北地势平坦。东面为红层碎屑岩组成的高山地形，坡度较缓；西面为玄武岩组成的连绵不断的陡峻高山，在山坳中有稀疏的村庄和少量农田；北面为碳酸盐岩组成的中山地形，山坡上有大片农田和村庄。湖面呈现狭长形。根据成因类型及组合形态，程海流域地形可分为堆积地貌、侵蚀构造地貌、溶蚀构造地貌三大类。

阳宗海呈南北狭长形分布，四周群山环抱。随着构造断陷的演变，先形成阳宗、汤池整个断陷盆地，在盆地基础上发育成构造湖。整体地势四周高、中间低，呈盆地特征。流域内面积较大的平地主要分布在南部阳宗镇、东部草甸海周边、东北部汤池街道和西部七甸产业园。阳宗海流域坡度为 15°～45°的土地占比较大，坡度在 15°以下的用地（包括水域）不足总用地面积的 35%。

第三节　气 候 条 件

滇池流域气候水平分布为中亚热带半湿润季风气候，垂直分布包括中亚热带、北亚热带、暖温带气候。流域大部属低纬北亚热带高原季风气候，冬无严寒、夏无酷暑、干湿分明、四季如春。全年主导风向为西南风，气温日较差大、年差较小。年均气温 15.7℃，年均降水量 907.1mm，年均相对湿度 74%，年均日照时数 2316h，年均风速 3.5m/s，年均蒸发量 1633.9mm，全年无霜期 313 天。滇池流域年降水量总体呈下降趋势，但与季节变化并不一致。春季和冬季的降水量呈增加趋势，夏季和秋季的降水量呈减少趋势。滇池流域的年均气温、最高气温和最低气温均呈明显上升趋势，其中最低气温增温幅度远高于年均气温和最高气温。季节变化中，冬季增温的幅度最大，春季最小。

洱海流域属典型的低纬度高原亚热带西南季风气候，干湿季明显，气候温和，日照充足，全年有干湿季之别而无四季之分。每年 11 月至翌年 5 月为干季，5 月下旬至 10 月为雨季。年均气温在 15℃左右，最冷月（1 月）平均气温 5℃左右，最热月（7 月）平均气温 25℃左右，气温随海拔增高而降低，年均日照时数 2250～2480h，年均相对湿度 66%，主导风向为西南风，年均风速 2.3m/s，年均降水量 1048.0mm，雨季降水量约占全年的 85%～95%。由于特殊地理气候条件影响，降水量随海拔增高而增多，在时间、空间上的分布呈现较大的差异，实测最大年降水量为 2145.4mm（苍山站 1992 年），最小为 370.5mm（银桥站 2003 年），最大年降水量约为最小年降水量的 5.8 倍。湖面年均蒸发量为 1208.6mm，最大 1520.0mm（1968 年），最小 932.0mm（1952 年）。

抚仙湖流域为中亚热带半干旱高原季风气候，光照充足，冬暖夏凉，积温多，干湿分明，雨热同季，年均气温 11.9～17.5℃，最高气温 32.5℃，最低气温–4.4℃；最冷月为 1 月，最热月为 6 月，气温具有年较差小、日较差大的特点。有霜日最多 46 天、最少 9 天，年均相对湿度 76%。流域内风向多为南风，年均风速 2m/s。旱季（11 月至翌年 5 月）主要受印度大陆北部干暖气流的控制，空气干燥，晴天多，云雨少，日照丰富，全年日照时数 2172.3h，日照率 50%。干湿分明、雨热同季；雨季（6～10 月）主要受来自印度洋和南海海面的西南与东南暖湿气流影响，天气阴晦，湿度大，云雨多，当与南下冷空气相遇后形成大量降水。雨季一般始于 6 月初，终于 10 月下旬。6～10 月降水量约占全年降水量的 85%，12 月至翌年 2 月降水量仅占年降水量的 5%。

星云湖流域具有气候温和、四季不分明、干湿季明显的亚热带半湿润高原季风气候特点。年降水量 496.8～1220.6mm，年均降水量 848.7mm；雨季主要集中在 6～10 月，降水量占全年降水量的 83.4%，7 月降水量最多，占 16.5%；旱季主要集中在 11 月至翌年 5 月，降水量占全年降水量的 16.6%，4 月降水量最少，占 4.2%。年均蒸发量 1988.3mm，3～5 月蒸发量约占全年的 37.2%。年均日照时数 2190.0h，年均气温 15.9℃，最热月 7 月平均气温 20.3℃，最冷月 1 月平均气温 8.7℃。流域内全年风向多为西南风，历年最大风速达 33.0m/s。

杞麓湖流域属于中亚热带半湿润高原季风气候，具有冬季干燥温暖、夏季温暖潮湿的大陆性气候特点。年均气温 15.6℃，最冷月 1 月平均气温 9.0℃，最热月 7 月平均气温 19.9℃，年实测最高气温 31.9℃，年实测最低气温–5.4℃，最热月均温与最冷月均温相差 10.9℃。年平均日照率 52%；每年霜期一般为 11 月 11 日左右至翌年 3 月 12 日左右，年均霜期 104 天，平均有霜日 27 天；风向多为偏南风，年均风速 2.7m/s。年均相对湿度 73.4%，年均降水量 877.0mm。雨季 6～8 月，降水量占年降水量的 52.8%；旱季 11 月至翌年 4 月，降水量仅占年降水量的 17.5%，其中降水量最小的 1 月仅占 1.7%。流域年均蒸发量 1150.0mm，历年各月平均蒸发量 4 月最大（蒸发量 168.6mm），12 月最小（蒸发量 60.0mm）；1～4 月蒸发量逐月增大，5～12 月蒸发量逐月减小。

异龙湖流域属亚热带高原山地季风气候，年均气温 18℃，最冷月 1 月平均气温 11.6℃，最热月 6 月平均气温 22.2℃；极端最高气温 34.5℃（1960 年 8 月 10 日），极端最低气温–2.4℃（1974 年 1 月 2 日）。无霜期 317 天，初霜期 12 月 14 日左右，终霜期 1 月 30 日左右。年降水量 786.0～1116.0mm，年均降雨日 134 天，年均日照时数 2308.4h，年均相对湿度 75%。流域内以东南风居多，平均风速 1.9m/s。

程海流域属亚热带高原季风气候，全年盛行南风，常有强烈的焚风，气候干旱炎热，且干旱时间长，晴朗少云，四季不分明，年均气温 18.5℃，最冷月平均气温 8～11℃，月最高温在 5～7 月，年日照时数 2700h。年降水量少，降水集中在 7～9 月，流域年均降水量 725.5mm，蒸发量为 2269.4mm；湖面年均降水量为 733.6mm，蒸发量为 2169.0mm，年均蒸发量是年均降水量的 2～3 倍。

阳宗海流域属低纬度亚热带高原湿润季风气候，受季风影响明显，冬无严寒，夏无酷暑，气温日较差大，干湿季分明。年均气温 11.9～17.5℃，全年月温最高在 7 月，平均气温 16.2～20.6℃，最低在 1 月，平均气温 5.9～8.9℃；平均风速 1.8～2.6m/s。雨季于 5 月下旬开始至 10 月上旬结束，降水日数全年有 129 天，年降水量 900.0～1200.0mm，降水量的年际变化不大，但年内分配极不均匀，雨季 5～10 月降水量约占全年的 85%，旱季 11 月至翌年 4 月仅占 15%左右，而最干的 1～2 月不到 2%。有霜日为 113 天，无霜日 252 天，年日照时数 1904.3h，日照率 43%。降水的季节性特点造成旱季降水日数少，晴天日数多，气温高，蒸发量大，年均水面蒸发量 2120.0mm。

第四节　水文水资源

滇池属断陷构造湖泊，湖体狭长，略呈弓形，南北长 40.2km，东西宽 12.5km，湖岸线长 163.0km。滇池正常高水位为 1887.5m，平均水深 5.3m，湖水容量 15.6 亿 m^3。主要入湖河流有 35 条，入湖流程短，湖泊水体置换周期长。子流域面积大于 100km^2的有 7 条，分别是盘龙江、宝象河、洛龙河、捞鱼河、晋宁大河、柴河、东大河，多年平均入湖径流量 9.7 亿 m^3，多年地下水补给量 2.35 亿 m^3，湖面蒸发量 4.4 亿 m^3。滇池分为外海和草海，由人工闸分隔，外海面积约占全湖的 96.7%，注入外海的主要河流有 28 条，多年平均入湖径流量为 9.0 亿 m^3，湖面蒸发量 4.3 亿 m^3；注入草海的主要河流有 7 条，多年平均入湖径流量为 0.7 亿 m^3，湖面蒸发量 0.1 亿 m^3。滇池水经外海西南端海口中滩闸和草海西北端西园隧道两个人工控制出口，分别经螳螂川、普渡河流入金沙江。

洱海主要补给水为降水和入湖河流，流域内有弥苴河、永安江、波罗江、罗时江、西洱河、凤羽河及苍山十八溪等大小河溪共 117 条，还有茈碧湖、海西海、西湖等湖泊水库。洱海北有茈碧湖、西湖和海西海，分别经弥苴河、罗时江、永安江等穿越洱源盆地、邓川盆地进入洱海。其中，弥苴河为最大河流，汇水面积 1389.0km^2，多年平均来水量为 5.1×10^8m^3，经弥苴河、罗时江、永安江三条河的多年平均径流量占洱海入湖河流总径流量的 50%左右。洱海西岸分布有苍山十八溪，入湖水量占洱海多年平均径流量的 23%。洱海东岸为丘陵山地，加之降水稀少，发育的河流不多，较大的仅有凤尾箐和石碑箐。洱海南部分布有金星河、东南部分布有波罗江，入湖水量占洱海总入湖径流量的 7.4%。洱海西南部地区，天然出湖河流仅有西洱河，该河全长 23.0km，总落差 610.0m，至漾濞县平坡乡汇入黑惠江，流向澜沧江，注入湄公河。人工引水工程“引洱入宾”，由海东镇出水口引流至宾川县，进入金沙江流域。

抚仙湖是我国蓄水量最大的深水型淡水湖泊，其蓄水量是滇池的 12 倍、洱海的 6 倍、太湖的 4.5 倍，占云南九大高原湖泊总蓄水量的 68.3%，占全国优于Ⅱ类水质以上湖泊淡水资源的 50%以上，占全国淡水湖泊蓄水量的 9.16%。当抚仙湖水位为 1722.5m 时，湖长约 31.4km，湖最宽处约 11.8km，最大水深 158.9m，平均水深 95.2m，湖岸线总长 100.8km，相应蓄水量 206.2 亿 m^3。抚仙湖最高蓄水位为 1723.4m（1985 国家高程基准，下同），最低运行水位为 1721.7m。入湖河流包括梁王河、东大河、马料河等 103 条，其中非农灌沟的河道有 60 多条，集水面积大于 30km^2 的有 2 条（为东大河和梁王河），集水面积 10～30km^2 的有 6 条，积水面积小于 10km^2 的有 18 条。抚仙湖流域河流普遍短小，最长的梁王河 21km，其次是东大河 19.9km，其余多在 10km 以下。唯一的出水河流位于湖泊中部东岸的海口镇，从海口村起东流约 14.5km 入南盘江。玉带河是抚仙湖与星云湖的连接水道，原星云湖水经玉带河进入抚仙湖，2008 年实施出流改道，星云湖水不再流入抚仙湖。抚仙湖是我国重要的战略性水资源，但其换水周期长达 167 年，湖水一旦受到污染，将难于治理恢复。

星云湖南北长 9.1km，东西最大宽 4.7km，最大水深 10.8m，平均水深 6.0m。星云湖最高蓄水位为 1723.4m，最低运行水位为 1721.7m。当星云湖湖面海拔 1722.5m 时，湖泊水面面积 34.3km^2，湖泊蓄水量为 2.1 亿 m^3，湖岸线长 36.3km；历年最高水位 1723.1m，最低水位 1720.6m，最大变幅 2.6m，年内变化 0.7～1.7m。星云湖流域共有大龙潭河、周德营河、学河、东西大河、大街河、大庄河、旧州河、大寨河、渔村河、周官河、小街河、螺蛳铺河等 12 条主要入湖河流，河道总长 132.3km，大多数为季节性河流，坡降较大。此外，流域内还有一定量的流量较小的山箐、土沟、农灌渠等。星云湖出流改道实施后，玉带河成为星云湖新的入湖河流，目前已经贯通运行的出流改道隧洞成为星云湖的出湖口，最大泄流量为 9.2m^3/s。

杞麓湖法定最高蓄水位海拔为 1796.6m，最低蓄水位海拔为 1793.9m。2019 年杞麓湖最高蓄水位为 5.1m，对应海拔为 1796.5m，对应蓄水量为 1.8 亿 m^3；最低水位 3.7m，对应海拔为 1795.1m，对应蓄水量为 1.3 亿 m^3；水位相差 1.4m，蓄水量相差 0.5 亿 m^3。杞麓湖 2010～2020 年多年平均水位 1794.7m，对应多年平均蓄水量 1.1 亿 m^3。湖泊多年平均水资源量 0.4 亿 m^3。主要入湖河流为红旗河、者湾河、大新河、中河、万家大沟、白渔河和窑沟 7 条。红旗河全长 24.6km，径流区面积 147.2km^2，占杞麓湖径流区总面积的 43%；年均径流量 4046 万 m^3，常年有水，占杞麓湖入湖水量的 43%。者湾河和大新河各占杞麓湖入湖水量的 14%。湖水从东南岸的落水洞经暗河排入华宁县境内，汇入珠江流域南盘江水系。

异龙湖东西轴线长 13.1km，南北最宽 3.6km、最窄 1.4km，平均宽 2.5km，湖岸线长 41.9km。当水位为 1414.2m 时，异龙湖水面面积 31.0km^2，最大水深 6.5m，平均水深 2.8m，湖泊蓄水量 1.2 亿 m^3，最高运行水位为 1414.2m，最低运行水位为 1412.7m。异龙湖入湖河流主要有 7 条，即赤瑞海河（城河）、城北河、城南河、龙港河、大水河、大沙河、渔村河，控制流域面积在 70%以上，其中异龙湖西岸的 3 条河流是最主要的入湖水量来源，入湖水量占河流入湖水量的 85%，其中以城河入湖水量最大，占 59%。龙港河是异龙湖东南岸的主要入湖水量来源，其入湖水量占河流入湖水量的 10%。近年来，受流域干旱的影响，7 条主要入湖河流存在不同程度断流，导致河水入湖量急剧减少。入湖径流量集中分布在 7～10 月，其中 7 月的入湖水量最大，占全年入湖水量的 21%。

程海水量补给主要来自地下水、湖面降水以及湖周地表径流，水量损耗主要来自湖面蒸发和农田灌溉。程海最高运行水位为 1501.0m，最低控制水位为 1499.2m；湖面水位为 1501.0m 时，湖面南北长 19.2km、东西平均宽 4.3km，最大宽度 5.2km；湖岸线长 45.0km，最大水深 35.0m，平均水深 25.7m，87%的湖面水深超过 20.0m，湖泊总库容 19.79 亿 m^3。流域内主要入湖河流和冲沟有 47 条，但流程较短，且多数河流为季节性溪流。主要入湖河流包括季官河、马军河、龙王庙河、关帝河、王官河、团山河、秦家河、半梅河、清德河等共计 24 条。

阳宗海湖面控制水位 1770.8m，湖泊水面面积 31.9km^2，最大水深 29.7m，平均水深约 20m，湖泊南北长 12.7km，东西平均宽 2.5km，湖岸线长 32.3km，总蓄水量 6.0 亿 m^3。阳宗海流域内地表水系简单，主要入湖河流有阳宗大河、七星河、鲁溪冲河及摆依河，主要集水面积分别为 27.3km^2、17.0km^2、8.2km^2、95.8km^2。汤池河是阳宗海唯一出水河流，集水面积为 377.2km^2。阳宗海天然补给水资源有限，多年平均天然补给水资源量仅 7079.0 万 m^3。阳宗海流域共有小一型水库 8 座，小一型水库库容总计 1587.9 万 m^3。

第五节　土壤与植被

滇池流域土壤类型复杂多样，主要有红壤、黄棕壤、紫色土、冲积土、石灰岩土、水稻土 6 个土壤类型，共 9 个亚类、16 个土属、27 个土种。地带性土壤为红壤，受气候和植被垂直分布的影响形成棕壤、黄棕壤、红壤的垂直分布；受母质等影响形成紫色土、冲积土、沼泽土的非地带性分布，长期人工水耕熟化形成了大面积的水稻土。除去滇池水面、河流、道路、石山裸岩、工矿居民用地，土壤面积约 2092km^2，其中红壤主要分布于海拔 1600～2100m 的广大地区，占流域农业区土壤面积的 82.6%；紫色土分布于海拔 1346～2000m 的沟谷，多与红壤交错分布，土层不厚，占流域农业区土壤面积的 5.9%；水稻土主要分布在平坝区，占流域农业区土壤面积的 11.0%。滇池流域森林植被区系属亚热带半湿润常绿阔叶林带，可划分为温凉性针叶林、暖温性阔叶林、温热性河谷灌丛、滇中高原湖泊水生植物四种类型，现有 167 科 900 多种植物，以云南松、油杉、华山松、栎等大型乔木为主要树种。滇池流域温暖性常绿阔叶林常与亚热带暖性针叶林呈现混交林，亚热带暖性常绿阔叶林分布在滇池流域海拔 1885～2500m 的广大范围。经过多年绿化造林，滇池流域森林覆盖率由 34.1%上升到 49.0%。

洱海流域土壤类型有红壤、紫色土、棕壤、暗棕壤、水稻土、石灰岩土、亚高山草甸土等。流域内林地覆盖率为 10.8%，灌木林地覆盖率为 24.8%，森林总覆盖率为 35.6%。林地和灌木林地的覆盖面积占全流域林业用地总面积的 79.9%。洱海流域活立木总蓄积量为 158.0 万 m^3，其中北部流域为 72.7 万 m^3，占 46.0%；东部 10.0 万 m^3，占 6.3%；南部 19.8 万 m^3，占 12.5%；西部 55.8 万 m^3，占 35.2%。湖东丘陵山地由于人为长期干扰破坏，森林植被已寥寥无几。植被主要为耐旱禾本科草类组成的草本植物群落，以黄茅、刺芒野、古草、黄背草、芸香草等为主。

抚仙湖流域地带性土壤占流域面积的 47.1%，地带性土壤分别为红壤、黄棕壤、棕壤。其中，红壤分布在抚仙湖流域的广大地区，面积 253.2km^2，占流域总面积的 37.5%；棕壤主要分布在中山山地海拔 2600m 以上地区，面积 0.2km^2，占流域总面积的 0.03%。非地带性土壤占流域面积的 20.8%，非地带性土壤分别为水稻土和紫色土。其中，紫色土主要分布在中生代地层出露地区，面积 64.4km^2，占流域总面积的 9.5%；水稻土分布在湖滨平原及山前台地，面积 75.8km^2，占流域总面积的 11.2%。流域植被主要以半湿润常绿阔叶林、云南松林、华山松为主，其中，半湿润常绿阔叶林面积为 154.0km^2，占流域总面积的 22.8%；云南松林面积为 35.2km^2，占流域总面积的 5.2%；华山松林面积为 1.1km^2，占流域总面积的 0.2%；半湿润常绿阔叶林灌丛 63.5km^2，占流域总面积的 9.1%。

星云湖流域主要有水稻土、紫色土、棕壤及红壤 4 个土类。海拔 1800.0m 以下盆地为水稻土主要分布区；海拔 1800～2000m 的低山、丘陵是红壤、紫色土复合地带；海拔 2000～2400m 为红壤、紫色土交错或镶嵌地带；海拔 2400m 以上为棕壤分布区。森林植被主要以云南松、华山松、半湿润常绿阔叶林为主，其中，云南松林面积为 67.9km^2，占流域总面积的 18.3%，主要分布在流域北部与东南部；华山松林面积为 5.6km^2，占流域总面积的 1.5%，主要分布在流域北部、东南部与西南部；半湿润常绿阔叶林面积为 30.5km^2，占流域总面积的 8.2%，主要分布在流域北部分水岭附近。人工植被以旱地与水田栽培植被为主，主要分布在流域坝区。

杞麓湖流域土壤有红壤、红棕壤、棕壤，其次为紫色土、水稻土等。红壤主要分布于海拔 1700～2400m 地带的山区、半山区，占土地面积的 64.2%；紫色土主要分布于海拔 1700～2450m 地带的山区、半山区，占土地面积的 8.3%；水稻土多分布于环湖坝区，多为冲积型水稻土，少量零星分布于山区河谷，占土地面积的 16.2%；红棕壤分布于海拔 2400～2450m 地带。流域植被类型多样，以暖温性植被类型为主，云南松和华山松为主要树种。在海拔 1800～2000m 地带，主要木本树种有云南松、滇油杉、栓皮栎、麻栎、川梨、杜鹃等，草本植物有毛蕨菜、黄背草、香薷、云南裂稃草、四脉金茅等；在海拔 2000～2441m 地带，由于受垂直气候变化的影响，主要为华山松、旱冬瓜、高山栎等温凉性树种。

异龙湖流域内共有红壤、水稻土、冲积土和紫色土 4 个土类，含 8 个亚类，16 个土属、35 个土种，以红壤分布最广（约占 72.0%），水稻土次之（约占 16.8%）。红壤主要分布于山区、半山区和坝子边缘的丘陵地带；水稻土主要分布于坝区、半山区和山区的河谷地区；冲积土主要分布在异龙湖周围的坝区，少数分布在山区河谷沟道两侧；紫色土是在紫红色成土母岩上形成的特殊土壤类型，分布于异龙镇和坝心镇。异龙湖径流区内植被复杂、类型多样，主要乔木植物有云南松、栎类、柏树、木荷、西南桦、油杉等，主要灌木植物有车桑子、萌生栎、小石积等，主要草本植物有扭黄茅、紫茎泽兰等。常见的森林植被群落有云南松纯林、松栎林、松阔混交林、栎林及车桑子灌木纯林等。

程海流域内的成土母质主要为玄武岩、石灰岩风化物、河流冲积物等。湖周土壤为红壤、燥红土（褐红土）、水稻土、冲（洪）积土和盐碱土。山区以残积、坡积土为主，河沟两岸为冲积土，盐碱土主要分布于湖边低洼地带。近分水岭地带主要分布有红壤、棕壤、黄红壤、紫色土和水稻土。流域植被属干热河谷稀树灌草丛，干热河谷区分布的主要树种有乔木、灌木、草本和藤本。其中，乔木植物主要有蓝桉、苦楝、黄葛树、凤凰木、木棉、红椿、山黄麻、滇刺枣、白头树、滇榄仁、慈竹等；灌木植物主要有车桑子、火棘、清香木、铁仔、岩柿、余甘子、小石积等；草本植物主要有扭黄茅、黄背草、白茅、斑茅、丛毛羊胡子草、孔颖草、橘草等；藤本植物主要有毛茛铁线莲、地果、炮仗花、叶子花、锦屏藤等。

阳宗海流域内土壤类型有红壤、黄棕壤、棕壤、水稻土、紫色土、石灰岩土、冲积土等。流域属云南高原北亚热带植被区，森林类型为半湿润长绿阔叶林、针叶林和针阔混交林。目前生长的次生物种为云南松、华山松、云南油杉、旱冬瓜、桉树、柏树、杨树和栎类阔叶树组成的混交林；灌木林主要有苦刺、棠梨、小铁子、救军粮、黄泡、禾草、蕨类等优势种群；人工经济林主要有核桃、桃、梨、板栗等。森林（含有林地和灌木林地）覆盖率 46.7%，其中有林地面积 4947hm^2，灌木林地面积 8635hm^2。

第六节　土地利用与农业结构

一、土地利用

滇池流域内主要的土地利用类型为草地、耕地、林地、建设用地和水域，面积分别为 516km^2、496km^2、1120km^2、483km^2 和 315km^2，分别占流域总面积的 17.61%、16.93%、38.23%、16.48%和 10.75%。

洱海流域土地利用类型主要为林地、旱地、水田、草地、建设用地和水域。洱海流域林地面积最大，为 1273.74km^2；其次是耕地和草地，面积分别为 929.92km^2（旱地面积为 566.79km^2，水田面积为 363.13km^2）和 317.58km^2；最后是建设用地，面积为 40.76km^2；其余为水域面积。

抚仙湖流域土地利用类型主要以耕地和林地为主，耕地面积为 154.65km^2，其中旱地面积为 97.55km^2，水田面积为 57.10km^2；林地面积为 138.52km^2，灌木林地及其他林地面积为 66.08km^2，人工草地及其他草地面积为 51.91km^2；村庄面积为 14.82km^2，城镇面积为 6.34km^2；其他地类如园地面积为 5.41km^2，交通用地 1.77km^2，库塘水域 3.14km^2，滩涂及湿地 0.79km^2，裸地 8.41km^2，风景名胜及特殊用地 1.06km^2，采矿用地 4.29km^2。

星云湖流域土地利用主要以林地与耕地为主，其中，林地面积为 148.92km^2，占流域总面积的 40.13%，林地主要是有林地，占林地面积的 74.71%；耕地面积为 112.17km^2，占流域总面积的 30.23%，主要以水田、水浇地及旱地为主，分别占总耕地面积的 46.89%、2.55%和 50.56%。水域及水利设施用地面积 44.87km^2，占流域总面积的 12.09%，主要包括湖泊和水库坑塘，分别占水域及水利设施用地的 77.11%、13.62%。城镇、乡村建筑用地及公共设施用地面积 18.99km^2，占流域总面积的 5.12%，主要为城镇住宅用地、农村宅基地及公用设施用地，分别占建筑用地面积的 15.56%、70.11%和 13.34%。其他用地面积从大到小依次是园地、交通运输用地、工业用地、草地、其他土地、商业用地和特殊用地。

杞麓湖流域内耕地 117.19km^2，园地 8.76km^2，林地 126.40km^2，草地 5.24km^2，住宅用地 21.19km^2（城镇住宅 2.49km^2，农村宅基地 18.70km^2），水域及水利设施

用地 42.33km^2，工矿仓储用地 8.06km^2，交通运输用地 13.12km^2，公共管理与公共服务用地 6.64km^2，特殊用地 1.39km^2，其他土地 3.89km^2。其中，耕地和林地面积分别占流域总面积的 33.08%和 35.68%。

异龙湖流域土地利用以林地和耕地为主，面积分别为 154.31km^2 与 84.33km^2，分别占流域总面积的 42.82%和 23.40%。林地以有林地为主，面积为 99.27km^2，占流域林地总面积的 64.33%，分布在流域面山区；耕地以水田为主，面积为 50.14km^2，占流域耕地总面积的 59.46%，主要分布在异龙湖及城河平坝区；其次为水域及园地，分别占流域总面积的 11.40%和 9.36%。

程海流域土地利用类型主要以耕地和林地为主。耕地中水田面积为 12.28km^2，旱地面积为 6.80km^2；林地总面积为 110.50km^2，其中，有林地面积 37.29km^2、疏林和灌木林面积 50.03km^2、宜林荒山面积 23.28km^2；其余居民用地面积 3.30km^2；荒草地面积 65.09km^2。

阳宗海流域土地利用类型主要为林地、灌木林地、疏林地、草地、裸地、河渠、湖泊、水库、坑塘、滩地、建设用地、耕地，其中耕地和林地面积较大。土地利用类型以林地为主，占总流域总面积的 51.00%；耕地包括旱地、水田等，占流域总面积的 30.32%；建设用地占流域总面积的 5.61%；水域面积占流域总面积的 11.35%；草地和裸地分别占流域总面积的 1.02%和 0.7%。

二、种植业

滇池流域 2017 年农作物总种植面积为 99.28 万亩（1 亩≈666.67m^2），粮食作物占 35.7%，其中玉米占 23.0%、大麦占 4.2%、小麦占 4.4%、马铃薯占 3.5%、水稻仅占 0.6%，粮食作物主要以玉米和麦类等旱地作物为主。经济作物中，烤烟面积占 4%，蔬菜瓜果占 47%；花卉作为昆明市特色产业，常年种植面积保持在 4.5 万亩以上，占比大于 5%。玉米氮（N）、磷（P_2O_5）肥平均施用量分别为 21.6kg/亩和 3.73kg/亩，小麦氮、磷肥平均施用量分别为 7.13kg/亩和 5.4kg/亩，叶菜类氮、磷肥平均施用量分别为 12.13kg/亩和 9.93kg/亩，西兰花氮、磷肥平均施用量分别为 21.40kg/亩和 12.40kg/亩，西葫芦氮、磷肥平均施用量分别为 30.00kg/亩和 24.20kg/亩，玫瑰氮、磷肥平均施用量分别为 23.40kg/亩和 20.53kg/亩，非洲菊氮、磷肥平均施用量分别为 16.20kg/亩和 13.33kg/亩。

洱海流域 2017 年农作物种植面积为 72.63 万亩，全年复种指数为 2.10。洱海流域主要种植作物为水稻、玉米、豆类、薯类、烤烟、药材、蔬菜、油菜和其他作物，种植面积分别为 16.30 万亩、12.94 万亩、12.57 万亩、3.86 万亩、4.24 万亩、1.49 万亩、17.87 万亩、0.21 万亩和 3.15 万亩。2017 年洱海流域氮、磷肥总施用量分别为 9968t 和 4255t，单位耕地面积氮、磷肥平均施用量分别为 26.7kg/亩和

11.75kg/亩。其中，蔬菜氮、磷肥平均施用量分别为 30.66kg/亩和 12.54 kg/亩；其次是大蒜（22.58kg/亩和 12.28 kg/亩）、玉米（16.38kg/亩和 4.64 kg/亩）、烤烟（11.68kg/亩和 11.68 kg/亩）；水稻、蚕豆、马铃薯、水果的氮、磷肥施用量较低；特色花卉的氮、磷肥平均施用量最小，分别为 0.27kg/亩和 0.58kg/亩。自 2018 年以来，洱海流域禁用含氮、磷的化肥。

抚仙湖流域 2017 年 12 月以前主要种植蔬菜、小麦、玉米、蓝莓、荷藕、水稻等农作物。其中，蔬菜种植面积 10.85 万亩，占总种植面积的 41.5%；小麦种植面积 0.52 万亩，占比 2.0%；玉米种植面积 5.8 万亩，占比 18.0%；蓝莓种植面积 0.62 万亩，占比 2.4%；荷藕种植面积 0.31 万亩，占比 1.2%；水稻种植面积 0.3 万亩，占比 1.1%；果树（桃、李、梨、柑橘、苹果）种植面积 1.1 万亩，占比 4.3%；烤烟种植面积 3.7 万亩，占比 14.1%；油菜种植面积 0.05 万亩，占比 0.2%；其他作物种植面积 3.98 万亩，占比 15.2%。此外，韭菜氮、磷肥平均施用量分别为 13.1kg/亩和 7kg/亩，荷藕氮、磷肥平均施用量分别为 34kg/亩和 9.3kg/亩，水稻氮、磷肥平均施用量分别为 13.5kg/亩和 2kg/亩，烤烟氮、磷肥平均施用量分别为 5kg/亩和 2.5kg/亩。2018 年，抚仙湖径流区开始休耕。

星云湖流域 2020 年主要农作物种植面积为 21.17 万亩，其中水稻 1.61 万亩、油菜 1.20 万亩、花卉 1.21 万亩、蔬菜 10.93 万亩、烤烟 4.81 万亩，其他 1.41 万亩。流域全年氮、磷肥总用量分别为 4916.2t 和 3995t。其中，水稻氮、磷肥平均施用量分别为 12.5kg/亩和 5.28kg/亩，玉米氮、磷肥平均施用量分别为 22.1kg/亩和 3.61kg/亩，马铃薯氮、磷肥平均施用量分别为 25.5kg/亩和 27.8kg/亩，油菜氮、磷肥平均施用量分别为 15.4kg/亩和 1.40kg/亩，大蒜氮、磷肥平均施用量分别为 14.1kg/亩和 10.8kg/亩，青蒜氮、磷肥平均施用量分别为 18.7kg/亩和 22.8kg/亩，花椰菜氮、磷肥平均施用量分别为 24.1kg/亩和 11.7kg/亩，青花菜氮、磷肥平均施用量分别为 18.0kg/亩和 9.7kg/亩。

杞麓湖流域 2020 年种植面积 38.56 万亩，其中，粮食作物种植 5.47 万亩，占总种植面积的 14.19%（玉米 48 308 亩、豌豆 3385 亩、蚕豆 819 亩、马铃薯 716 亩、麦类 530 亩、其他作物 439 亩、水稻 280 亩、大豆 221 亩）；经济作物种植 33.09 万亩，占总种植面积的 85.81%（烤烟 3.83 万亩、蔬菜 27.83 万亩、油菜 3415 亩、花卉 8930 亩、其他作物 2020 亩）。此外，玉米氮、磷肥平均施用量分别为 29.0kg/亩和 6.99kg/亩，小麦氮肥平均施用量为 3.85kg/亩，叶菜氮、磷肥平均施用量分别为 24.48kg/亩和 5.96kg/亩，花椰菜氮、磷肥平均施用量分别为 36.67kg/亩和 9.96kg/亩，辣椒氮、磷肥平均施用量分别为 25.00kg/亩和 10.0kg/亩，芹菜氮、磷肥平均施用量分别为 28.93kg/亩和 13.55kg/亩，青蒜氮、磷肥平均施用量分别为 28.16kg/亩和 13.40kg/亩，花卉氮、磷肥平均施用量分别为 26.60kg/亩和 12.60kg/亩，油菜氮、磷肥平均施用量分别为 12.27kg/亩和 5.53kg/亩。

异龙湖流域以种植蔬菜和果树为主，2020 年农作物种植面积为 23.62 万亩，其中蔬菜 5.45 万亩、水果 5.41 万亩、麦类 2.88 万亩、水稻 2.62 万亩、玉米 1.66 万亩、薯类 1.54 万亩、豆类 1.50 万亩、烤烟 0.55 万亩、油菜 0.60 万亩、其他作物 1.41 万亩。蔬菜以油辣、小米辣种植最多，其余种植马铃薯、小麦等；冬季以种植豆类为主，夏季以种植水稻、蔬菜为主。玉米氮、磷肥平均施用量分别为 21.2kg/亩和 6.23kg/亩，小麦氮、磷肥平均施用量分别为 4.45kg/亩和 2.23 kg/亩，叶菜类氮、磷肥平均施用量分别为 22.38kg/亩和 6.46kg/亩，辣椒氮、磷肥平均施用量分别为 23.11kg/亩和 10.23kg/亩，四季豆氮、磷肥平均施用量分别为 26.16kg/亩和 12.45kg/亩，油菜氮、磷肥平均施用量分别为 10.23kg/亩和 5.36kg/亩。

程海流域农作物 2020 年种植面积 5.63 万亩，粮食作物以玉米和水稻为主，蔬菜以白菜、豌豆、蚕豆等为主，经济果林以石榴、葡萄、沃柑为主。其中，果树 2.295 万亩、玉米 1.520 万亩、豆类 0.630 万亩、蔬菜 0.512 万亩、水稻 0.297 万亩、中药材 0.203 万亩、油菜 0.022 万亩、麦类 0.010 万亩、薯类 0.010 万亩、其他作物 0.129 万亩。水稻氮、磷肥平均施用量分别为 8.68kg/亩和 3.13kg/亩，玉米氮、磷肥平均施用量分别为 32.27kg/亩和 13.20kg/亩，石榴氮、磷肥平均施用量分别为 17.93kg/亩和 17.49kg/亩，沃柑氮、磷肥平均施用量分别为 25.00kg/亩和 22.17kg/亩，大蒜氮、磷肥平均施用量分别为 20.20kg/亩和 11.70kg/亩，白菜氮、磷肥平均施用量分别为 18.35kg/亩和 19.0kg/亩。

阳宗海流域 2020 年农作物种植面积 9.027 万亩，其中，蔬菜 5.8 万亩、玉米 0.862 万亩、水果 0.799 万亩、花卉 0.47 万亩、豆类 0.121 万亩、中药材 0.019 万亩、薯类 0.012 万亩、烤烟 0.01 万亩、其他作物 0.934 万亩。玉米氮、磷肥平均施用量分别为 16.45kg/亩和 6.45kg/亩，马铃薯氮、磷肥平均施用量分别为 22.5kg/亩和 18.8kg/亩，烤烟氮、磷肥平均施用量分别为 6.5kg/亩和 4.5kg/亩，花椰菜氮、磷肥平均施用量分别为 23.23kg/亩和 14.7kg/亩，青花菜氮、磷肥平均施用量分别为 19.50kg/亩和 10.13kg/亩。

三、养殖业

滇池流域 2020 年规模以上畜禽养殖户 31 家，其中生猪 16 家、家禽 15 家，主要分布在晋宁区；家禽养殖量为 40.5 万羽，生猪养殖量为 0.9005 万头。畜禽养殖以散养为主，2020 年畜禽散养户共计 12 673 家，其中，生猪 4529 家，牛 3072 家，家禽 5072 家。散养家禽存栏量 4.126 万羽，猪存栏量 0.1007 万头，牛存栏量 790 头；生猪养殖量为 1.1031 万头，牛养殖量 0.4292 万头，家禽养殖量 19.826 万羽。

洱海流域 2018 年底生猪存栏量为 18.61 万头，其中母猪的存栏量为 1.91 万头。

大理市养殖量为 12.40 万头，洱源县 6 个乡镇的养殖量为 6.21 万头。50 头以上的规模化养殖场，大理市有 80 家，洱源县有 6 家，规模化生猪养殖量占总养殖量的 75%左右。2018 年底洱海流域牛存栏量为 4.04 万头，其中奶牛 2.88 万头，肉牛 1.16 万头。大理市奶牛和肉牛养殖量分别为 0.62 万头和 0.75 万头，洱源县 6 个乡镇奶牛和肉牛养殖量分别为 2.26 万头和 0.41 万头。存栏 50 头以上的规模化养殖场大理市有 4 家，洱源县有 5 家，规模化养牛量占牛总养殖量的 30%～40%。2018 年底洱海流域羊存栏量为 5.07 万头，其中，大理市为 1.02 万头，洱源县为 4.05 万头。2018 年底洱海流域家禽存栏数为 197.41 万羽，其中，大理市为 173.03 万羽，洱源县为 24.38 万羽。存栏 2000 羽以上的规模养殖场大理市有 87 家，洱源县有 6 家，规模化养家禽量占家禽总养殖量的 90%左右。

抚仙湖流域禁止规模化养殖，仅有分散养殖。2020 年流域内分散养殖牛 287 头，猪 0.5724 万头，羊 0.1507 万头，家禽 3.875 万羽，主要分布在龙街街道、海口镇、九村镇、路居镇。

星云湖流域 2020 年规模化畜禽养殖场共计 131 家，涉及生猪、蛋鸡、肉鸡、蛋鸭、羊和兔 6 种养殖类型。规模化畜禽养殖场主要位于江城镇、大街街道和前卫镇，占流域规模化养殖场数量的 87.02%。蛋鸡主要集中在江城镇和前卫镇，生猪主要集中在大街街道、江城镇和前卫镇。2020 年底生猪存栏 3.8578 万头、出栏 2.1637 万头，蛋鸡存栏 160.52 万羽、出栏 54.8 万羽，肉鸡存栏 2 万羽、出栏 3 万羽，蛋鸭存栏 2.4 万羽、出栏 0.5 万羽，牛存栏 288 头、出栏 6 头，羊存栏 1409 头、出栏 205 头，兔存栏 0.58 万只、出栏 1.3 万只。

杞麓湖流域 2020 年规模化畜禽养殖场共计 326 家，涉及猪、家禽（鸡）和羊三种养殖类型，猪存栏量为 1.5144 万头，其中九龙街道存栏量最多，为 0.5682 万头；羊存栏量为 0.1735 万头，其中河西镇最多，为 815 头；家禽存栏量达到 476.49 万羽，其中杨广镇最多，为 200.06 万羽。

异龙湖流域 2020 年全县生猪出栏 60.03 万头，牛出栏 4.23 万头，羊出栏 8.37 万头，家禽出栏量 221.67 万羽；流域生猪存栏量 1.8721 万头，牛存栏量 430 头，羊存栏量 600 头，家禽存栏量 28.53 万羽。截至 2021 年 8 月底，异龙湖流域共有规模化养殖场 54 个，其中，生猪养殖场 40 个，肉牛、羊养殖场 3 个，家禽养殖场 11 个。

程海流域畜牧业以养殖牛、马、猪、羊、家禽为主，各类畜禽存栏量 11.38 万头（匹、羽），出栏量 14 万头（匹、羽），禽蛋产量 79t，肉类总产量 3456.3t，已经成为稳定当地农村经济收入的重要产业之一。2019 年底，全镇境内存栏生猪 1.85 万头，出栏生猪 2.81 万头；存栏牛 0.91 万头，出栏牛 0.6 万头；存栏肉羊 2.44 万头，出栏肉羊 2.47 头；马属动物存栏 0.37 万匹，出栏 0.14 万匹；家禽存笼 5.80 万羽，出笼 7.98 万羽。

阳宗海流域畜禽养殖以散养为主，2020 年畜禽散养户共计 2926 家，涉及猪、家禽（鸡）和牛三种养殖类型，散养家禽存栏量 4.13 万羽，猪存栏量 0.1 万头，牛存栏量 790 头。

第七节 社 会 经 济

滇池流域包括盘龙区、五华区、西山区、官渡区、呈贡区、晋宁区和嵩明县等 7 个县（区）、52 个街道办事处、2 个乡（镇）、338 个村委会及居委会、1321 个自然村。2019 年，滇池流域常住总人口 413.6 万人，占昆明市总人口的 60%，其中城镇人口 383.2 万人，农村人口 30.4 万人。2019 年，滇池流域的五华区、盘龙区、官渡区、西山区、呈贡区及晋宁区实现地区生产总值（GDP）5180.7 亿元，占昆明市地区生产总值的 77%，三产结构比为 4.2∶32.1∶63.7。

洱海流域包括大理市的下关镇、大理镇、银桥镇、湾桥镇、喜洲镇、上关镇、双廊镇、挖色镇、海东镇、凤仪镇等 10 个乡（镇）和 1 个经济开发区，以及洱源县的右所镇、邓川镇、凤羽镇、三营镇、茈碧湖镇、牛街乡等 6 个乡（镇）。2018 年，洱海流域农村人口数 79.517 万人，农业从业人员 17.195 万人，农业从业人员占比 22%。洱海流域农林牧渔总产值为 58.70 亿元，其中大理市 30.53 亿元，洱源县 28.17 亿元。农业总产值为 33.61 亿元，其中大理市 17.27 亿元，洱源县 16.34 亿元。林业总产值为 1.305 亿元，其中大理市 1.21 亿元，洱源县 0.095 亿元。牧业总产值为 21.07 亿元，其中大理市 10.74 亿元，洱源县 10.33 亿元。渔业总产值为 1.53 亿元，其中大理市 0.52 亿元，洱源县 1.01 亿元。农林牧渔服务业产值为 1.18 亿元，其中大理市 0.79 亿元，洱源县 0.39 亿元。

抚仙湖流域包括澄江市的凤麓街道、龙街街道、右所镇、九村镇、海口镇、路居镇，总计 44 个行政村（社区）、255 个自然村。2020 年，抚仙湖流域内国内生产总值达到 140.6 亿元，其中第一产业 13.22 亿元、第二产业 27.28 亿元、第三产业 100.1 亿元，分别占地区生产总值的 9.4%、19.4%、71.2%。相比 2015 年，第一、二产业比重降低，第三产业比重上升，抚仙湖流域是滇中“三湖五山一市”旅游区的重要组成部分。

星云湖流域包括江川区的大街街道、江城镇、前卫镇、雄关乡、安化乡、路居镇 6 个乡（镇）、48 个村（居）委会。大街街道涉及 15 个村（居）委会，江城镇涉及 16 个村（居）委会，前卫镇涉及 11 个村（居）委会，雄关乡涉及 2 个村委会，安化乡涉及 1 个村委会，路居镇涉及 3 个村委会。2020 年底，星云湖流域总人口为 21.08 万人，其中农村人口 17.38 万人，城镇人口 3.70 万人，流域内人口密度 568 人/km^2。2020 年星云湖流域内产业结构第三产业比重最大，为 66.15 亿元；其次是第二产业，为 40.38 亿元；第一产业最小，为 20.75 亿元。

杞麓湖流域包括通海县秀山街道和九龙街道、四街镇、河西镇、杨广镇、纳古镇、兴蒙乡 7 个乡镇（街道），共计 60 个行政村（社区）、238 个自然村。2020 年杞麓湖流域总人口为 26.37 万人，其中农村人口 15.23 万人，占总人口的 57.76%；城镇人口 11.14 万人，占总人口的 42.25%，流域人口年均增长率 2.07‰。杞麓湖流域内 7 个乡镇（街道）完成地区生产总值 157.61 亿元，其中，第一产业增加值 22.45 亿元，第二产业增加值 35.44 亿元，第三产业增加值 99.72 亿元。三产分别占生产总值的 14.2%、22.5%、63.3%。

异龙湖流域包括异龙镇、宝秀镇和坝心镇 3 个乡（镇），共计 34 个行政村、231 个自然村。其中，异龙镇位于流域内的行政村共计 18 个，自然村 137 个；宝秀镇位于流域内的村委会（社区）共计 7 个，自然村 35 个；坝心镇位于流域内的行政村共计 9 个，自然村 59 个。2019 年，异龙镇流域内城镇人口 2.37 万人，农村人口 6.05 万人；宝秀镇流域内城镇人口 0.52 万人，农村人口 2.94 万人；坝心镇流域内城镇人口 0.33 万人，农村人口 2.07 万人。2019 年，异龙镇农林牧渔业总产值 16.25 亿元，宝秀镇农林牧渔业总产值 6.63 亿万元，坝心镇农林牧渔业总产值 3.82 亿元。2019 年，异龙镇农民人均收入 9697 元，同比增长 13.04%；宝秀镇 8328 元，同比增长 12.99%；坝心镇 8631 元，同比增长 13.0%。

程海流域属于丽江市永胜县程海镇，下辖星湖、季官、马军、东湖、河口、洱莨、海腰、兴仁、兴义、凤羽 10 个村委会，人口 8579 户、3.72 万人。流域内河口村委会人口数量最多，其后依次是星湖、海腰、兴仁、兴义村委会，凤羽村委会人口数量最少。若以坝区、半山区、山区人口来划分，54%的人口住于坝区，41%的人口居住于半山区，居住于山区的人口占流域区人口总数量的 5%。流域区经济长期以来主要为农业经济，2015 年，程海镇农村经济总收入 3.80 亿元，农民人均纯收入 7950 元。种植业、牧业和渔业 3 个产业收入占农村经济总收入的 75.4%，其余 6 个产业（林业、工业、建筑业、运输业、商营业、服务业及其他）占比合计 24.6%。

阳宗海流域包括阳宗镇、汤池街道和七甸街道，共涉及 19 个行政村（社区）、104 个自然村。2015 年，流域内常住人口为 5.29 万人，其中城镇人口 1.55 万人，农村人口 3.74 万人。2015 年，阳宗海流域共有工业企业 16 家，工业总产值 56.7 亿元，其中有色金属压延加工业生产总值占全流域的 85%，火力发电生产总值占全流域的 14%。流域内共接待旅游人次约 172 万人次，旅游服务主营业务收入约 2.68 亿元。

第二章　高原湖区农田土壤氮储量分布特征

第一节　引　　言

中国是世界第一氮肥消费国，2020 年联合国粮食及农业组织（Food and Agriculture Organization of the United Nations，FAO）数据表明，我国以不足世界 9%的耕地，消费了 2588 万 t 氮肥，占世界氮肥消费总量的近 23%，化肥氮对中国粮食产量的贡献达 45%左右（Yu et al.，2019），确保了中国 14 亿人口的食物需求和国家粮食安全。中国化肥氮施用强度高，是世界平均水平的近 3 倍（刘钦普，2014），而化肥氮利用率不高，仅为平均水平的 31.2%（任科宇等，2019）。未被作物利用的氮通过径流、淋溶、气态损失和土壤固定等途径进入环境中，造成了地表水富营养化、地下水硝酸盐超标、雾霾、温室气体排放等系列环境问题。《2020 中国生态环境状况公报》中指出，全国 1937 个地表水监测断面中 16.6%的断面水质超过地表水Ⅲ类水，112 个重要湖泊（水库）中富营养化以上的湖泊占 28.1%，全国 10 242 处浅层地下水中超过Ⅳ类水质标准的样点占 77.3%。由此可见，农田系统中氮肥的大量流失，不仅造成了巨大经济损失，而且严重污染了环境，对人类健康构成威胁。

施入农田的氮肥不断进行着形态转化，影响着氮素的植物利用、土壤固定和迁移损失等过程。土壤氮形态主要包括有机态和无机态，其中有机态氮含量一般占总氮的 70%～90%，而无机态氮所占比重较少，主要包括 NO_3^--N、NH_4^+-N、NO_2^--N。氮在土壤中的迁移过程主要有径流、淋溶、气态损失、植物吸收等（Reddy et al.，1984；金雪霞等，2005）。氮在迁移过程中的转化主要有（Lv et al.，2021；Nie et al.，2019；姜星宇等，2016）：①矿化，其主要影响因素是有机物本身属性、土壤温湿度；②同化，其主要影响因素是生物本身的转化吸收能力和氮的有效性；③硝化，其主要影响因素是土壤理化特性、pH、土壤温湿度和通气状况；④反硝化，其主要影响因素是土壤氧化还原环境、温度、易分解有机质含量；⑤厌氧氨氧化，其主要影响因素是氨氮、硝酸盐、溶解氧等；⑥硝酸盐异化成铵，其主要影响因素是有机质、溶解氧、硝酸盐等。此外，这些氮素转化过程还受外源碳、氮投入等因素影响。大量研究表明，中国化肥氮作物平均利用率仅为 31.2%（任科宇等，2019），施入农田土壤中的氮近 70%进入环境和土壤中。其中，氮的地表径流流失量占当季施氮量的 4.2%（Wang et al.，2019），地下淋溶量占当季施氮量的 14.0%（Wei et al.，2021），氨挥发、NO 和 N_2O 等氮氧化物的气态损失量占当季施氮量的 12.5%（Ma et al.，2022）。基于氮平衡方法，中国南方主要农区 13 个省份的农田氮素径流流失中 19.4%～44.8%（平均值 35%）来自土壤本底氮（Wang et al.，2019），北方设施菜地氮素淋溶流失中 40.5%～52.5%（平均值 47%）来自土壤本底氮（Li et al.，2018）（本底氮的流失率是不施肥处理的氮流失量与常规处理氮流失量的比值）；基于同位素示踪方法，亚热带典型红壤区农田硝态氮淋溶量的 67.2%～80.6%来自土壤有机氮（Dong et al.，2022），在肥力水平较高的壤土中淋溶的硝态氮来自化肥的不足 5%，绝大多数来源于土壤有机氮的矿化（Frick et al.，2022）。由此可见，土壤本底氮是农田径流、淋溶损失的主要来源，损失量与土壤类型、肥力水平、种植模式、肥料用量密切相关。

除了氮的地表径流和气态损失，超过 52%的当季施氮量（包括地下淋溶在内）进入土壤剖面，导致我国土壤剖面氮累积量高，在华北平原区厚度为 5～45m 的包气带中，土壤 NO_3^--N 总累积量达到 211.7～6586.7kg/hm^2（Liu et al.，2022）。红壤区农田 3m 以上的土壤 NO_3^--N 累积量平均达 632kg/hm^2，占整个剖面（0～9m）累积量的 71%（Wu et al.，2019）。农田土壤 NO_3^--N 累积受施氮量、作物类型等因素的影响，我国露天菜地 0～1m、1～2m、2～3m 和 3～4m 的土壤 NO_3^--N 累积量分别为 264kg/hm^2、217kg/hm^2、228kg/hm^2、242kg/hm^2，设施菜地土壤 NO_3^--N 累积量更高，分别为 504kg/hm^2、390kg/hm^2、349kg/hm^2、244kg/hm^2；0～1m、0～2m 和 0～4m 的土壤 NO_3^--N 累积量分别占当季露天菜地氮肥投入量的 4%、9%和 13%，同样地，0～1m、1～2m、2～3m 和 3～4m 土壤 NO_3^--N 累积量分别占设施菜地当季氮肥投入量的 5%、11%和 17%（Bai et al.，2021）。种植大田作物农田（稻田和麦田）土壤氮素累积量较低，果园 0～4m 的 NO_3^--N 平均累积量高达 3288kg/hm^2，是麦田的 17 倍（Gao et al.，2019）。麦田和稻田 0～2m 土壤 NO_3^--N 累积量为 33.25～242.32kg/hm^2（茹淑华等，2015），农田 0～3m 最高达 632kg/hm^2（Wu et al.，2019）。土壤中氮素残留量随着作物栽培年限的增加呈逐渐累积趋势，山东寿光常年露天菜地 0～2m 土层的 NO_3^--N 残留总量可达 1358.8kg/hm^2，2 年大棚菜地为 1411.8kg/hm^2，5 年大棚菜地为 1520.9kg/hm^2（马文奇等，2000）。北京市 126 个大棚 0～4m 菜地土壤 NO_3^--N 累积量为 1230kg/hm^2，是粮食作物土壤的 3.5 倍（巨晓棠和张福锁，2003）。滇池流域 3 年大棚菜地 0～60cm 的 NO_3^--N 累积量为 150～562kg/hm^2，6 年大棚菜地为 324～873kg/hm^2，10 年以上大棚菜地为 533～1525kg/hm^2（张乃明等，2006）。此外，NO_3^--N 累积量随土层加深而显著增加（郭路航等，2022），但也有研究表明 NO_3^--N 累积量随土层加深呈先降后增的趋势（潘飞飞等，2022）。农田土壤氮素累积易导致氮的淋溶损失，NO_3^--N 淋溶量一般为每年 56～104kg/hm^2，土壤中氮素的累积量与淋溶量呈指数关系，约 29%来自于土壤硝酸盐淋溶。

高原湖区农业集约化程度高，蔬菜、花卉等水肥投入大且复种指数高的作物种植广泛，使得云南九大高原湖泊流域化肥施用强度（452kg/km^2）是云南其他区域（345kg/km^2）的1.3倍（王金林等，2018）。氮在农田土壤中的大量累积，使得土壤中氮素成为田块尺度径流、淋溶或浅层地下水位波动下土壤氮流失的主要来源，从而最终成为高原湖泊流域河流、湖泊等地表水体和浅层地下水中NO_3^--N的重要来源。因此，有必要了解云南高原湖区农田土壤剖面氮素累积特征，以期为有效防控农田土壤氮素流失、助力湖区农业绿色发展、改善高原湖泊水质提供数据支撑。

第二节　土壤氮浓度测定与储量计算

一、土壤剖面样品采集

2022年4月，在7个高原湖泊坝区选择典型土壤类型和典型作物种植的农田，用100cm高的螺旋土钻，分0～30cm、30～60cm和60～100cm三层取样；同时，用环刀取每层原状土样，共采集138个土壤剖面样点的414个样品，样点分布见图2-1。土壤样品分布：抚仙湖60个、异龙湖36个、杞麓湖66个、滇池84个、阳宗海39个、洱海69个、星云湖60个。采集的土样装入聚乙烯密封袋中，放在有冰袋的保温箱中带回实验室，并储存在4℃的冰箱中，用于测定土壤全氮（TN）、水溶性总氮（TDN）、硝态氮（NO_3^--N）、铵态氮（NH_4^+-N）、pH、含水率（MC）、土壤有机碳（SOC）、土壤容重（BD）等指标。

土壤NH_4^+-N和NO_3^--N以0.01mol/L氯化钙（$CaCl_2$）溶液提取后用Bran+Luebbe AA3型连续流动分析仪测定，土壤TN采用凯氏定氮仪（TZH8-KDY-9820）测定，土壤TDN用碱性过硫酸钾氧化-紫外分光光度法测定，土壤水溶性有机氮（DON）浓度为TDN减去NO_3^--N和NH_4^+-N，土壤有机碳（SOC）用碳氮分析仪（Multi N/C 3100）测定，土壤pH使用电位计测定，土壤含水率（MC）采用烘干法测定（105℃烘12h），土壤容重（BD）采用环刀法测定。

二、土壤氮储量计算

土壤氮储量计算公式如下：

$$S = \sum_{i=1}^{n} \frac{N_i \times \mathrm{BD}_i \times H_i}{10}$$

式中，S为0～100cm土壤氮储量，t/hm^2；BD为土壤容重，g/cm^3；N_i为土壤氮浓度，g/kg；H_i为土壤深度，cm。

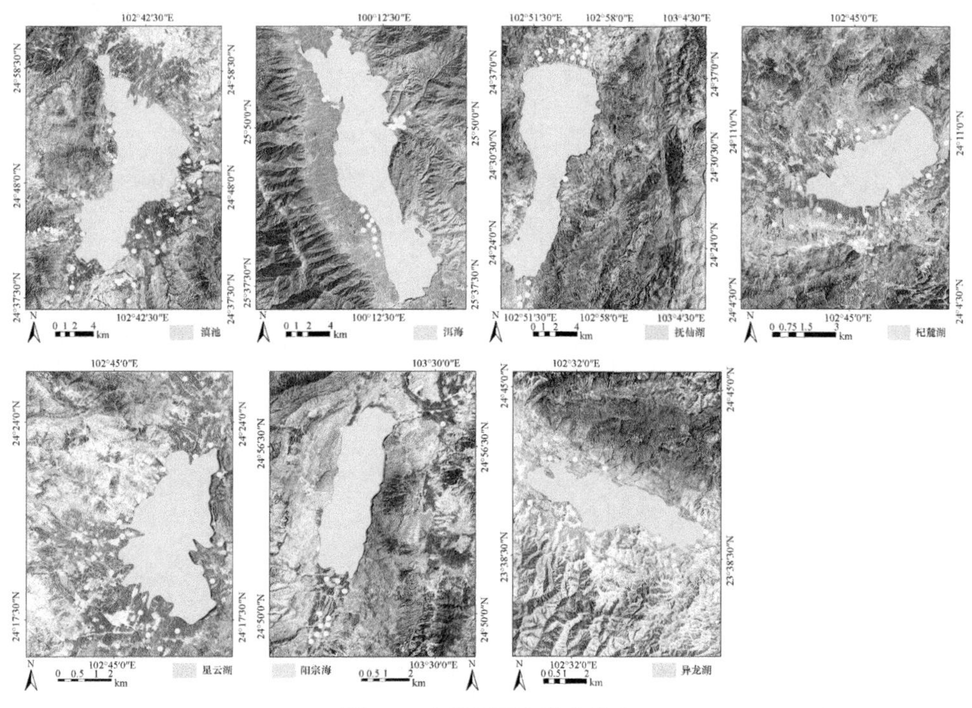

图 2-1　土壤剖面取样点分布

第三节　高原湖区农田土壤理化性质

一、高原湖区农田土壤理化参数变化特征

7 个高原湖区农田 0～100cm 土壤中各理化参数存在明显差异（表 2-1）。抚仙湖、异龙湖、杞麓湖、滇池、阳宗海、洱海和星云湖周边农田 0～100cm 土壤有机碳（SOC）平均含量分别为（19.17±6.82）g/kg（11.03～35.67g/kg，最小值～最大值，下同）、（57.94±58.99）g/kg（10.05～171.89g/kg）、（21.54±10.45）g/kg（7.22～52.27g/kg）、（24.41±8.37）g/kg（13.08～59.16g/kg）、（26.73±10.69）g/kg（12.32～54.38g/kg）、（34.02±10.55）g/kg（21.08～61.06g/kg）和（19.84±12.47）g/kg（6.14～56.76g/kg）；土壤 pH 平均值分别为 7.51±0.19（6.98～7.89）、7.64±0.51（6.48～8.19）、7.22±0.28（6.63～7.59）、6.93±0.48（5.40～7.51）、7.64±0.13（7.44～7.90）、6.94±0.56（5.79～7.64）和 7.58±0.65（6.01～8.03）；土壤容重（BD）平均值分别为（1.13±0.05）g/cm^3（1.05～1.23g/cm^3）、（1.08±0.07）g/cm^3（0.95～1.19g/cm^3）、（1.15±0.05）g/cm^3（1.07～1.25g/cm^3）、（1.15±0.06）g/cm^3（1.05～1.29g/cm^3）、（1.08±0.07）g/cm^3（1.04～1.30g/cm^3）、（1.15±0.03）g/cm^3（1.09～1.21g/cm^3）和

表 2-1　7 个高原湖区 0～100cm 农田土壤理化参数变化

项目	类型	抚仙湖（n=20）	异龙湖（n=12）	杞麓湖（n=22）	滇池（n=28）	阳宗海（n=13）	洱海（n=23）	星云湖（n=20）
土壤有机碳（SOC）	最小值～最大值/（g/kg）	11.03～35.67	10.05～171.89	7.22～52.27	13.08～59.16	12.32～54.38	21.08～61.06	6.14～56.76
	平均值±标准差/（g/kg）	19.17±6.82c	57.94±58.99a	21.54±10.45bc	24.41±8.37bc	26.73±10.69bc	34.02±10.55b	19.84±12.47bc
	中位数	17.79	30.23	20.16	22.90	26.17	30.58	17.39
	变异系数	0.36	1.01	0.49	0.34	0.40	0.31	0.63
pH	最小值～最大值	6.98～7.89	6.48～8.19	6.63～7.59	5.40～7.51	7.44～7.90	5.79～7.64	6.01～8.03
	平均值±标准差	7.51±0.19ab	7.64±0.51a	7.22±0.28bc	6.93±0.48c	7.64±0.13a	6.94±0.56c	7.58±0.65ab
	中位数	7.55	7.87	7.23	7.04	7.62	7.15	7.90
	变异系数	0.03	0.07	0.04	0.07	0.02	0.08	0.09
土壤容重（BD）	最小值～最大值/（g/cm^3）	1.05～1.23	0.95～1.19	1.07～1.25	1.05～1.29	1.04～1.30	1.09～1.21	1.09～1.21
	平均值±标准差/（g/cm^3）	1.13±0.05a	1.08±0.07b	1.15±0.05a	1.15±0.06a	1.08±0.07b	1.15±0.03a	1.15±0.03a
	中位数	1.13	1.07	1.15	1.14	1.06	1.15	1.14
	变异系数	0.04	0.06	0.04	0.04	0.06	0.03	0.03
土壤含水率（MC）	最小值～最大值/%	15.63～52.26	13.16～124.60	13.19～69.46	21.59～39.11	14.16～36.34	18.97～41.61	15.54～44.05
	平均值±标准差/%	27.85±9.89b	43.12±34.96a	30.72±15.22b	28.63±5.69b	24.94±5.66b	30.91±5.53b	27.27±7.46b
	中位数	25	27	28	28	24	32	27
	变异系数	0.35	0.81	0.50	0.20	0.23	0.19	0.27

注：同一行中不同的小写字母表示有显著差异（$P<0.05$）。

（1.15±0.03）g/cm^3（1.09～1.21g/cm^3）；土壤含水率（MC）平均值分别为（27.85±9.89）%（15.63%～52.26%）、（43.12±34.96）%（13.16%～124.60%）、（30.72±15.22）%（13.19%～69.46%）、（28.63±5.69）%（21.59%～39.11%）、（24.94±5.66）%（14.16%～36.34%）、（30.91±5.53）%（18.97%～41.61%）和（27.27±7.46）%（15.54%～44.05%）。

异龙湖周边农田 0～100cm 土壤 SOC 和 MC 显著高于其他湖泊（P<0.05），而阳宗海和异龙湖周边农田土壤 BD 显著低于其他湖泊（P<0.05）。同时，7 个湖泊周边农田 0～100cm 土壤 SOC 的变化范围较大，且平均值大于中位数，pH 和 BD 的变化范围较小。此外，7 个湖泊周边农田 0～100cm 土壤 SOC、pH、BD 和 MC 的变异系数平均值分别为 0.50、0.06、0.04 和 0.36，其中，异龙湖、杞麓湖和星云湖周边农田土壤 SOC 变化程度较强烈，星云湖和洱海周边农田土壤 pH 变化程度较强烈，异龙湖和阳宗海周边农田土壤 BD 变化程度较强烈，异龙湖和杞麓湖周边农田土壤 MC 变化程度较强烈。7 个湖泊周边农田 0～100cm 土壤 SOC 属高强度变异，以异龙湖和星云湖周边农田土壤较为突出；土壤 pH 和 BD 属低强度变异，以阳宗海和星云湖周边农田土壤较为突出；土壤 MC 属中等强度变异，以异龙湖和杞麓湖周边农田土壤较为突出。

二、高原湖区农田 0～100cm 土壤有机碳变化特征

土壤有机碳（SOC）在改良土壤理化性质、提高土壤供肥能力和增加土壤 pH 缓冲性等方面具有十分重要的作用，是衡量土壤肥力的重要指标。图 2-2 显示了 7 个高原湖区农田 0～100cm 剖面土壤 SOC 含量的变化。滇池、洱海、抚仙湖、杞麓湖、星云湖、阳宗海和异龙湖周边农田 0～30cm 土壤 SOC 平均含量分别为（34.33±14.22）g/kg（8.81～84.11g/kg）、（51.67±13.25）g/kg（28.51～78.37g/kg）、（25.84±8.44）g/kg（13.09～47.74g/kg）、（29.06±11.79）g/kg（10.48～54.02g/kg）、（29.07±16.54）g/kg（3.32～71.83g/kg）、（33.96±11.82）g/kg（13.17～57.38g/kg）和（51.16±38.79）g/kg（12.56～131.11g/kg），且异龙湖和洱海周边农田土壤 SOC 含量显著高于其他湖泊（P<0.05）。30～60cm 土壤 SOC 平均含量分别为（27.25±11.28）g/kg（11.62～70.69g/kg）、（37.25±14.66）g/kg（15.90～69.53g/kg）、（19.40±10.12）g/kg（8.74～48.06g/kg）、（23.98±14.84）g/kg（9.91～76.40g/kg）、（23.02±15.91）g/kg（3.88～69.69g/kg）、（31.45±18.48）g/kg（14.95～86.16g/kg）和（51.15±53.87）g/kg（6.54～125.75g/kg），其中，异龙湖周边农田土壤 SOC 含量显著高于抚仙湖（P<0.05）；60～100cm 土壤 SOC 平均含量分别为（11.65±6.48）g/kg（4.16～22.69g/kg）、（13.13±19.95）g/kg（0.54～100.44g/kg）、（12.27±6.81）g/kg（4.45～33.23g/kg）、（11.56±11.19）g/kg（1.27～35.80g/kg）、（7.42±

7.53）g/kg（0.31～28.75g/kg）、（14.75±7.36）g/kg（3.84～28.73g/kg）和（71.53±89.90）g/kg（2.86～211.46g/kg），且异龙湖周边农田土壤SOC含量显著高于其他湖泊（P<0.05）。除异龙湖之外，其他湖泊周边农田土壤SOC含量随土层深度的增加而降低，即0～30cm>30～60cm>60～100cm。

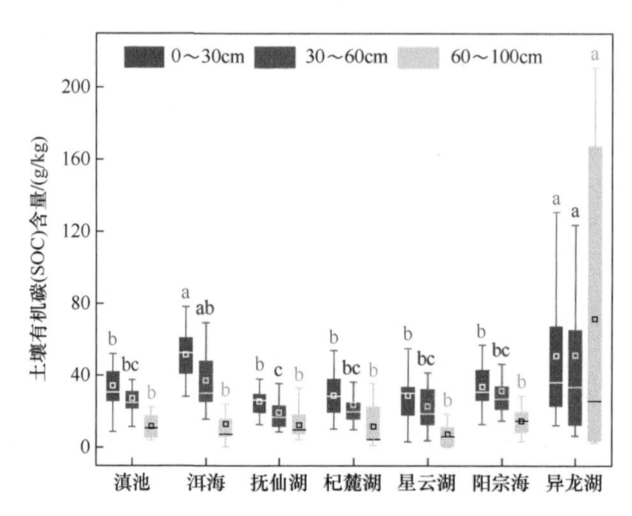

图2-2　7个高原湖区农田土壤SOC含量在0～100cm土层的变化

不同小写字母表示在P<0.05水平上差异显著。下同

三、高原湖区农田0～100cm土壤pH变化特征

土壤pH显著影响土壤养分的形态和有效性，如氮素中的铵态氮和硝态氮、磷素中的钙磷和有效磷，pH同时也是土壤质量评价体系中的重要因子。7个高原湖区农田土壤pH在0～30cm、30～60cm和60～100cm土层的平均值为7.10±0.69（4.79～8.14）、7.22±0.67（4.75～8.57）和7.53±0.45（6.02～8.37），整体呈中性偏弱酸性，且土壤pH在土壤垂直方向上随土壤深度的增加而逐渐增加（图2-3）。其中，滇池、洱海、抚仙湖、杞麓湖、星云湖、阳宗海和异龙湖周边农田0～30cm土壤pH平均值分别为6.61±0.60（4.79～7.39）、6.65±0.75（4.80～7.48）、7.48±0.27（6.88～7.99）、7.06±0.37（6.42～7.70）、7.37±0.85（5.10～8.14）、7.57±0.23（7.11～7.87）和7.52±0.53（6.58～8.15），异龙湖、阳宗海和抚仙湖周边农田土壤pH显著高于滇池和洱海（P<0.05）；30～60cm土壤pH平均值分别为6.75±0.64（4.75～7.55）、6.90±0.63（5.46～7.60）、7.55±0.20（7.13～7.83）、7.14±0.33（6.32～7.60）、7.53±0.86（5.25～8.14）、7.64±0.19（7.32～7.96）和7.57±0.89（5.19～8.57）；60～100cm土壤pH平均值分别为7.41±0.53（6.52～8.28）、7.25±0.47（6.02～7.84）、7.51±0.42（6.66～7.98）、7.44±0.38（6.80～7.92）、7.82±0.32（7.08～8.24）、7.71±0.16

（7.30～7.96）和 7.82±0.34（7.03～8.37），异龙湖和星云湖周边农田土壤 pH 显著高于滇池和洱海（P<0.05）。

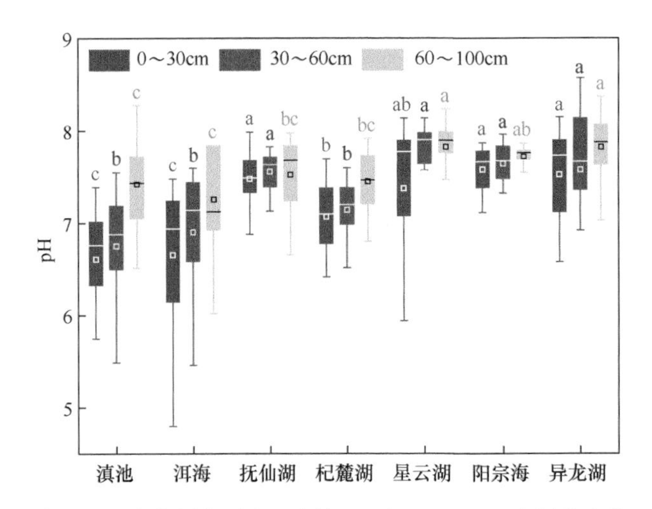

图 2-3　7 个高原湖区农田土壤 pH 在 0～100cm 土层的变化

四、高原湖区农田 0～100cm 土壤容重变化特征

土壤容重（BD）在一定程度上反映了土壤不同成分或性质的空间异质性，是衡量土体结构的重要参数，表征土体物理性质，若土壤容重小，表明土壤较疏松，土体结构性好，保水保肥能力强；反之，若土壤容重大，表明土壤紧实，土体结构性差，保水保肥能力弱。图 2-4 显示了 7 个高原湖区农田剖面土壤容重的变化。滇池、洱海、抚仙湖、杞麓湖、星云湖、阳宗海和异龙湖周边农田 0～30cm 土壤容重平均值分别为（1.05±0.07）g/cm^3（0.93～1.31g/cm^3）、（1.03±0.02）g/cm^3（0.97～1.09g/cm^3）、（1.04±0.04）g/cm^3（0.93～1.14g/cm^3）、（1.06±0.07）g/cm^3（0.94～1.24g/cm^3）、（1.05±0.05）g/cm^3（0.87～1.17g/cm^3）、（0.98±0.10）g/cm^3（0.91～1.30g/cm^3）和（0.96±0.07）g/cm^3（0.82～1.04g/cm^3）；30～60cm 土壤容重平均值分别为（1.14±0.04）g/cm^3（1.03～1.24g/cm^3）、（1.16±0.03）g/cm^3（1.10～1.22g/cm^3）、（1.13±0.05）g/cm^3（1.02～1.24g/cm^3）、（1.16±0.04）g/cm^3（1.10～1.26g/cm^3）、（1.15±0.03）g/cm^3（1.09～1.21g/cm^3）、（1.09±0.08）g/cm^3（1.02～1.26g/cm^3）和（1.07±0.09）g/cm^3（0.91～1.21g/cm^3）；60～100cm 土壤容重平均值分别为（1.25±0.07）g/cm^3（1.10～1.45g/cm^3）、（1.25±0.06）g/cm^3（1.13～1.42g/cm^3）、（1.20±0.07）g/cm^3（1.11～1.39g/cm^3）、（1.20±0.05）g/cm^3（1.13～1.35g/cm^3）、（1.23±0.03）g/cm^3（1.15～1.30g/cm^3）、（1.17±0.06）g/cm^3（1.10～1.33g/cm^3）和（1.19±0.06）g/cm^3（1.11～1.35g/cm^3）。

其中，滇池和洱海周边农田土壤容重在 0～30cm、30～60cm 和 60～100cm 土层均显著大于阳宗海和异龙湖（$P<0.05$），且土壤容重随土壤深度的增加而增大。

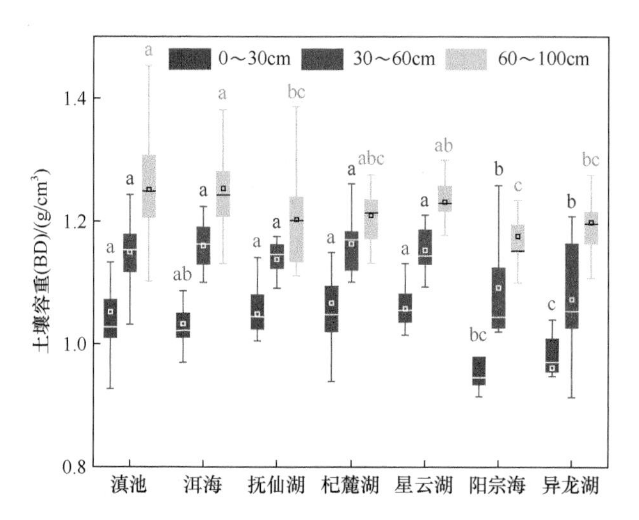

图 2-4　7 个高原湖区农田土壤 BD 在 0～100cm 土层的变化

五、高原湖区农田 0～100cm 土壤含水率变化特征

图 2-5 显示了 7 个高原湖区农田剖面土壤含水率（MC）的变化。滇池、洱海、抚仙湖、杞麓湖、星云湖、阳宗海和异龙湖周边农田 0～30cm 土壤含水率平均值分别为（29.29±8.34）%（18.87%～49.17%）、（34.41±7.33）%（18.69%～45.83%）、（26.60±9.25）%（16.41%～52.22%）、（24.87±13.42）%（10.39%～73.58%）、（26.17±11.71）%（9.22%～52.88%）、（23.92±8.21）%（10.53%～36.96%）和（28.82±14.53）%（11.76%～57.38%）；30～60cm 土壤含水率平均值分别为（30.46±7.25）%（20.83%～45.45%）、（32.97±8.36）%（19.51%～57.50%）、（27.92±13.58）%（14.00%～72.97%）、（27.62±14.01）%（7.77%～71.64%）、（26.22±9.53）%（8.57%～46.15%）、（26.79±8.51）%（9.52%～41.56%）和（47.72±47.65）%（13.91%～175.93%）；60～100cm 土壤含水率平均值分别为（26.14±4.53）%（21.29%～37.50%）、（25.36±6.59）%（17.41%～38.78%）、（29.05±12.16）%（16.23%～60.87%）、（39.66±30.38）%（13.47%～119.85%）、（29.41±5.64）%（20.90%～47.11%）、（24.11±2.92）%（19.89%～31.07%）和（52.83±48.50）%（12.82%～146.15%）。其中，异龙湖周边农田土壤含水率在 0～30cm、30～60cm 和 60～100cm 土层均显著大于阳宗海（$P<0.05$）。

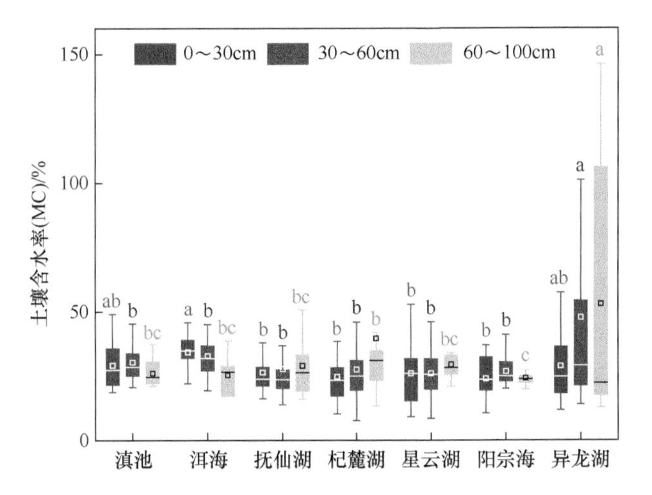

图 2-5　7 个高原湖区农田土壤含水率（MC）在 0～100cm 土层的变化

第四节　高原湖区农田土壤氮储量分布

一、高原湖区农田土壤氮浓度变化特征

1. 高原湖区农田土壤各形态氮浓度差异

图 2-6 显示了 7 个高原湖区农田 0～100cm 土壤中各形态氮浓度差异，土壤 TN、NO_3^--N 和 NH_4^+-N 的浓度平均值分别为（1.53±0.81）g/kg、（20.58±10.81）mg/kg 和（1.85±3.25）mg/kg。其中，抚仙湖、异龙湖、杞麓湖、滇池、阳宗海、洱海和星云湖周边农田土壤 TN 浓度平均值分别为（1.40±0.39）g/kg（0.86～2.36g/kg）、（2.49±1.94）g/kg（0.70～6.93g/kg）、（1.35±0.60）g/kg（0.46～2.78g/kg）、（1.51±0.52）g/kg（0.72～3.39g/kg）、（1.30±0.38）g/kg（0.67～2.04g/kg）、（1.78±0.41）g/kg（1.19～2.84g/kg）和（1.14±0.71）g/kg（0.28～2.70g/kg）；土壤 NO_3^--N 浓度平均值分别为（18.66±10.54）mg/kg（4.46～39.65mg/kg）、（23.49±10.19）mg/kg（9.37～46.64mg/kg）、（29.04±11.04）mg/kg（12.32～45.08mg/kg）、（12.90±6.62）mg/kg（3.97～35.15mg/kg）、（12.28±7.20）mg/kg（5.19～27.68mg/kg）、（22.24± 9.27）mg/kg（8.40～38.58mg/kg）和（25.71±9.26）mg/kg（12.40～43.61mg/kg）；土壤 NH_4^+-N 浓度平均值分别为（2.16±2.81）mg/kg（0.38～12.33mg/kg）、（2.03±1.75）mg/kg（0.76～6.99mg/kg）、（2.79±6.86）mg/kg（0.04～24.04mg/kg）、（1.95±1.94）mg/kg（0.20～9.66mg/kg）、（0.84±0.62）mg/kg（0.24～2.08mg/kg）、（0.96±0.62）mg/kg（0.07～2.41mg/kg）和（1.95±2.42）mg/kg（0.68～11.91mg/kg）。

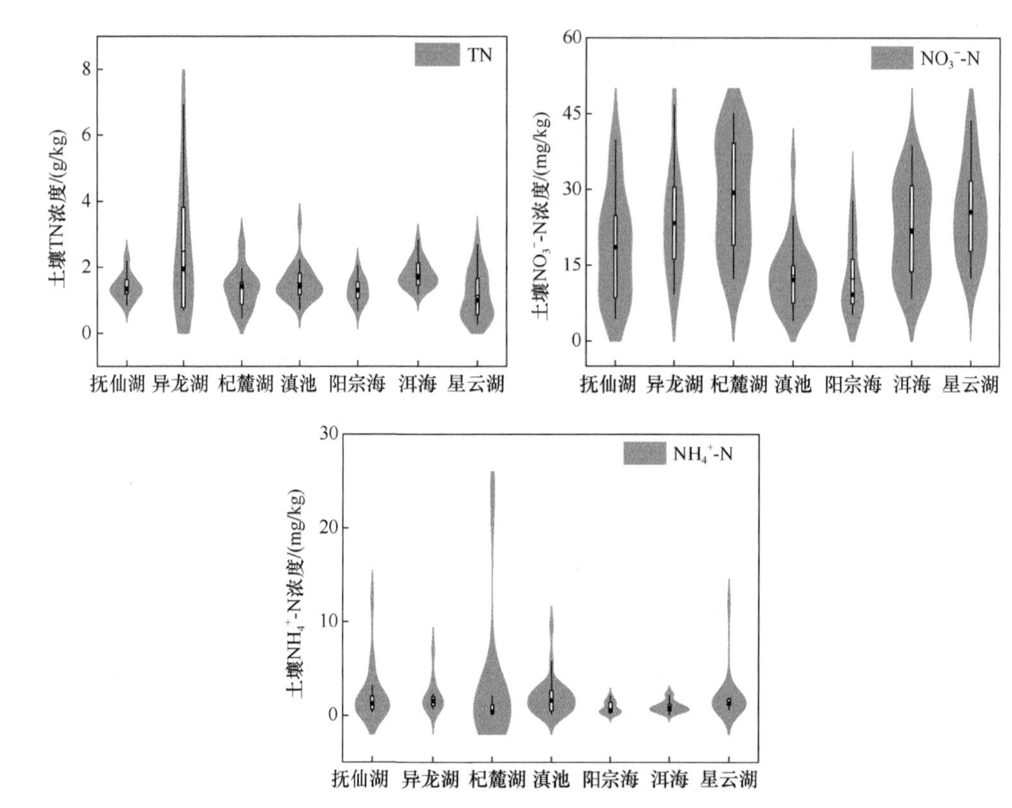

图 2-6　7 个高原湖区 0～100cm 农田土壤各形态氮浓度

2. 高原湖区农田 0～100cm 土壤各土层氮浓度差异

7 个高原湖区农田土壤剖面中 TN 浓度存在明显的空间差异（图 2-7），滇池、洱海、抚仙湖、杞麓湖、星云湖、阳宗海和异龙湖周边农田 0～30cm 土壤 TN 平均浓度分别为（2.14±0.76）g/kg（0.97～4.83g/kg）、（2.64±0.66）g/kg（1.28～3.83g/kg）、（1.70±0.49）g/kg（0.98～2.99g/kg）、（1.83±0.75）g/kg（0.57～2.95g/kg）、（1.73±1.08）g/kg（0.19～4.25g/kg）、（1.75±0.66）g/kg（0.57～3.05g/kg）和（2.76±1.58）g/kg（0.92～5.65g/kg），异龙湖和洱海周边农田 0～30cm 土壤 TN 浓度显著高于其余湖泊（$P<0.05$）。30～60cm 土壤 TN 平均浓度分别为（1.60±0.71）g/kg（0.62～3.86g/kg）、（1.72±0.53）g/kg（0.76～3.14g/kg）、（1.33±0.60）g/kg（0.57～2.75g/kg）、（1.47±0.71）g/kg（0.35～3.39g/kg）、（1.29±0.89）g/kg（0.19～3.10g/kg）、（1.43±0.66）g/kg（0.54～2.87g/kg）和（2.55±2.12）g/kg（0.48～7.81g/kg），异龙湖周边农田 30～60cm 土壤 TN 浓度显著高于其余湖泊（$P<0.05$）。60～100cm 土壤 TN 平均浓度分别为（0.79±0.28）g/kg（0.41～1.57g/kg）、（1.00±0.82）g/kg（0.09～3.72g/kg）、（1.16±0.45）g/kg（0.36～2.07g/kg）、（0.76±0.67）g/kg（0.18～2.53g/kg）、

（0.41±0.27）g/kg（0.07～1.16g/kg）、（0.72±0.22）g/kg（0.37～1.09g/kg）和（2.17±2.27）g/kg（0.17～7.32g/kg），异龙湖周边农田 60～100cm 土壤 TN 浓度显著高于星云湖（$P<0.05$）。7 个湖泊周边农田 0～30cm、30～60cm 和 60～100cm 土壤 TN 平均浓度分别为 2.07g/kg、1.58g/kg 和 0.93g/kg，随土层深度的增加，土壤 TN 浓度逐渐降低，且土壤 TN 浓度在 0～30cm 至 30～60cm 土层的降幅为 41.14%，在 30～60cm 至 60～100cm 土层的降幅为 23.67%（图 2-7）。

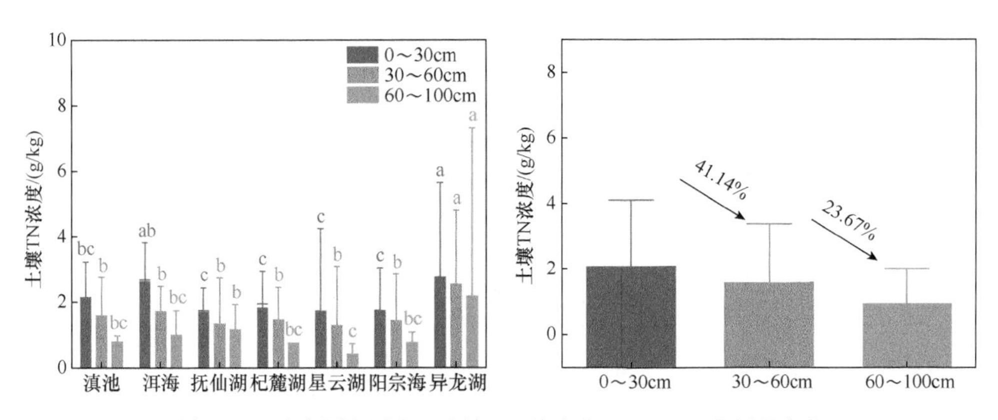

图 2-7　7 个高原湖区农田土壤 TN 浓度在 0～100cm 土层的变化

图 2-8 显示了 7 个高原湖区农田土壤 NO_3^--N 浓度的变化，滇池、洱海、抚仙湖、杞麓湖、星云湖、阳宗海和异龙湖周边农田 0～30cm 土壤 NO_3^--N 平均浓度分别为（12.04±5.43）mg/kg（4.45～29.11mg/kg）、（23.44±14.74）mg/kg（4.58～59.39mg/kg）、（19.14±11.05）mg/kg（9.56～43.74mg/kg）、（28.16±18.18）mg/kg（5.33～65.76mg/kg）、（30.65±21.10）mg/kg（11.74～88.48mg/kg）、（15.74±8.92）mg/kg（1.87～33.17mg/kg）和（21.20±17.09）mg/kg（0.76～50.41mg/kg），星云湖和杞麓湖周边农田 0～30cm 土壤 NO_3^--N 浓度显著高于其余湖泊（$P<0.05$）。30～60cm 土壤 NO_3^--N 平均浓度分别为（14.31±9.83）mg/kg（4.35～42.42mg/kg）、（20.46±19.02）mg/kg（2.08～62.05mg/kg）、（16.33±12.90）mg/kg（0.17～51.33mg/kg）、（26.33±15.23）mg/kg（2.11～61.57mg/kg）、（26.18±16.10）mg/kg（12.65～73.87mg/kg）、（12.05±12.09）mg/kg（4.47～41.09mg/kg）和（27.51±20.25）mg/kg（8.00～88.09mg/kg），异龙湖周边农田 30～60cm 土壤 NO_3^--N 浓度显著高于滇池和阳宗海（$P<0.05$）。60～100cm 土壤 NO_3^--N 平均浓度分别为（12.36±10.65）mg/kg（1.30～48.84mg/kg）、（22.82±12.62）mg/kg（7.66～46.78mg/kg）、（20.51±16.90）mg/kg（1.66～48.99mg/kg）、（32.61±21.74）mg/kg（7.59～89.07mg/kg）、（20.31±10.08）mg/kg（8.21～39.68mg/kg）、（9.40±7.50）mg/kg（3.79～30.34mg/kg）和（21.76±15.39）mg/kg（9.02～60.13mg/kg），杞麓湖周边

农田 30～60cm 土壤 NO_3^--N 浓度显著高于其余湖泊（P<0.05）。

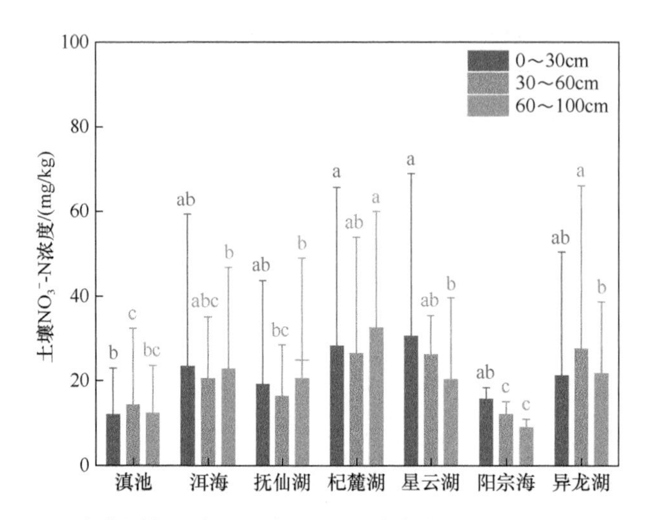

图 2-8　7 个高原湖区农田土壤 NO_3^--N 浓度在 0～100cm 土层的变化

图 2-9 显示了 7 个高原湖区农田土壤 NH_4^+-N 浓度的变化，滇池、洱海、抚仙湖、杞麓湖、星云湖、阳宗海和异龙湖周边农田 0～30cm 土壤 NH_4^+-N 平均浓度分别为（1.42±3.18）mg/kg（0.02～17.36mg/kg）、（0.99±0.95）mg/kg（0.04～3.87mg/kg）、（1.50±1.06）mg/kg（0.07～4.13mg/kg）、（0.79±1.35）mg/kg（0.02～5.90mg/kg）、（3.14±6.90）mg/kg（0.31～32.26mg/kg）、（0.62±0.39）mg/kg（0.14～1.70mg/kg）和（1.87±1.65）mg/kg（0.02～6.06mg/kg），星云湖周边农田 0～30cm 土壤 NH_4^+-N 浓度显著高于杞麓湖和阳宗海（P<0.05）。30～60cm 土壤 NH_4^+-N 平均浓度分别为（1.12±1.88）mg/kg（0.01～8.68mg/kg）、（0.91±1.18）mg/kg（0.08～5.81mg/kg）、（1.30±1.15）mg/kg（0.11～4.15mg/kg）、（0.48±0.62）mg/kg（0.01～2.30mg/kg）、（1.89±1.47）mg/kg（0.66～7.26mg/kg）、（0.49±0.33）mg/kg（0.01～1.15mg/kg）和（1.63±1.22）mg/kg（0.30～3.72mg/kg），星云湖周边农田 30～60cm 土壤 NH_4^+-N 浓度显著高于其他湖泊（P<0.05）。60～100cm 土壤 NH_4^+-N 平均浓度分别为（3.30±2.54）mg/kg（0.06～8.12mg/kg）、（1.00±0.95）mg/kg（0.03～2.81mg/kg）、（3.67±7.96）mg/kg（0.10～34.45mg/kg）、（7.11±20.63）mg/kg（0.01～70.54mg/kg）、（0.82±0.46）mg/kg（0.32～1.66mg/kg）、（1.39±1.54）mg/kg（0.02～3.49mg/kg）和（2.59±4.91）mg/kg（0.30～18.03mg/kg），杞麓湖周边农田 60～100cm 土壤 NH_4^+-N 浓度显著高于洱海、星云湖和阳宗海（P<0.05）。星云湖周边农田土壤多为砂质土，下层砂土对 NH_4^+-N 的固持能力有限，所以随着土层深度增加，土壤 NH_4^+-N 浓度下降，而其余湖泊周边农田土壤 NH_4^+-N 浓度均随土壤深度增加而增加，即 0～30cm<30～60cm<60～100cm。

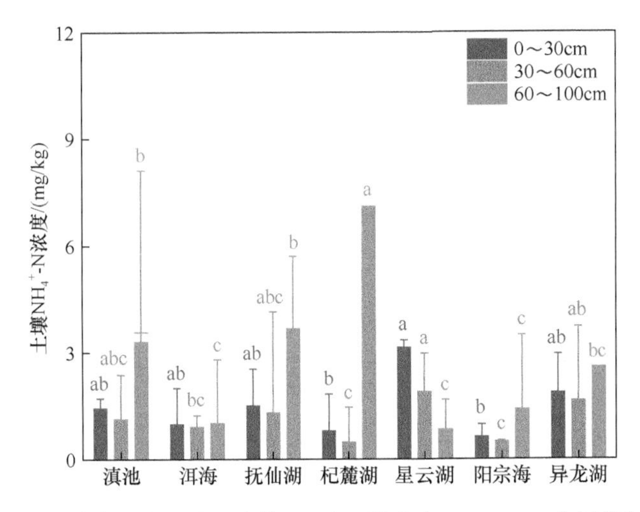

图 2-9　7 个高原湖区农田土壤 NH_4^+-N 浓度在 0～100cm 土层的变化

二、高原湖区农田土壤氮储量变化特征

1. 高原湖区农田土壤各形态氮储量差异

图 2-10 显示了 7 个高原湖区 0～100cm 农田土壤各形态氮储量差异，抚仙湖、异龙湖、杞麓湖、滇池、阳宗海、洱海和星云湖周边农田土壤 TN 储量平均值分别为（15.12±4.17）t/hm^2（8.93～23.51t/hm^2）、（26.16±20.45）t/hm^2（6.12～66.25t/hm^2）、（14.70±7.01）t/hm^2（4.99～31.26t/hm^2）、（16.37±6.29）t/hm^2（8.20～40.94t/hm^2）、（13.28±3.44）t/hm^2（7.66～19.22t/hm^2）、（19.17±5.06）t/hm^2（11.98～30.49t/hm^2）和（12.00±7.32）t/hm^2（3.33～27.24t/hm^2）。土壤 NO_3^--N 储量平均值分别为（258.63±203.47）kg/hm^2（45.49～877.62kg/hm^2）、（369.65±324.67）kg/hm^2（83.60～1138.42kg/hm^2）、（488.23±315.93）kg/hm^2（146.09～1163.35kg/hm^2）、（377.30±784.66）kg/hm^2（46.32～3660.37kg/hm^2）、（133.75±64.59）kg/hm^2（41.83～238.96kg/hm^2）、（665.31±596.89）kg/hm^2（90.31～2207.04kg/hm^2）和（356.47±203.21）kg/hm^2（136.38～861.37kg/hm^2）。土壤 NH_4^+-N 储量平均值分别为（27.40±42.79）kg/hm^2（4.45～189.97kg/hm^2）、（22.74±22.94）kg/hm^2（8.43～91.92kg/hm^2）、（39.04±101.01）kg/hm^2（0.79～352.81kg/hm^2）、（24.83±21.71）kg/hm^2（3.60～99.24kg/hm^2）、（10.14±8.39）kg/hm^2（2.51～24.05kg/hm^2）、（11.22±7.08）kg/hm^2（0.77～27.65kg/hm^2）和（21.43±25.15）kg/hm^2（7.21～125.05kg/hm^2）。由此可见，7 个高原湖区 0～100cm 农田土壤中各形态氮储量存在明显的异质性。

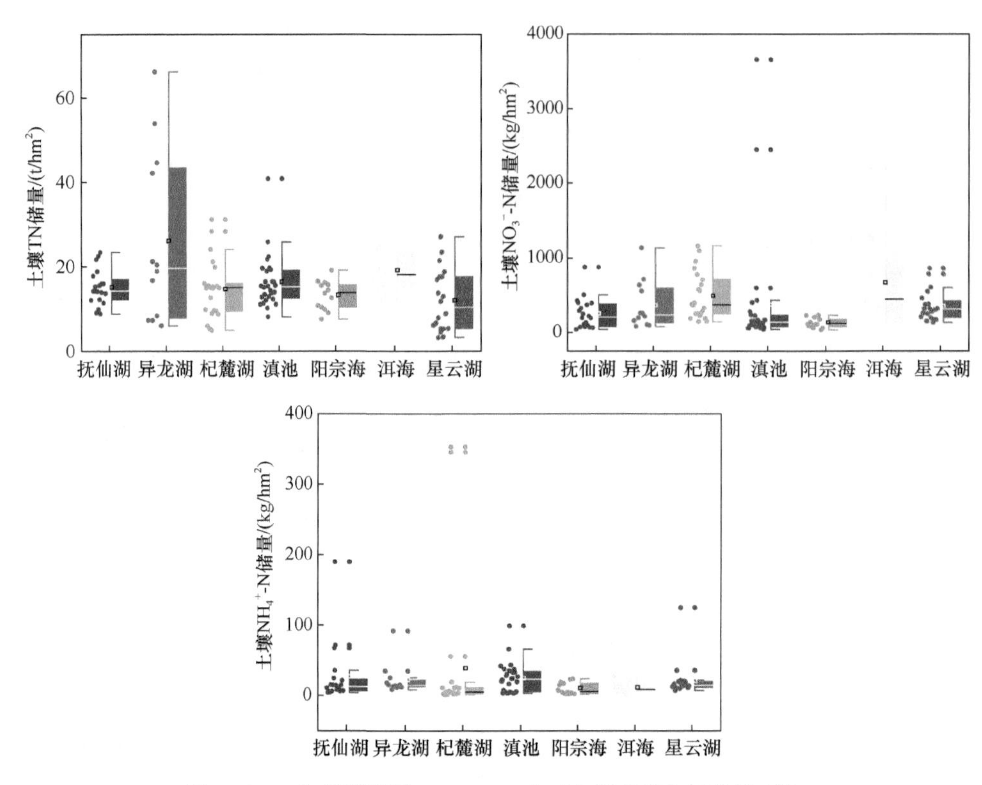

图 2-10　7 个高原湖区 0～100cm 农田土壤各形态氮储量变化

2. 高原湖区农田 0～100cm 土壤各土层氮储量变化及占比

图 2-11 显示了 7 个高原湖区农田不同深度土壤 TN 储量的变化，滇池、洱海、抚仙湖、杞麓湖、星云湖、阳宗海和异龙湖周边农田 0～30cm 土壤 TN 储量平均值分别为（6.85±2.99）t/hm^2（3.22～19.02t/hm^2）、（8.16±2.07）t/hm^2（3.92～12.05t/hm^2）、（5.25±1.51）t/hm^2（3.18～9.19t/hm^2）、（5.87±2.51）t/hm^2（1.78～10.00t/hm^2）、（5.50±3.45）t/hm^2（0.60～13.10t/hm^2）、（5.21±1.99）t/hm^2（1.57～8.64t/hm^2）和（8.44±5.61）t/hm^2（2.86～20.43t/hm^2），它们分别占 0～100cm 土壤 TN 储量的 42%、43%、35%、40%、46%、39%和 32%，且异龙湖周边农田 0～30cm 土壤 TN 储量显著高于其余湖泊（P<0.05）。30～60cm 土壤 TN 储量平均值分别为（5.53±2.57）t/hm^2（2.19～14.04t/hm^2）、（5.99±1.88）t/hm^2（2.57～10.95t/hm^2）、（4.33±1.77）t/hm^2（2.06～8.39t/hm^2）、（5.15±2.52）t/hm^2（1.23～12.10t/hm^2）、（4.45±3.05）t/hm^2（0.67～10.51t/hm^2）、（4.66±2.11）t/hm^2（1.67～9.59t/hm^2）和（8.08±6.63）t/hm^2（1.76～24.31t/hm^2），分别占 0～100cm 土壤 TN 储量的 34%、31%、29%、35%、37%、35%和 31%，洱海和异龙湖周边农田 30～60cm 土壤 TN 储量显著高于其余湖泊（P<0.05）。60～100cm 土壤 TN 储量平均值分别为

（3.99±1.53）t/hm^2（2.10～8.06t/hm^2）、（5.02±4.04）t/hm^2（0.46～17.83t/hm^2）、（5.54±2.23）t/hm^2（1.73～10.30t/hm^2）、（3.67±3.22）t/hm^2（0.83～11.57t/hm^2）、（2.04±1.32）t/hm^2（0.33～5.81t/hm^2）、（3.42±1.09）t/hm^2（1.68～5.28t/hm^2）和（9.63±9.22）t/hm^2（0.81～25.24t/hm^2），分别占 0～100cm 土壤 TN 储量的 24%、26%、37%、25%、17%、26%和 37%，异龙湖周边农田 60～100cm 土壤 TN 储量显著高于星云湖和阳宗海（$P<0.05$）。由此可见，7 个高原湖区农田土壤 TN 主要累积在表层土壤，表现为 0～30cm>30～60cm>60～100cm。

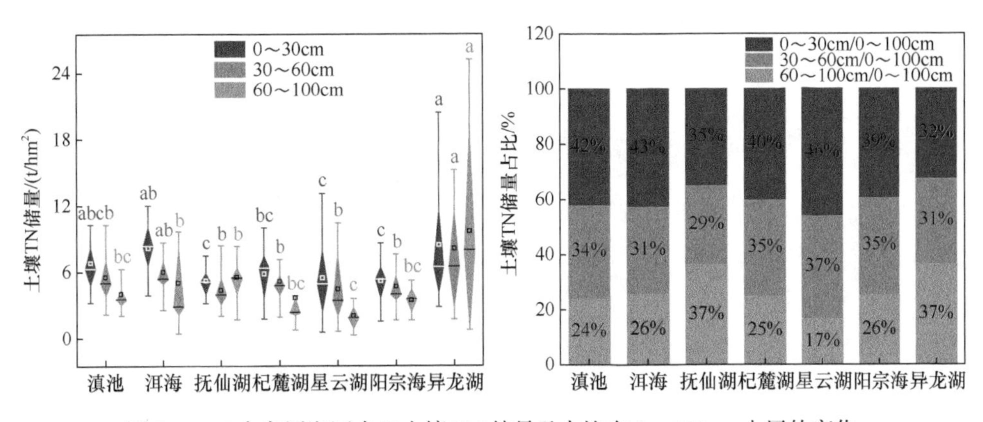

图 2-11　7 个高原湖区农田土壤 TN 储量及占比在 0～100cm 土层的变化

7 个高原湖区农田不同深度土壤 NO_3^--N 储量变化如图 2-12 所示，滇池、洱海、抚仙湖、杞麓湖、星云湖、阳宗海和异龙湖周边农田 0～30cm 土壤 NO_3^--N 储量平均值分别为（146.37±398.07）kg/hm^2（14.31～1982.07kg/hm^2）、（235.17±308.47）kg/hm^2（30.11～1313.69kg/hm^2）、（82.88±78.18）kg/hm^2（29.94～286.44kg/hm^2）、（197.71±186.39）kg/hm^2（22.99～706.22kg/hm^2）、（153.93±143.78）kg/hm^2（39.83～529.63kg/hm^2）、（28.99±27.59）kg/hm^2（12.39～110.81kg/hm^2）和（169.24±194.47）kg/hm^2（23.94～509.62kg/hm^2），分别占 0～100cm 土壤 NO_3^--N 储量的 39%、35%、32%、40%、43%、22%和 46%，洱海周边农田 0～30cm 土壤 NO_3^--N 储量显著高于阳宗海（$P<0.05$）。30～60cm 土壤 NO_3^--N 储量平均值分别为（171.78± 504.18）kg/hm^2（15.56～2695kg/hm^2）、（163.39±180.92）kg/hm^2（28.90～739.87kg/hm^2）、（73.39±98.86）kg/hm^2（0.58～449.72kg/hm^2）、（141.11±105.95）kg/hm^2（17.64～387.31kg/hm^2）、（100.88±71.61）kg/hm^2（42.59～286.83kg/hm^2）、（29.45±27.93）kg/hm^2（11.72～114.53kg/hm^2）和（99.15±116.90）kg/hm^2（26.37～441.68kg/hm^2），分别占 0～100cm 土壤 NO_3^--N 储量的 46%、25%、28%、29%、28%、22%和 27%，各湖泊周边农田 30～60cm 土壤 NO_3^--N 储量不存在显著差异。60～100cm 土壤 NO_3^--N 储量平均值分别为（59.15±49.96）kg/hm^2（7.03～

220.80kg/hm^2)、(266.75±308.34)kg/hm^2(10.24～943.04kg/hm^2)、(102.35±88.98)kg/hm^2(7.83～291.48kg/hm^2)、(149.41±112.55)kg/hm^2(10.50～425.17kg/hm^2)、(101.65±54.04)kg/hm^2(38.65～208.59kg/hm^2)、(75.30±51.17)kg/hm^2(8.62～192.15kg/hm^2)和(101.26±78.83)kg/hm^2(3.63～223.95kg/hm^2),分别占0～100cm土壤NO_3^--N储量的16%、40%、40%、31%、29%、56%和27%,洱海周边农田60～100cm土壤NO_3^--N储量显著高于其余湖泊(P<0.05)。0～30cm和60～100cm土壤NO_3^--N平均储量占剖面总储量的36%和34%,而30～60cm土壤NO_3^--N平均储量占29%左右,表明7个湖泊周边农田土壤NO_3^--N储量随土层深度增加,呈先减后增的趋势。

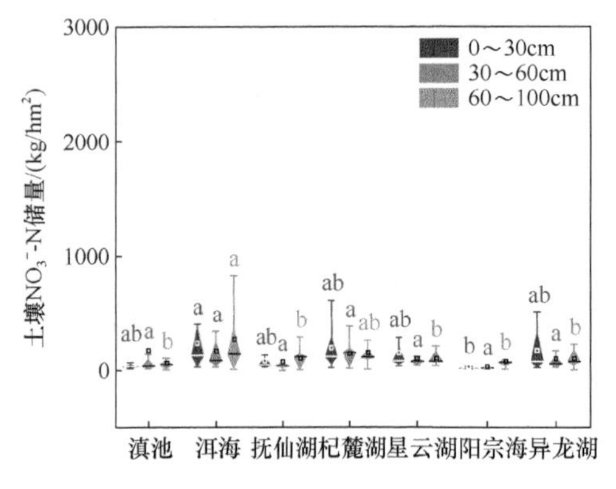

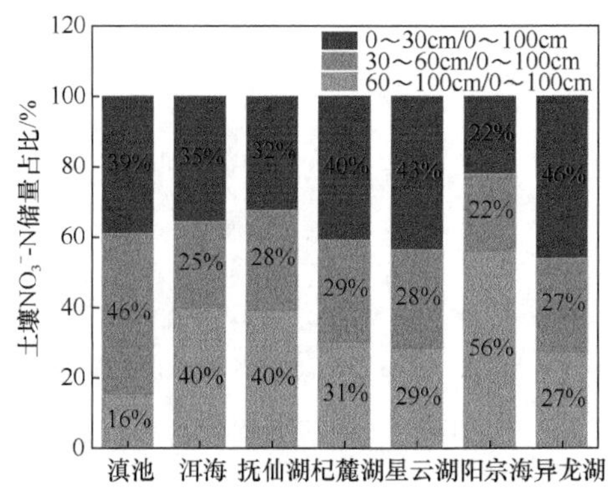

图2-12 7个高原湖区农田土壤NO_3^--N储量及占比在0～100cm土层的变化

高原湖区农田不同深度土壤NH_4^+-N储量在各湖泊之间的差异不显著(图2-13),滇池、洱海、抚仙湖、杞麓湖、星云湖、阳宗海和异龙湖周边农田0～30cm土壤NH_4^+-N储量平均值分别为(4.43±9.55)kg/hm^2(0.53～52.19kg/hm^2)、(3.01±2.88)kg/hm^2(0.12～11.71kg/hm^2)、(4.69±3.24)kg/hm^2(0.22～12.88kg/hm^2)、(2.50±4.11)kg/hm^2(0.12～18.05kg/hm^2)、(10.86±24.19)kg/hm^2(0.98～112.83kg/hm^2)、(1.85±1.14)kg/hm^2(0.38～4.83kg/hm^2)和(5.36±4.70)kg/hm^2(0.05～17.51kg/hm^2),分别占0～100cm土壤NH_4^+-N储量的18%、27%、17%、6%、51%、18%和24%,星云湖周边农田0～30cm土壤NH_4^+-N储量显著高于洱海、杞麓湖和阳宗海(P<0.05)。30～60cm土壤NH_4^+-N储量平均值分别为(3.85±6.38)kg/hm^2(0.10～29.59kg/hm^2)、(3.28±4.01)kg/hm^2(0.36～19.91kg/hm^2)、(4.36±3.79)kg/hm^2(0.38～14.28kg/hm^2)、(1.65±2.17)kg/hm^2(0.04～7.74kg/hm^2)、(6.64±4.99)kg/hm^2(2.25～24.44kg/hm^2)、(1.62±0.99)kg/hm^2(0.16～3.55kg/hm^2)和(5.23±3.89)kg/hm^2(0.86～11.46kg/hm^2),分别占0～100cm土壤NH_4^+-N储量的16%、29%、16%、4%、31%、16%和23%,星云湖和异龙湖周边农田30～60cm土壤NH_4^+-N储量显著高于杞麓湖和阳宗海(P<0.05)。60～100cm土壤NH_4^+-N储量平均值分别为(16.55±12.85)kg/hm^2(0.26～

41.68kg/hm²）、（4.93±4.87）kg/hm²（0.16～14.61kg/hm²）、（18.35±41.47）kg/hm²（0.51～181.11kg/hm²）、（34.89±101.18）kg/hm²（0.27～347.32kg/hm²）、（3.93±2.38）kg/hm²（1.33～8.29kg/hm²）、（6.67±7.53）kg/hm²（0.10～18.60kg/hm²）和（12.16±22.53）kg/hm²（1.44～82.88kg/hm²），分别占 0～100cm 土壤 NH_4^+-N 储量的 67%、44%、67%、89%、18%、66%和 53%，各湖泊周边农田土壤 NH_4^+-N 储量在这一层不存在显著差异。除星云湖以外，各湖泊周边农田土壤 NH_4^+-N 在 60～100cm 土层的储量均大于其他土层，由此可见，高原湖区农田土壤 NH_4^+-N 存在向深层土壤累积的现象。

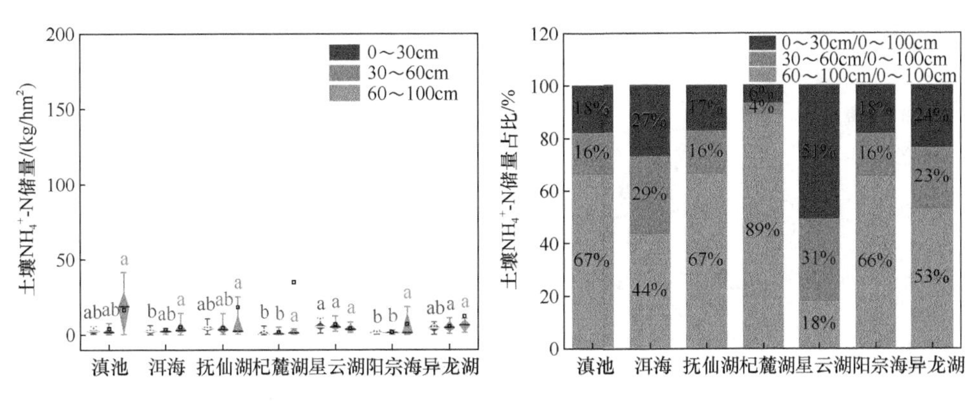

图 2-13　7 个高原湖区农田土壤 NH_4^+-N 储量及占比在 0～100cm 土层的变化

3. 高原湖区农田土壤各形态氮储量空间分布

图 2-14 显示了 7 个高原湖区农田土壤 TN 储量在 0～100cm 土层的空间分布特征，7 个湖泊周围农田土壤 TN 储量在 0～100cm 土层呈远岸大于近岸的趋势。随着滇池流域城镇建设、工矿企业和农业的迅速发展，滇池东南岸周围房地产不断开发，设施蔬菜、花卉高度密集种植，加之周围农业生产、居民生产和生活所产生的污染物因渗漏或未经处理直接排放累积在土壤中，使得滇池周围土壤 TN 储量主要分布在东南岸；洱海周围土壤 TN 储量主要分布在东岸的挖色镇和西岸的下关镇，这与露地蔬菜种植有关；阳宗海周围土壤 TN 储量主要分布在东北部和南部，这主要与区域蔬菜集约化种植有关；抚仙湖周围土壤 TN 储量主要分布在北部，这些区域居民区较多，且区域内的城镇设有较多客栈和饭店，居民生产和生活产生大量氮源，此外，休耕以前主要种植蔬菜和花卉，土壤氮累积量大，是导致土壤 TN 储量较大的主要因素；杞麓湖、星云湖和异龙湖周围土壤 TN 储量分布较为均匀，这与露地蔬菜环湖周围大面积种植有关。

7 个高原湖区农田土壤 NO_3^--N 储量在 0～100cm 土层的空间分布呈现明显的区域异质性，如图 2-15 所示。滇池和阳宗海周围土壤中 NO_3^--N 储量主要分布在

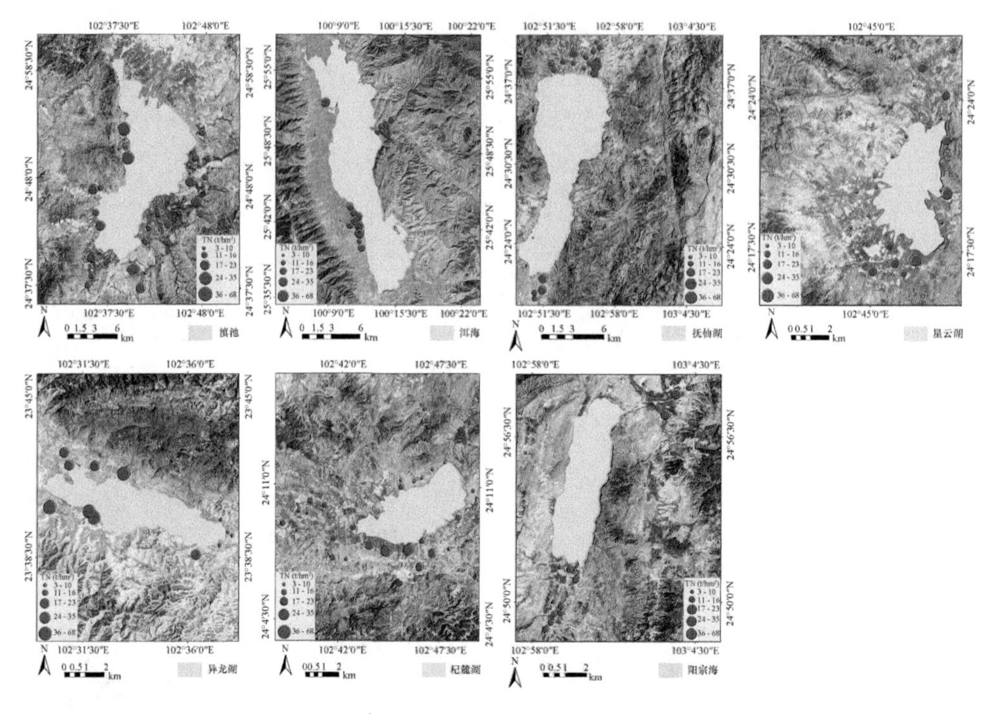

图 2-14　高原湖区农田土壤 TN 储量空间分布

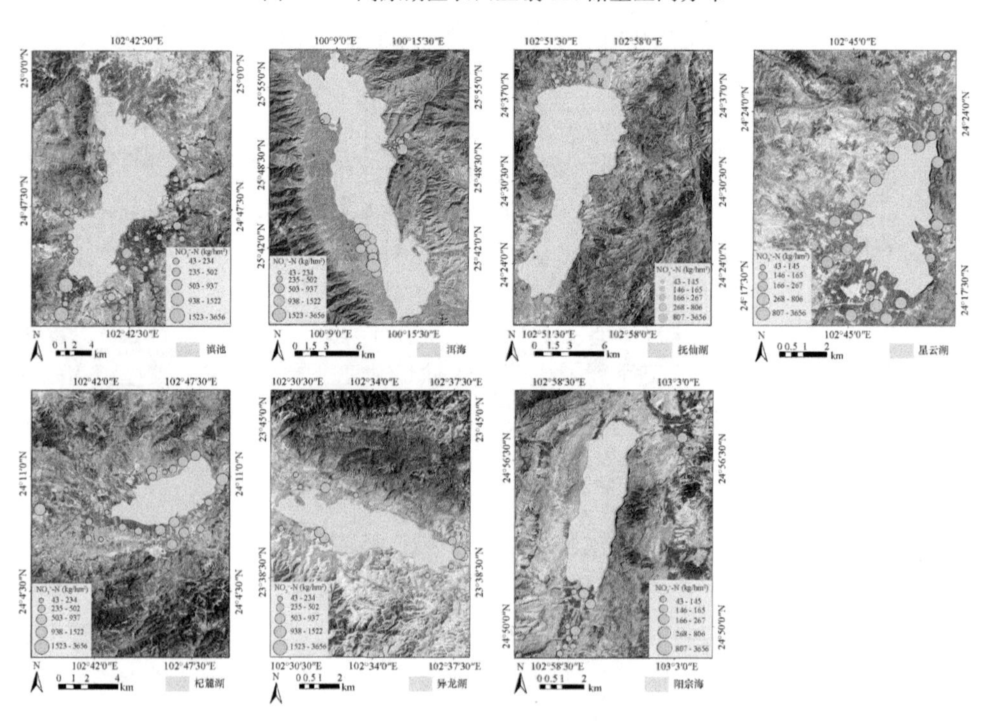

图 2-15　高原湖区农田土壤 NO_3^--N 储量空间分布

东部和南部，且南部储量要大于东部；洱海周围土壤 NO_3^--N 储量主要分布在东岸和西南部的下关镇，而西南部土壤中 NO_3^--N 储量远大于东岸，这主要是由于西南部农用地面积大，复种指数高，大量施用化肥、有机肥等不合理的生产方式导致累积在土壤中的氮素较多；抚仙湖周围土壤 NO_3^--N 储量主要分布在北部；杞麓湖、星云湖和异龙湖周围土壤中 NO_3^--N 储量分布较为均匀。

图 2-16 显示了 7 个高原湖区农田土壤 NH_4^+-N 储量在 0～100cm 土层的空间分布特征。滇池和阳宗海周围土壤 NH_4^+-N 储量主要分布在东部和南部；洱海周围土壤 NH_4^+-N 储量主要分布在西岸的下关镇和东岸的挖色镇；抚仙湖和杞麓湖周围土壤 NH_4^+-N 储量主要分布在南部和北部，且南部 NH_4^+-N 储量要大于北部；星云湖周围土壤 NH_4^+-N 储量主要分布在西南部和北部，且北部要大于西南部；异龙湖周围土壤 NH_4^+-N 储量主要分布在西部。

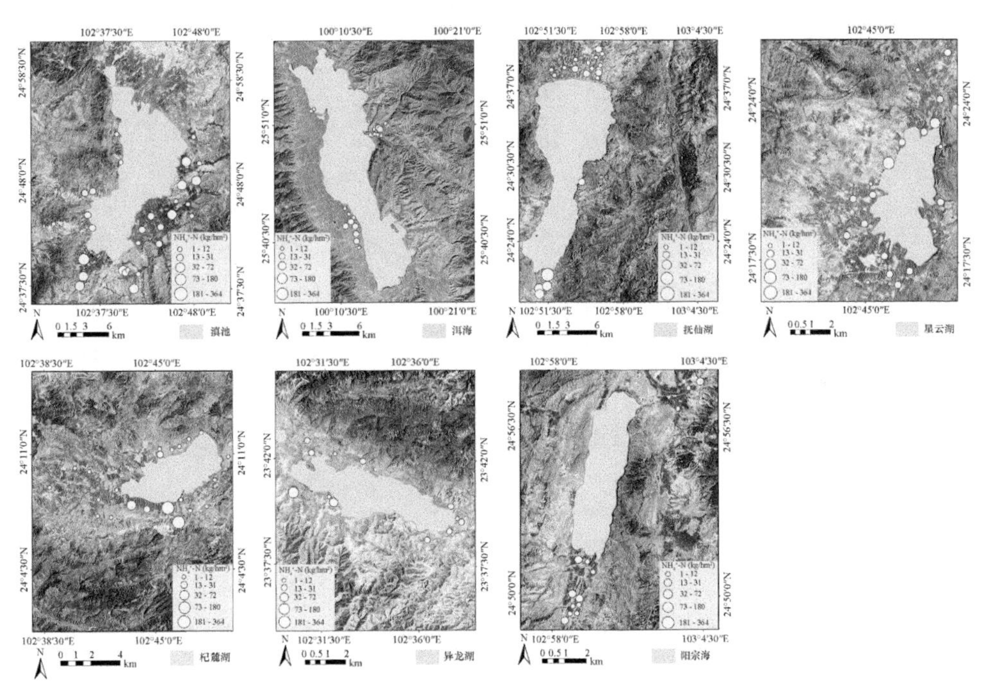

图 2-16　高原湖区农田土壤 NH_4^+-N 储量空间分布

第五节　高原湖区农田土壤中氮累积的影响因素

7 个高原湖泊周围盆地主要分布有农田、村落和城镇，社会经济发达，人口稠密，高原湖盆区域人口占流域总人口的 80%以上。坝区土壤类型主要是水稻土、红壤和紫色土，成土母质多为河湖相沉积物、第四纪风化物和紫色砂页岩等。河湖相沉积物形成的土层结构因细砂、砾石的分布，孔隙性大，透水性强，第四纪风化物形成的土层结构土壤黏重紧实，透水性弱。盆地农田种植作物种类繁多，主要包括水稻、玉米、豆类、薯类、烤烟、油菜、蔬菜和花卉等作物，其中蔬菜和花卉等高耗型作物在高原湖泊流域盆地种植面积大，复种指数高，特别是滇池、杞麓湖、星云湖、异龙湖和洱海等都有大面积的集约化蔬菜或花卉种植，其种植面积占流域总播种面积的40%以上，造成了高原湖泊流域作物化肥施用量高。2017年，高原湖泊流域氮肥施用量为165～405kg/hm^2，平均施用量为287kg/hm^2；磷肥（P_2O_5）施用量为60～135kg/hm^2，平均施用量为96kg/hm^2；有机肥施用量为150～18 270kg/hm^2，平均施用量为5014kg/hm^2，高原湖泊流域的施肥量远高于云南省其他区域，是云南省其他区域施肥量的1.5倍左右（王金林等，2018）。高强度的施肥和灌溉，造成了农田土壤氮含量高，土壤剖面中氮素累积量大，在集中降雨、灌溉和地下水位波动等水文过程驱动下，土壤氮素大量淋失，对地下水中氮污染风险增加（表2-2）。

表2-2　云南7个高原湖泊流域坝区主要土壤与施肥状况（王金林等，2018）

湖泊	土壤类型	取样区种植的主要作物	每季施肥强度/（kg/hm^2）		
			氮肥	磷肥（P_2O_5）	有机肥
滇池	红壤、水稻土和紫色土	露天或设施蔬菜和花卉	285	135	12 555
洱海	水稻土和红壤	水稻、烤烟、玉米、蚕豆和蔬菜	165	60	18 270
阳宗海	红壤和水稻土	蔬菜、花卉和水稻	345	90	720
杞麓湖	水稻土和红壤	蔬菜、水稻、玉米和烤烟	405	105	1 440
星云湖	红壤、紫色土和水稻土	蔬菜、玉米和烤烟	240	75	675
抚仙湖	红壤、水稻土	水稻、烟草和蚕豆	330	75	150
异龙湖	红壤和水稻土	水稻、蔬菜和玉米	240	135	1 290

目前，随着高原湖区城镇化建设的不断推进，大量的农业用地和未利用地被占用，使得高原湖区农田集约化程度不断提高，致使土壤氮累积较为严重，其中，滇池和阳宗海周围农田0～100cm土壤TN、NO_3^--N和NH_4^+-N累积主要分布在东部和南部，洱海主要分布在东部和西部，抚仙湖主要分布在北部（少数分布在南部），杞麓湖、星云湖和异龙湖各形态氮累积分布较为均匀，这是由于不同土壤类型区成土母质、土层特性、降水量、施肥（施肥量和施肥类型）和灌溉（灌溉方式和灌溉量）不同，从而导致高原湖区农田土壤中氮素累积不尽相同。滇池和洱海周边农田0～100cm土壤中TN和NO_3^--N累积量较高，一方面是由于湖泊周围高浓度养殖和生活污水的排放导致土壤总氮累积量高，且空间分布存在差异（陆海燕等，2010）；另一方面是由于流域内均有大面积种植设施或露天蔬菜和花卉，导致无机氮肥过量施用引起的硝态氮在土壤剖面积聚。刘宏斌等（2004）对北京设施菜地的研究发现，0～200cm和0～400cm土壤剖面NO_3^--N累积量分别为

1846kg/hm^{2}和 6872kg/hm^2。Min 等（2012）研究结果表明，常规水氮条件下 0～100cm 土壤 NO_3^--N 累积量可达 612～919kg/hm^2。郑浩等（2010）研究表明，洱海流域主要农田利用方式下土壤本底的无机氮含量较高，有 81.25%的样品含量在 50mg/kg 以下，且以 NO_3^--N 为主。此外，杞麓湖和抚仙湖周边农田土壤 NH_4^+-N 累积严重，这主要与蔬菜种植过程中的粪肥施用，以及居民区粪肥和污水设施的渗漏甚至未经处理直接排放有关。通过实地调查发现，这些湖泊周围以城镇和村落为主，污水收集管网不完善或破损，同时，NH_4^+-N 易被土壤颗粒和胶体吸附固定，加之杞麓湖周围农田土壤剖面含有大量的泥炭，铵离子在微生物的作用下发生矿物固定和氨化，造成铵态氮在土壤剖面中大量累积（商放泽等，2012）。

第六节　小　　结

7 个高原湖区农田地下水位相对较浅，且随季节性波动较大，在旱季的平均深度为 150cm，雨季平均深度为 69cm，雨、旱季水位差高达 81cm；农田土壤有机碳（SOC）、pH 和土壤容重（BD）的平均值分别为 32.03g/kg（范围 2.18～211.46g/kg，下同）、7.28（4.75～8.57）和 1.12g/cm^3（0.82～1.45g/cm^3），其中，pH 和 BD 变化范围较小，而 SOC 变化范围较大。

7 个高原湖区农田因地下水位波动造成 0～100cm 土壤中 TN 储量平均值从大到小依次为：异龙湖（26.37t/hm^2）、洱海（18.68t/hm^2）、滇池（15.85t/hm^2）、抚仙湖（14.89t/hm^2）、杞麓湖（14.68t/hm^2）、阳宗海（13.05t/hm^2）和星云湖（12.26t/hm^2）；TP 储量平均值从大到小依次为：滇池（35.74t/hm^2）、抚仙湖（30.76t/hm^2）、星云湖（23.56t/hm^2）、洱海（23.29t/hm^2）、杞麓湖（21.8t/hm^2）、阳宗海（13.87t/hm^2）和异龙湖（7.42t/hm^2）。在水平方向上，土壤 TN 储量从远岸向近岸整体呈现先增加后减少的变化趋势；在土壤深度方向上，随着土壤深度的增加，各剖面土壤中 TN 含量随土层深度的增加均呈减少的变化趋势。

参考文献

郭路航, 王贺鹏, 李妍, 等. 2022. 河北太行山山前平原葡萄园土壤硝态氮累积特征及影响因素[J]. 水土保持学报, 36(3): 280-285.

姜星宇, 姚晓龙, 徐会显, 等. 2016. 长江中下游典型湿地沉积物-水界面硝酸盐异养还原过程[J]. 湖泊科学, 28(6): 1283-1292.

金雪霞, 范晓晖, 蔡贵信. 2005. 菜地土氮素的主要转化过程及其损失[J]. 土壤, 37(5): 492-499.

巨晓棠, 张福锁. 2003. 中国北方土壤硝态氮的累积及其对环境的影响[J]. 生态环境, 12(1): 24-28.

陆海燕, 胡正义, 张瑞杰, 等. 2010. 滇池北岸居民-农田混合区域农田土壤氮素空间分布特征研究[J].农业环境科学学报, 29(8): 1618-1623.

刘宏斌, 李志宏, 张云贵, 等. 2004. 北京市农田土壤硝态氮的分布与累积特征[J].中国农业科学, 37(5): 692-698.

刘钦普. 2014. 中国化肥投入区域差异及环境风险分析[J]. 中国农业科学, 47(18): 3596-3605.

马文奇, 毛达如, 张福锁. 2000. 山东省蔬菜大棚养分积累状况[J]. 磷肥与复肥, 15(3): 65-67.

潘飞飞, 宋俊杰, 李庆飞. 2022. 不同种植年限设施菜田土壤硝态氮的累积与空间分布特性[J]. 中国瓜菜, 35(1): 70-75.

任科宇, 段英华, 徐明岗, 等.2019. 施用有机肥对我国作物氮肥利用率影响的整合分析[J]. 中国农业科学, 52(17): 2983-2996.

茹淑华, 张国印, 耿暖, 等. 2015. 氮肥施用量对华北集约化农区作物产量和土壤硝态氮累积的影响[J]. 华北农学报, 30(S1): 405-409.

商放泽, 杨培岭, 李云开, 等. 2012. 不同施氮水平对深层包气带土壤氮素淋溶累积的影响[J].农业工程学报, 28(7): 103-110.

王金林, 武广云, 刘友林, 等, 2018. 云南省化肥施用现状及减量增效的途径研究[J]. 中国农学通报, 34(3): 26-36.

张乃明, 李刚, 苏友波, 等. 2006. 滇池流域大棚土壤硝酸盐累积特征及其对环境的影响[J]. 农业工程学报, 22(6): 215-217.

郑洁, 张继宗, 翟丽梅, 等. 2010. 洱海流域农田土壤氮素的矿化及其影响因素[J]. 中国环境科学, 30(S1): 35-40.

Bai X L, Jiang Y, Miao H Z, et al. 2021. Intensive vegetable production results in high nitrate accumulation in deep soil profiles in China[J]. Environmental Pollution, 287: 117598.

Dong Y, Yang J L, Zhao X R, et al. 2022. Nitrate leaching and N accumulation in a typical subtropical red soil with N fertilization[J]. Geoderma, 407: 115559.

Frick H, Oberson A, Frossard E, et al. 2022. Leached nitrate under fertilised loamy soil originates mainly from mineralisation of soil organic N[J]. Agriculture, Ecosystems & Environment, 338: 108093.

Gao J B, Lu Y L, Chen Z J, et al. 2019. Land-use change from cropland to orchard leads to high nitrate accumulation in the soils of a small catchment [J]. Land Degradation & Development, 30(17): 2150-2161.

Li J G, Liu H B, Wang H Y, et al. 2018. Managing irrigation and fertilization for the sustainable cultivation of greenhouse vegetables[J]. Agricultural Water Management, 210: 354-363.

Liu M Y, Min L L, Wu L, et al. 2022. Evaluating nitrate transport and accumulation in the deep vadose zone of the intensive agricultural region, North China Plain[J]. Science of the Total Environment, 825: 153894.

Lv P, Sun S S, Medina-Roldán E, et al. 2021. Soil net nitrogen transformation rates are co-determined by multiple factors during the landscape evolution in Horqin Sandy Land [J]. CATENA, 206: 105576.

Ma R Y, Yu K, Xiao S Q, et al. 2022. Data-driven estimates of fertilizer-induced soil NH_3, NO and N_2O emissions from croplands in China and their climate change impacts[J]. Global Change Biology, 28(3): 1008-1022.

Min J, Zhang H L, Shi W M. 2012. Optimizing nitrogen input to reduce nitrate leaching loss in greenhouse vegetable production[J]. Agricultural Water Management, 111: 53-59.

Nie S A, Zhu G B, Singh B, et al. 2019. Anaerobic ammonium oxidation in agricultural soils-synthesis and prospective [J]. Environmental Pollution, 244: 127-134.

Reddy K R, Patrick W H, Broadbent F E. 1984. Nitrogen transformations and loss in flooded soils and sediments [J]. CRC Critical Reviews in Environmental Control, 13(4): 273-309.

Wang R, Min J, Kronzucker H J, et al. 2019. N and P runoff losses in China's vegetable production systems: doss characteristics, impact, and management practices[J]. Science of the Total Environment, 663: 971-979.

Wei Z B, Hoffland E, Zhuang M H, et al. 2021. Organic inputs to reduce nitrogen export via leaching and runoff: a global meta-analysis[J]. Environmental Pollution, 291: 118176.

Wu H Y, Song X D, Zhao X R, et al. 2019. Accumulation of nitrate and dissolved organic nitrogen at depth in a red soil Critical Zone[J]. Geoderma, 337: 1175-1185.

Yu C Q, Huang X, Chen H, et al. 2019. Managing nitrogen to restore water quality in China[J]. Nature, 567(7749): 516-520.

第三章　高原湖区农田浅层地下水位变化

第一节　引　　言

浅层地下水是可利用水资源的重要组成部分，也是陆地水循环系统中的重要环节，对于维持河流、湖泊、湿地水量平衡，以及农业种植和植物生长需水的稳定供给具有重要意义（夏晶等，2010）。浅层地下水是降水、地表水、土壤水、地下水之间转化、消长过程的集中反映，地下水位是评价地下水环境要素的重要指标（刘效东等，2013），揭示浅层地下水位的时空变异规律及分布状况是地下水资源可持续利用和生态环境保护的前提。近年来，大多数学者采用地统计学方法对浅层地下水位时空变异特征及其影响因素进行研究，在空间尺度上，浅层地下水位呈中等的空间自相关性（李新波等，2008；姚荣江和杨劲松，2007），在时间序列上，浅层地下水位年际间和年内差异显著，这种时空差异是对地貌特征、降水和地下水利用程度的响应（Zhang et al.，2016；马艳敏等，2015）。浅层地下水接受降水和地表水体的直接补给，其水位变化除受降水、蒸发、地形、植被、包气带土壤特性等自然因素的影响和制约外（杨静等，2012），还受人为因素的影响，特别是随着农田集约化程度的提高和土地利用程度的增强，浅层地下水位变化与种植结构、耕作模式、灌溉制度密切相关（张光辉等，2013；Masiyandima et al.，2002；白亮亮等，2016），而且浅层地下水位变化也间接影响到浅层地下水污染物（郭卉等，2016）和土壤剖面中盐分（姚荣江和杨劲松，2007）的变化。此外，浅层地下水位变化还受地形的影响，席海洋等（2011）结合地质统计学方法，探讨了额济纳绿洲地下水位的变化特性，表明自20世纪40年代以来，额济纳绿洲地下水位不断下降，并且下降幅度与河流区段有必然的联系，即越靠近河流下游，地下水位下降幅度越大；空间分布上，地下水位高程从北向南依次增大。

高原湖区农田集约化种植强度高，由于化肥持续过量施用，在降水、灌溉等水力驱动下，农田氮磷大量淋失出耕层，超累积在包气带中。土壤中各种形态的氮素，特别是 NO_3^--N 从表层土壤通过土壤水分入渗进入到深层地下水中是个长期的过程，且各形态氮素的淋溶量相对较少。由于该区的地下水补给主要通过降水、灌溉和湖水的反渗，使得浅层地下水位季节和年际间波动大，季节性水位波动在 1m 左右，这将加速富集在土壤中的氮素向地下水迁移，使得该区地下水的氮污染风险日益增加。因此，研究高原湖区农田浅层地下水动态变化特征及影响因素，对合理调控浅层地下水位、防止土壤中大量氮磷等营养盐通过浅层地下水快速流失、保护湖泊水环境安全具有重要意义。

第二节　高原湖区浅层地下水位的季节性变化

2021～2022 年雨季（9 月和 10 月）和旱季（4 月和 5 月），对 7 个高原湖区 127 处农灌井浅层地地下水位（地表至浅层地下水面的深度）进行监测，发现浅层地下水位存在明显的差异（图 3-1），特别是在雨季和旱季之间。星云湖、异龙湖、抚仙湖、杞麓湖、滇池、阳宗海和洱海周边农田雨季浅层地下水位平均值分别为（53.7±5.8）cm（20～131cm，最小值～最大值，下同）、（48.4±12.1）cm（10～250cm）、（55.0±5.0）cm（10～120cm）、（68.3±8.9）cm（10～165cm）、（58.1±7.4）cm（10～170cm）、（51.4±12.1）cm（10～140cm）和（103.6±12.9）cm（10～240cm）；旱季浅层地下水位平均值分别为（89.1±14.4）cm（20～310cm）、（84.1±20.1）cm（50～170cm）、（128.4±12.6）cm（45～250cm）、（134.2±19.7）cm（15～380cm）、（158.0±14.1）cm（30～350cm）、（124.3±15.3）cm（60～310cm）和（189.1±14.4）cm（100～350cm）；其中，杞麓湖、滇池和洱海在雨季和旱季的地下水位相对较深，星云湖、异龙湖、抚仙湖和阳宗海较浅。7 个高原湖区农田地下水位在旱季的平均深度为 150cm，雨季平均深度为 69cm，雨、旱季水位差高达 81cm，表明 7 个高原湖区周边农田地下水位相对较浅，且随季节性波动较大。

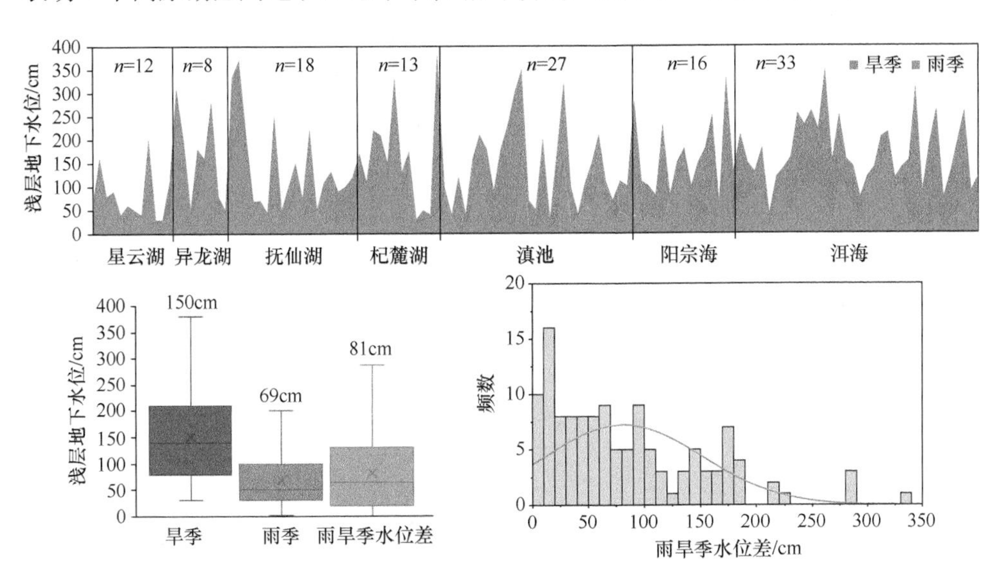

图 3-1　7 个高原湖区农田浅层地下水位季节性变化

第三节 高原湖区浅层地下水位随地形的变化

一、浅层地下水监测井的布设

研究区位于云南省大理白族自治州下关街道洱海西岸苍山与洱海之间的山前斜坡台地（25°40′28.53″～25°40′41.01″N，100°12′32.75″～100°12′33.29″E），海拔1966～1980m。研究区属亚热带高原季风区，气候温和湿润，年均气温 15.7℃，多年平均年降水量 1048mm，受季风气候影响，干湿季节分明，降水主要集中在 6～11 月（雨季），占年降水量的 85%～90%，12 月至翌年 5 月（旱季）的降水量占年降水量的 10%～15%。研究区地势西高东低，坡度 1°～7°，地表径流和地下径流自西向东流入洱海。研究区内有第四纪松散砂砾堆积体形成的较厚包气带，主要由黏土、粉细砂、中粗砂和卵砾石构成。苍山十八溪流经该堆积体，形成了洱海西岸三角洲。三角洲的山前带和扇缘带含水层厚度为 20～50m，涌水量为 30～50m^3/（h·m）。地下水补给来源主要为降水、灌溉的垂向补给和洱海水的侧向补给。区内虽间或有村庄零星分布，但居民用水来自苍山泉水，菜地灌溉用水取自洱海，地下水开发利用程度低。

浅层地下水位监测点沿等高线布设，共 20 个，距离湖岸线由近及远依次为高程 1966m（4 个监测井）、高程 1970m（4 个监测井）、高程 1972m（3 个监测井）、高程 1975m（6 个监测井）和高程 1979m（3 个监测井）。监测井采用直径 75mm 且底部密封的 PVC 管制成，距 PVC 管低端 15cm 处沿管壁四周钻直径为 5mm 的圆孔，用尼龙网覆盖。观测装置埋设深度应保证其底部进水孔略低于常年最低浅层地下水位。埋设后在 PVC 管内和管外填入 30cm 高的细沙作为渗滤层，四周用挖出的土紧密填埋，PVC 管上端口高出地面 30cm，不观测时用盖子拧紧。浅层地下水位观测期为 2014 年 6 月至 2016 年 5 月，在每月的 5 日、15 日和 25 日分别测定。

埋 PVC 管的同时，沿等高线选择一点挖取土壤剖面，根据土壤发生层取环刀样和土壤样，测定土壤的机械组成、容重、孔隙度和渗透系数。降水量和灌溉量数据来源于研究区内雨量监测点数据及灌溉数据；洱海水位来源于大理洱海保护管理局。

二、浅层地下水位沿高程的变化

表 3-1 为研究区浅层地下水位的描述性统计特征值。由表 3-1 可知，洱海近岸菜地不同高程浅层地下水水位平均值和中位数相差不大，经 K-S 检验发现浅层地下水位均服从正态分布。1966m、1970m、1972m 和 1975m 高程浅层地下水位

变幅相差不大，远大于 1979m 高程浅层地下水位变幅（25.9cm）。不同高程浅层地下水位平均值为 25.21～45.07cm，其中，1966m 高程浅层地下水位最深，为 45.07cm，大于其他高程浅层地下水位。不同高程浅层地下水位变异系数为 0.26～0.43，属于中等变异强度，且 1966m 高程浅层地下水位变异系数（0.43）大于其他高程浅层地下水位变异系数。由此可见，随海拔增加和离洱海越远，浅层地下水位越浅，且变幅越小。

表 3-1　研究区浅层地下水位的描述性统计特征值

高程/m	样本个数	最浅水位/cm	最深水位/cm	变幅/cm	平均值/cm	中位数/cm	标准差	变异系数（CV）
1966	96	11.5	90.0	78.5	45.07	42	19.47	0.43
1970	96	10.0	71.0	61	39.93	40	13.48	0.34
1972	72	4.5	80.0	75.5	39.76	38	16.68	0.42
1975	144	4.0	76.0	72	29.08	27.5	9.72	0.33
1979	72	13.1	39.0	25.9	25.21	24.6	6.67	0.26

分析图 3-2 可知，2014 年 6 月至 2016 年 5 月，洱海近岸菜地不同高程浅层地下水位月波动均较大，除 1966m 高程浅层地下水位，其他高程浅层地下水位较浅的月份主要出现在 6～11 月（雨季），12 月至翌年 5 月（旱季）浅层地下水位较深，由此可见，浅层地下水位与降水量密切相关，旱季均高于雨季，这与杨静等（2012）研究的喀斯特峰丛洼地浅层地下水位随雨、旱季变化趋势一致。而 1966m 高程的浅层地下水位较浅的月份主要出现在 8 月至翌年 1 月，地下水位较深的月份出现在 2～7 月，与其他高程的浅层地下水位月变化和雨、旱季呈现不同步变化。

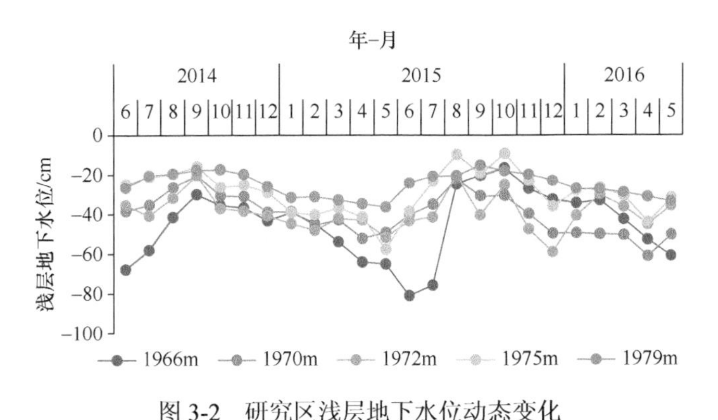

图 3-2　研究区浅层地下水位动态变化

对雨季（6～11 月）和旱季（12 月至翌年 5 月）不同高程浅层地下水位的平均值进行研究（其中，1966m 高程的雨季和旱季分别用 8 月至翌年 1 月和 2～7 月的浅层地下水位），5 个高程浅层地下水位，雨季均比旱季浅（图 3-3）。随着高程增加，雨季浅层地下水平均水位分别为 1966m（35.85cm）、1970 m（31.72cm）、1972m（35.13cm）、1975m（21.43cm）和 1979m（20.07cm），旱季分别为 1966m（58.05cm）、1970m（49.03cm）、1972m（45.61cm）、1975m（37.06cm）、1979m（30.19cm），由此可见，雨季 1972m、1966m 和 1970m 高程浅层地下水位远大于 1975m 和 1979m 高程，旱季浅层地下水位随海拔增加而变浅。雨季（$0.15<CV<0.36$）不同高程浅层地下水位的变异系数明显大于旱季（$0.13<CV<0.25$），说明雨季水位波动较旱季强烈，主要是因为降水量和降水强度显著影响浅层地下水位的波动；另外，浅层地下水位越浅，变异系数越大，波动越剧烈，这与李朝生等（2007）的研究结果一致。

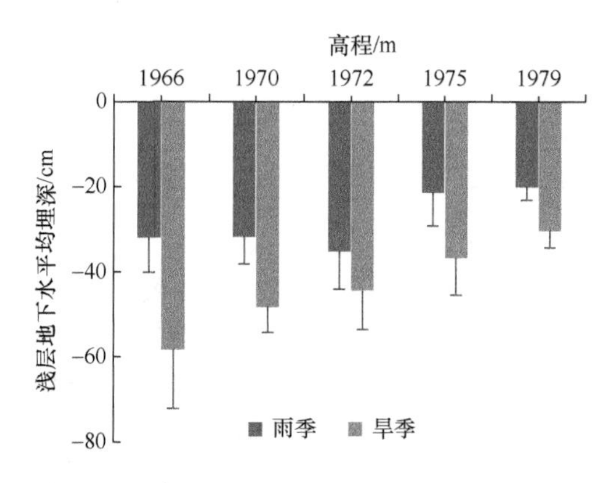

图 3-3 研究区雨季和旱季浅层地下水位平均值

为反映浅层地下水位的随机性、结构性、独立性和相关性的特点，更准确和直观地描述洱海近岸菜地浅层地下水位的时空分布特征，运用 Kriging 最优内插法进行估算，并绘制浅层地下水位等值线图（图 3-4）。由图 3-4 可以看出，旱季和雨季浅层地下水位随等高线均呈不规则的带状分布，随高程的减小，距洱海由远及近，浅层地下水位分布呈现出由浅到深的带状变化。旱季和雨季相应分级下浅层地下水位带状变化区域不尽一致，其中，旱季和雨季浅层地下水位较浅的分布区一致，即为高程 1975m 和 1979m 区域，但浅层地下水位较深的分布区空间变异较大，旱季为高程 1966m 和 1970m 区域，而雨季为高程 1972m 区域，说明在降水一致的条件下，微地形变化和地质条件可能是影响浅层地下水位空间变异的主要原因（李朝生等，2007）。

三、影响浅层地下水位的因素

1. 降水

降水为浅层地下水的主要补给源，降水量、降水强度、降水类型和降水历时

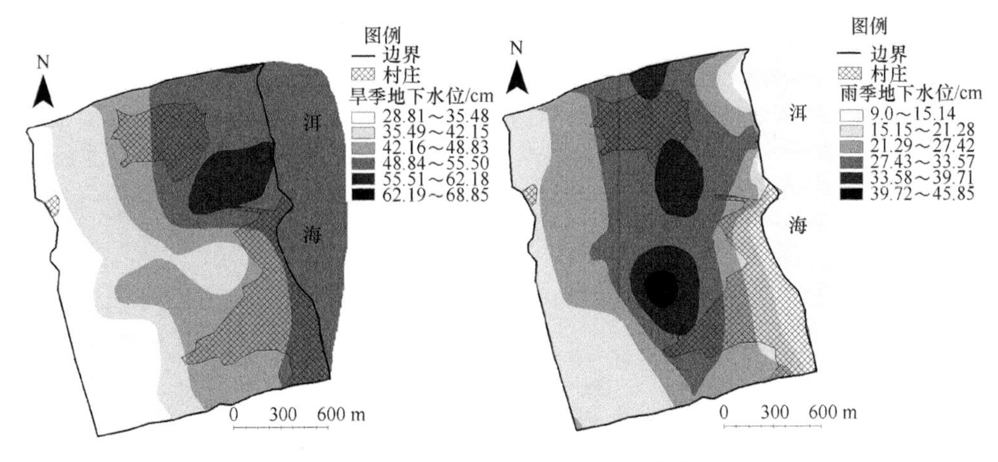

图 3-4　研究区浅层地下水位时空变化特征

等降水特性都会引起浅层地下水位的变化（程训强等，2011）。由图 3-5 可知，除 1966m 高程，其他高程浅层地下水位与月降水量变化趋势基本一致，在洱海流域，每年 6～10 月为雨季，降水量较多，11 月至翌年 5 月为旱季，没有降水或未形成补给浅层地下水的有效降水。虽然浅层地下水位受降水影响大，但地下水位对降水的响应存在一定滞后效应，这与刘效东等（2013）的研究结果一致，随着降水量不断增加和累积，洱海近岸菜地浅层地下水位随之变浅；旱季，随着降水量不断减少，洱海近岸菜地浅层地下水位随之变深。由此可见，夏季降水量是浅层地下水主要的补给源，而浅层地下水在水力坡度下沿山前台地向洱海侧向迁移是主要排泄项。月降水量和浅层地下水位回归分析表明（图 3-5），随着降水量不断增加，5 个高程浅层地下水位逐渐变浅，除 1966 m 高程浅层地下水位与月降水量的相关性不显著外（在 P=0.62），其他高程均呈显著线性相关（P<0.05），说明 1970～1979m 高程的浅层地下水为降水补给型，这与刘效东（2013）、程训强（2011）、孙傲等（2016）的研究结果一致。王明珠等（2009）研究认为浅层地下水位与降水的相关性随着高程的下降而降低，本研究则认为高程对浅层地下水位与降水相关性的影响不显著。

2. 洱海水位

洱海水位对浅层地下水位的影响主要体现在湖水侧向补给地下水距浅层地下水观测点的空间位置及高程上，一般认为距离补给水源越近，且补给水源与浅层地下水位观测点高差越接近，对浅层地下水位影响越显著。由图 3-6 可知，1966m 高程的浅层地下水位与洱海水位变化一致，说明洱海水位对该高程浅层地下水位影响最大，而其他高程的浅层地下水位与洱海水位影响较小。影响洱海水位的主要因素有降水、四周山脉的溪（径）流、农业灌溉等，在旱季（11 月至翌年 5 月）

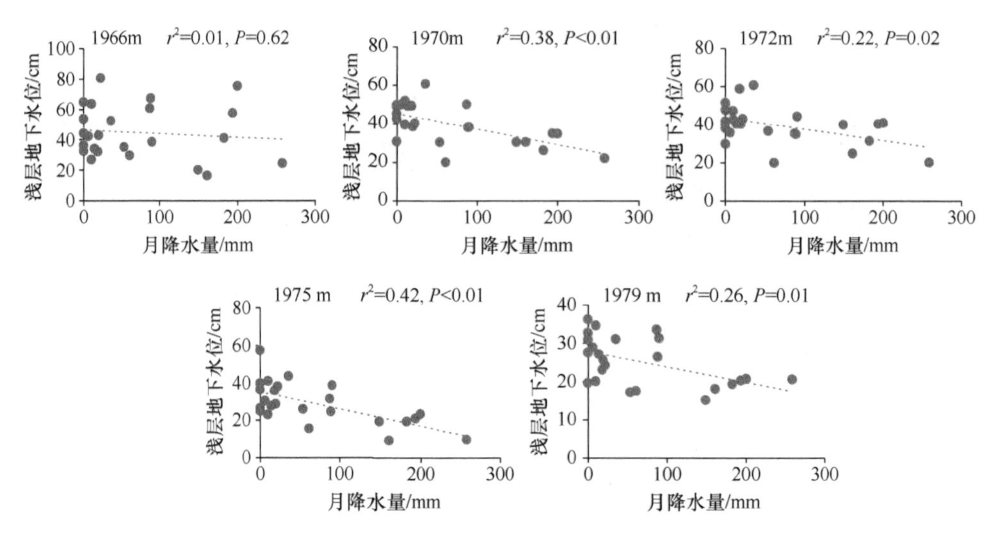

图 3-5 研究区浅层地下水位与月降水量的关系

洱海水是周边农田及“引洱入宾”工程农田的主要灌溉水源，使得洱海水位下降较多，而在雨季灌溉需水减少，且降水对洱海水补给存在滞后现象，使得 8 月至翌年 2 月洱海水位较高，其他月份较低。1966m 高程浅层地下水位观测点离洱海最近，且两者高差接近，该高程浅层地下水与洱海水互为连通、相互补排，这与王明珠等（2009）认为的浅层地下水位与补给水源和相对高差呈显著相关的结论一致。徐华山等（2011）研究认为滨河湿地地下水位受河水水位影响显著，地下水位波动幅度与河岸距离之间存在明显的负指数关系，也与本研究结果类似。其他高程浅层地下水位观测点距离洱海较远，且高程相差较大，湖水补给浅层地下水的可能性小。对洱海水位和浅层地下水位进行回归分析（图 3-6），结果表明随洱海水位增加，浅层地下水位逐渐变浅，其中 1966m 高程浅层地下水位与洱海水位呈极显著线性相关（P<0.01），这也与 1966m 高程浅层地下水位和洱海水相互连通、相互补排的事实相符，说明 1966m 高程浅层地下水为湖水补给型。其他高程的浅层地下水位与洱海水位有一定相关性，但相关不显著（P>0.05），说明两者高差相差较大，洱海水位影响小，两者即使有一定相关性，也是因雨季降水引起。

3. *灌溉*

灌溉是引起浅层地下水位变化的重要因素。由图 3-7 可知，灌溉量与浅层地下水位呈相反的变化趋势，灌溉量越大，浅层地下水位越深，主要是因为旱季降水量少，土壤含水量低，蒸发量和作物需水量大，增加的灌溉量仅能满足作物需水和蒸发的损失，难以通过土壤入渗补给浅层地下水，使得浅层地下水位持续变深，在水力坡度下浅层地下水的侧向运移依然存在。对灌溉量和浅层地下水位进行回归分析(图 3-7)，结果表明随灌溉量增加，浅层地下水位逐渐变深，其中 1966m 高程的浅层地下水位与灌溉量线性相关不显著（$P>0.05$），其他高程的浅层地下水位与灌溉量呈显著相关（$P<0.05$）。

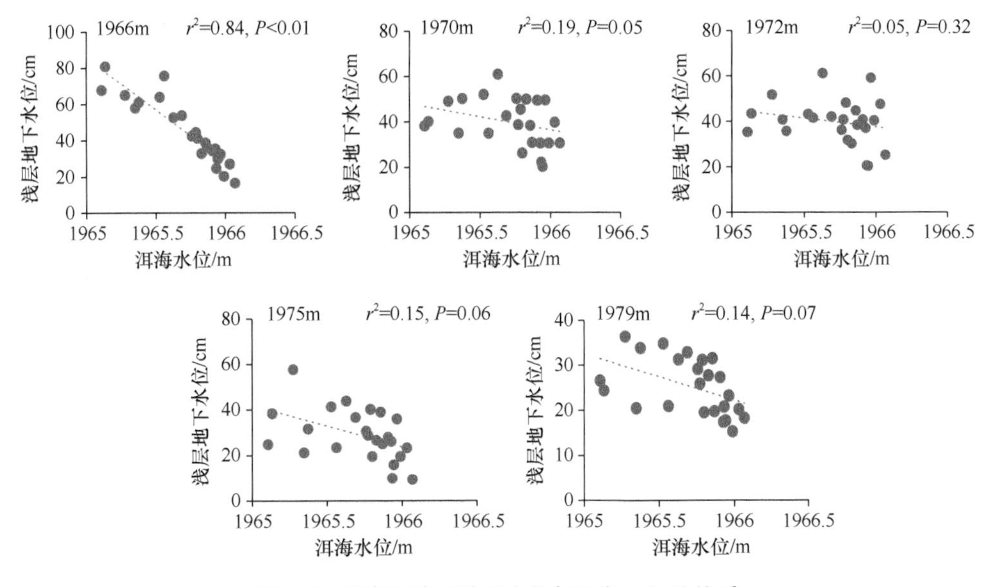

图 3-6　研究区浅层地下水位与洱海水位的关系

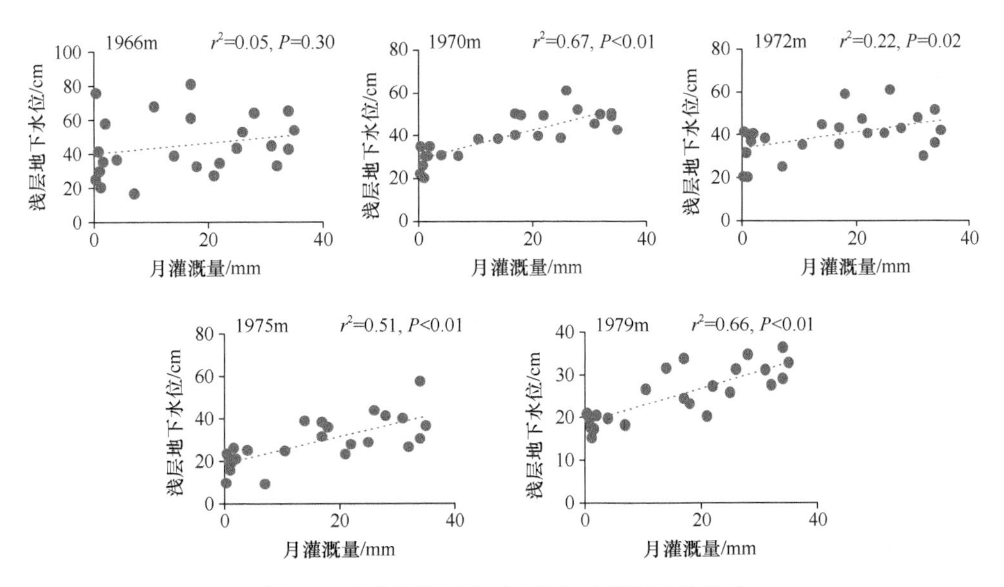

图 3-7　研究区浅层地下水位与月灌溉量的关系

4. 土壤物理特性

除了降水、灌溉和补给水源远近会影响浅层地下水位外，浅层地下水位还受土壤质地、土壤类型、土层厚度等结构性因素的影响（李朝生等，2007）。由表3-2可知，1966m和1970m高程土壤母质为河湖相沉积物，由于该沉积物主要由粒径较大、分选较好的粉砂和少量极细砂组成，使得土壤发生层的Ap1、Ap2层砂粒较少，粉黏粒较多，而Br、Cr层砂粒量多，粉黏粒量少，而且各土壤发生层孔隙度大，土壤渗透性好，降水入渗、蒸发、浅层地下水侧向流动性较强，因此，越靠近洱海，浅层地下水位受洱海水波动的影响较大，水位较深，变幅较大。1972m、1975m和1979m高程土壤母质为第四纪红黏土，土壤发生层分为Ap、Bt、C层，除了耕层Ap砂粒较多、土壤容重小、孔隙较大、透水性好外，其他土壤发生层粉黏粒较多、土壤容重大、孔隙度较小、土壤黏重紧实、透水性差。土壤的这些物理特性使得在降水或灌溉后，土壤水分在Bt、C层渗透缓慢，在较浅的土层就形成了潜水位，所以，1972m、1975m和1979m高程浅层地下水位较浅，变异程度小。

表3-2　研究区不同高程土壤发生层物理特性

高程/m	成土母质	土壤发生层	深度/m	砂粒含量/%（0.05～2mm）	粉粒含量/%（0.002～0.05mm）	黏粒含量/%（<0.002mm）	土壤容重/（g/cm^3）	孔隙度/%	渗透系数/（mm/min）
1966	河湖相沉积物	Ap1	0～30	34.91	56.76	8.33	0.91	55.84	2.4×10^{-1}
		Ap2	30～40	37.32	57.12	5.56	1.36	47.27	1.8×10^{-2}
		Br	40～60	42.25	57.10	0.66	1.36	48.47	1.92×10^{-1}
		Cr	>60	72.39	26.02	1.59	1.46	61.51	2.10
1970		Ap1	0～30	33.42	53.37	13.21	0.95	54.21	2.22×10^{-1}
		Ap2	30～45	37.32	57.12	5.56	1.37	46.47	1.26×10^{-2}
		Br	45～65	47.88	50.10	2.02	1.39	50.55	3.12×10^{-1}
		Cr	>65	70.68	26.02	3.30	1.47	59.88	1.74
1972	第四纪红黏土	Ap	0～30	33.62	62.56	3.82	0.89	59.81	3.3×10^{-1}
		Bt	30～60	35.49	60.98	3.53	0.94	50.16	5.40×10^{-3}
		C	>60	24.37	62.72	12.91	1.56	41.21	3.60×10^{-4}
1975		Ap	0～30	29.96	59.28	10.76	0.99	53.92	1.68×10^{-1}
		Bt	30～55	28.14	60.17	11.68	1.44	44.50	2.40×10^{-3}
		C	>55	24.71	58.39	16.90	1.52	40.97	3.00×10^{-5}
1979		Ap	0～30	29.43	58.24	12.33	1.02	52.24	1.38×10^{-1}
		Bt	30～45	25.14	61.23	13.63	1.48	43.25	6.00×10^{-4}
		C	>45	23.71	58.66	17.63	1.53	39.66	4.80×10^{-5}

第四节　小　　结

（1）7 个高原湖区农田地下水位相对较浅，且随季节性波动较大，在旱季的平均深度为 150cm，雨季平均深度为 69cm，雨旱季水位差高达 81cm，季节性水位波动会增加土壤累积氮的流失。

（2）洱海近岸农田 5 个高程浅层地下水位均服从正态分布，浅层地下水位平均值为 25.21～45.07cm，1966m 高程浅层地下水位最深（45.07cm）。随海拔升高，浅层地下水位逐渐变浅，变幅减小。浅层地下水位较浅和较深的月变化与雨旱季不同期，呈滞后现象。

（3）1966m 高程浅层地下水位与洱海水位呈极显著线性相关（$P<0.01$），该高程浅层地下水与洱海水相互连通、相互补排，为湖水补给型。其他高程浅层地下水位与降水量和灌溉量呈显著线性相关（$P<0.05$），随着降水量增加，浅层地下水位逐渐变浅，随灌溉量和潜水增发量增加，浅层地下水逐渐变深，为降水入渗补给型。距洱海由近及远，土壤母质为河湖相沉积物到第四纪红黏土，造成了不同土壤发生层渗水性由强变弱，所以，随着离洱海越远，浅层地下水位越浅，变幅越小。雨季降水是浅层地下水主要的补给源，旱季灌溉对浅层地下水的有效补给作用较小，浅层地下水在水力坡度下的侧向迁移是浅层地下水的主要排泄项。

参 考 文 献

白亮亮, 蔡甲冰, 刘钰, 等. 2016. 灌区种植结构时空变化及其与地下水相关性分析[J]. 农业机械学报, 47(9): 202-211.

程训强, 王明珠, 唐家良, 等. 2011. 低丘红壤区不同降雨类型对浅层地下水位动态变化的影响: 以江西省余江县为例[J]. 山地学报, 29(1): 55-61.

郭卉, 虞敏达, 何小松, 等. 2016. 南方典型农田区浅层地下水污染特征[J]. 环境科学, 37(12): 4680-4689.

李朝生, 杨晓晖, 张克斌, 等. 2007. 沙漠-绿洲系统中降雨、土壤水分与地下水位的响应特征[J]. 北京林业大学学报, 29(4): 129-135.

李新波, 郝晋珉, 胡克林, 等. 2008. 集约化农业生产区浅层地下水埋深的时空变异规律[J]. 农业工程学报, 24(4): 95-98.

刘效东, 周国逸, 张德强, 等. 2013. 鼎湖山流域下游浅层地下水动态变化及其机理研究[J]. 生态科学, 32(2): 137-143.

马艳敏, 李建平, 王颖, 等. 2015. 吉林省中西部浅层地下水位时空变化特征及与降水的关系[J]. 干旱气象, 33(6): 994-999, 1044.

孙傲, 刘廷玺, 杨大文, 等. 2016. 科尔沁沙丘—草甸相间地区不同地貌类型地下水位对降雨的响应研究[J]. 干旱区地理, 39(5): 1059-1069.

王明珠, 李江涛, 吴美春, 等. 2009. 低丘红壤区潜水时空变化特征——以江西省余江县为试区[J]. 水资源与水工程学报, 20(1): 1-4.

夏晶, 刘宁, 高贺文, 等. 2010. 商丘市浅层地下水位下降对区域气候的影响[J]. 生态学报, 30(16): 4408-4415.

席海洋, 冯起, 司建华, 等. 2011. 额济纳盆地地下水时空变化特征[J]. 干旱区研究, 28(4): 592-601.

徐华山, 赵同谦, 孟红旗, 等. 2011. 滨河湿地地下水水位变化及其与河水响应关系研究[J]. 环境科学, 32(2): 362-367.

姚荣江, 杨劲松. 2007. 黄河三角洲地区浅层地下水与耕层土壤积盐空间分异规律定量分析[J]. 农业工程学报, 23(8): 45-51.

杨静, 陈洪松, 聂云鹏, 等. 2012. 典型喀斯特峰丛洼地降雨特性及浅层地下水埋深变化特征[J]. 水土保持学报, 26(5): 239-243.

张光辉, 费宇红, 刘春华, 等. 2013. 华北滹滏平原地下水位下降与灌溉农业关系[J]. 水科学进展, 24(2): 228-234.

Masiyandima M, Van der Stoep I, Mwanasawani T, et al. 2002. Groundwater management strategies and their implications on irrigated agriculture: the case of dendron aquifer in Northern Province, South Africa [J]. Physics and Chemistry of the Earth, 27(11-12): 935-940.

Zhang X L, Ren L, Kong X B. 2016. Estimating spatiotemporal variability and sustainability of shallow groundwater in a well-irrigated plain of the Haihe River basin using SWAT model[J]. Journal of Hydrology, 541: 1221-1240.

第四章　高原湖区浅层地下水位变化驱动的农田土壤氮流失

第一节　引　言

地下水硝酸盐污染威胁着人类健康，它会引起婴儿高铁血红蛋白血症、癌症和动物硝酸盐中毒等疾病（Fan and Steinberg，1996），已成为全球共同面临的环境问题（Kawagoshi et al.，2019），尤其是在欧洲、美国、南亚和东亚地区（Gao et al.，2016）。地下水质量的恶化也加剧了全球安全饮用水资源危机（Li et al.，2017；van Vliet et al.，2017；Xin et al.，2019），中国作为世界上水资源最为匮乏的国家之一，20%的水供应来自地下水（Qiu，2011；Ma et al.，2020），地下水硝酸盐污染加剧了中国水资源危机。2000～2009年，从中国农田采集的地下水样品中有28%超过了世界卫生组织（WHO）规定的 NO_3^--N 浓度的最大阈值（10mg/L）（Gu et al.，2013）。氮肥的过度施用被认为是地下水硝酸盐污染的主要来源之一，中国农田土壤氮贡献了地下水氮的50%以上，然而农田土壤氮向地下水迁移的途径和发生机理尚不清楚（Gao et al.，2016）。

表层土壤氮素向地下水的迁移主要是通过水的渗滤（由频繁的灌溉和大雨引起）或浅层地下水位（浅层地下水较浅的区域）波动所驱动（Deng et al.，2014；Huang et al.，2018），而以前的研究主要集中在由灌溉和降水驱动引起的农田土壤氮的淋失上（Rahman et al.，2011）。尽管浅层地下水位波动是重要的水文驱动过程之一，特别是在湖泊和河流周边农田中，对于驱动氮从土壤向地下水迁移发挥了重要作用，但对其驱动的土壤剖面氮向地下水迁移相关机理研究仍然不足（Deng et al.，2014）。研究发现，随着地下水位的上升，浅层地下水中 TN 和 NO_3^--N 浓度呈指数增长，而土壤剖面中的 TN 和 NO_3^--N 浓度则呈线性下降趋势（Zhang et al.，2020）。浅层地下水位波动可以加速氮从土壤剖面进入浅层地下水中，特别是在氮累积量较大的农田土壤中。

一般来说，农田土壤氮素淋失仅在灌溉和降水后的相对较短时间内发生，由于雨季和旱季的季节性交替变化缓慢，土壤氮随浅层地下水位波动从土壤剖面中进入浅层地下水这一过程通常经历较长时间（Evans and Wallenstein，2012；Gordon et al.，2008；Szukics et al.，2010）。土壤剖面中生化环境变化可以影响土壤微生物群落多样性、微生物数量和活性，并进一步改变氮的转化过程，如氨化作用、硝化作用、反硝化作用、硝酸盐还原成铵和厌氧氨氧化等，这些过程最终通过调节氮的转化形态（即有机氮、NH_4^+-N、NO_3^--N、NO_2^--N、N_2O、N_2等）来确定土壤剖面中氮的损失量和固定量（Kartal et al.，2007）。此外，土壤剖面的物理性质，如土壤质地、孔隙度等，也可以影响土壤剖面中固、液相的物理化学特性，如溶解氧、有机碳、温度、反应物浓度等（Rivett et al.，2008），并间接影响氮的转化过程及其反应强度。然而，关于浅层地下水位波动引起的农田土壤累积的氮素损失及其关键调控因素的相关研究鲜见报道。

浅层地下水位季节性波动非常普遍，特别是受季节性降水或径流补给的浅层地下水，其水位变化具有明显的波动特征。此外，在水资源充足的地区，如河岸带、平原河网区、稻田等，地下水位普遍较浅，在季节性降水或径流补排作用下，这些区域地下水位较浅，季节性波动较大。例如，在高原湖泊流域坝区（如洱海、滇池、阳宗海、星云湖、异龙湖、抚仙湖、杞麓湖等），浅层地下水位具有明显的季节性波动特征，这些区域雨季和旱季的平均浅层地下水位分别为 69cm 和 150cm。雨、旱季间的平均水位差为 81cm，有些区域水位差甚至达 101cm。因此，为了评估浅层地下水位驱动的农田土壤剖面氮素流失，以洱海周边农田土壤剖面为研究对象，通过浅层地下水位波动的模拟试验，研究水位波动下土壤剖面和出水中氮的动态变化，评估土壤剖面氮储量和出水中氮的流失量，阐明土壤微生物群落多样性和氮转化功能基因变化对水位波动的响应特征及其调控土壤氮形态变化的影响机制。随后，根据模拟试验结果中土壤氮损失比例、浅层地下水位波动特征和该区农田土壤氮储量，估算了洱海湖区周边粮田和蔬菜地的 TN 损失强度。

第二节　浅层地下水位波动下氮在土壤剖面和地下水中的分配

一、土壤剖面取样与地下水位波动模拟试验

1. 研究区背景

研究区选择洱海周边农田区域[图 4-1（a）]，该区属于典型的低纬高原亚热带季风气候，年均气温为 15.7℃，年均降水量为 1100mm 左右。降水量雨、旱季分布不均，85%以上的年降水量集中在 6～11 月的雨季。洱海周边超过 90%的农田主要分布在洱海的西岸和北岸，该地区的主要土壤类型是水稻土，由河流相、湖泊相等沉积物发育而成，其土壤质地多为砂土、砂壤土或壤土。该区主要种植作物包括青笋、卷心菜、白菜、小葱、大蒜、香菜、土豆等蔬菜作物，以及水稻、

蚕豆、玉米、油菜、烟草等其他作物。该区主要种植方式为蔬菜轮作（一年种植三次），以及水稻、烤烟或玉米与油菜或蚕豆轮作。在过去的 20 年中，洱海流域的种植结构、施肥结构和施肥量都发生了重大变化，从 20 世纪 80 年代后期由种植水稻转为种植蔬菜。

2007 年和 2016 年分别取洱海周边农田土壤剖面样，其中，2007 年采集 17 个 0～100cm 土壤剖面样点，包括 12 个菜地和 5 个粮田；2016 年采集 20 个 0～100cm 土壤剖面样点，包括 14 个菜地和 6 个粮田。分 3 层取 0～100cm 土壤剖面样，分别为 0～30cm、30～60cm 和 60～100cm，采用 $100cm^3$ 环刀采集环刀样，测定土壤容重，并随后取土壤样，测定土壤氮浓度。2019 年雨季（8 月）和旱季（4 月）期间，对洱海周边农田的 71 口灌溉井监测浅层地下水位[图 4-1（b）]。雨

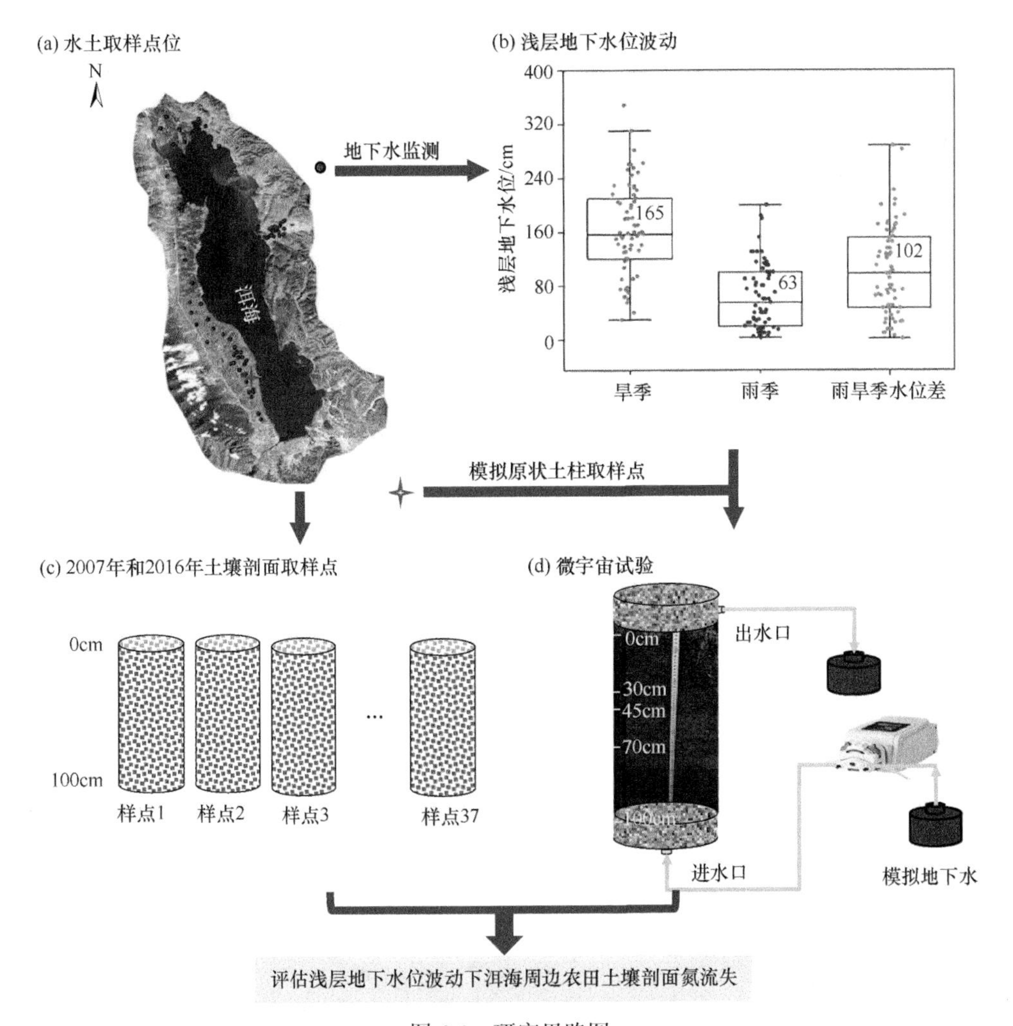

图 4-1　研究思路图

季浅层地下水位较浅，而旱季浅层地下水位较深，地下水位季节性波动大。为避免雨季因集中降水引起的浅层地下水位上升，遭受淹水影响，雨季该区的旱作作物和蔬菜一般起垄种植。地下水补给主要包括降水、河水和湖水补给。

2. 模拟试验土柱采集

在洱海西岸菜地中采集 0～100cm 原状土柱，该菜地自 20 世纪 80 年代末由种水稻转为种蔬菜，种植蔬菜的农家肥及化学氮（N）、磷（P_2O_5）、钾（K_2O）肥的年均施肥量分别为 54 000kg/hm^2、1125kg/hm^2、540 kg/hm^2 和 450kg/hm^2。取样点 0～100cm 土壤剖面有四层：A 层（0～30cm）、B 层（30～45cm）、C 层（45～70cm）和 D 层（70～100cm）。使用 Φ300mm 的 PVC 管在浅层地下水位最低的旱季采集模拟试验原状土柱。取样时，先挖取略大于 Φ300mm 的土柱，高度为 15cm 左右，把 PVC 管低端套在挖好的土柱上，用力敲 PVC 管顶端，将挖好的 15cm 土柱楔入 PVC 管内，此时 PVC 管内土柱为 15cm。依此步骤重复，直至 PVC 管内的原状土柱为 1.5m。然后，把 Φ29.5mm、厚为 1cm 的透水石放在土柱的顶端和底端，并把底端和顶端的管盖拧好。把土柱运回实验室，直立放置在试验架上，让土柱静置至稳定。土柱被放置在试验架上，并紧密连接进水管、出水管和蠕动泵，以防止试验期间发生漏水[图 4-1（c）、（d）]。

3. 模拟试验过程与样品采集

微宇宙试验包括 2 个处理，即连续淹水处理（CF）和干湿交替处理（FD）。CF 处理持续淹水直到第 120 天；FD 处理有两个干湿交替过程，即 30 天淹水、30 天落干，往复两次。试验用水为人工模拟配制的浅层地下水，模拟的浅层地下水中氮浓度是研究区域地下水中氮浓度的平均值，即 NO_3^--N 和 NH_4^+-N 浓度分别为 30mg/L 和 0.5mg/L，是用 KNO_3、$(NH_4)_2SO_4$ 试剂和去离子水制成（Liu et al.，2017；Zhang et al.，2021）。

2019 年 6 月开始模拟试验，持续时间 120 天。试验开始时，配制好的试验用水加入到供水桶中[图 4-1（c）]。使用蠕动泵将模拟试验用水通过 PVC 管底部的进水孔泵入土柱中，直到 PVC 管中的土柱完全饱和并淹没至土柱表面。过量的进水通过 PVC 管顶部的出水孔溢出，并存储在出流收集桶中。0～100cm 土壤剖面的平均渗透系数为 9.71×10^{-3}cm/min，PVC 管底部面积为 706.5cm^2，进水速率为 6.86mL/min，0～100cm 土壤剖面平均孔隙度为 0.28%，土柱被完全浸泡所需的水量为 19.78L。根据土壤孔隙度和土壤剖面的渗透系数，土柱中水的更新周期为 1.77 天。Zhu 等（2021）的研究表明，在地下水排放区土壤中 NO_3^--N 和 NH_4^+-N 的滞留时间分别为 0.44 天和 0.41 天，因此，7mL/min 的进水速率不会影响土柱中氮的转化。基于上述分析，在试验期间保持进水速率恒定为 7mL/min。

每天每个处理连续取三个水样，在土柱完全淹没时，从每个处理土柱中分层（A、B、C 和 D 层）取第 1 次土样，之后每 10 天取一次土样，每个处理共取 12 个土样。所有土样和水样均保存在 4℃冰箱中，分析出水中 TN、NO_3^--N、NH_4^+-N 和 ON 浓度，以及土体中 TN、TDN、NO_3^--N、NH_4^+-N 和 DON 浓度，同时测定土壤有机碳（SOC）、土壤 pH、土壤含水率（MC）等指标。

4. 指标计算

农田土壤氮储量、土壤剖面 TN 损失量、净 N 损失与 TN 损失强度比例可以通过以下公式计算。

$$N_S = \frac{TN \times BD \times H}{10}$$

$$N_W = \sum_{i=1}^{n} \frac{TN_d \times 10.08}{0.0707} \times 10^{-5}$$

$$R_N = \frac{N_w}{N_{os}}$$

其中，N_S、TN、BD 和 H 分别是 0～100cm 土壤氮储量（t/hm^2）、土壤 TN 浓度（g/kg）、土壤容重（g/cm^3）和土层深度（cm）；N_W、10.08 和 0.0707 分别是出水中氮流失量（t/hm^2）、试验土柱的日出水量（m^3/d）和试验土柱的体积（m^3）；TN_d 是每天进水和出水中 TN 浓度差（mg/L）；n 为第 1 天、第 2 天……第 120 天；R_N 是出水中氮流失量（N_W）与 0～100cm 土壤初始氮库储量（N_{os}）的比值（%）。

二、地下水中氮浓度变化

在淹水的第 I 阶段（I，0～30 天），干湿交替处理（FD）和持续淹水处理（CF）出水中氮形态浓度的变化趋势基本一致（图 4-2），淹水初期的前 12 天，TN、ON 和 NO_3^--N 浓度迅速下降，而 NH_4^+-N 浓度快速上升。持续淹水处理在 50 天以后，TN 平均浓度保持在（29.5±3.8）mg/L 且逐渐稳定，与进水浓度（30.5mg/L）基本一致，NO_3^--N 和 NH_4^+-N 略低于进水浓度，而 ON 浓度为正数（4.8±3.1）mg/L。干湿交替处理在第二次重新淹水后，TN、ON 和 NO_3^--N 呈现出第二次峰值，分别是第一次峰值的 44%、23%和 114%；相反，NH_4^+-N 浓度相对稳定，但显著低于进水中 NH_4^+-N 浓度。上述结果表明，剖面土壤中 TN 的释放主要发生在淹水时的前 12 天，之后，矿质氮的固定（NH_4^+-N 和 NO_3^--N）和少量有机氮的释放是主要固持释放途径，随后达到平衡状态。

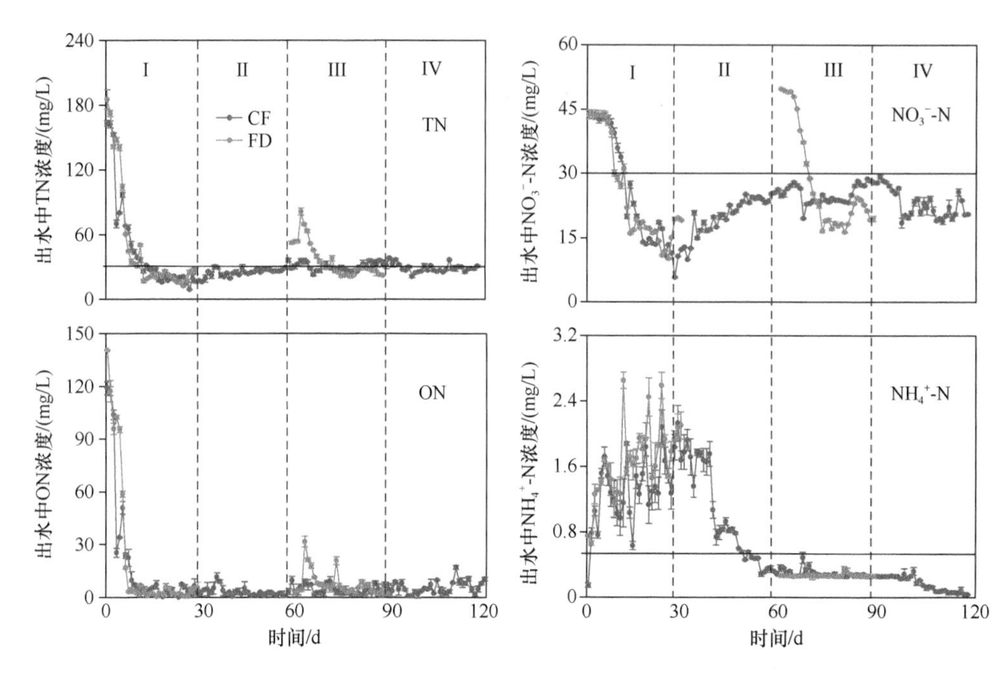

图 4-2　0～100 cm 土壤剖面中出水氮浓度的动态变化

CF 为持续淹水处理，I 为淹水 1～30 天，II 为淹水 31～60 天，III 为淹水 61～90 天，IV 为淹水 91～120 天；FD 为干湿交替处理，I 为淹水 1～30 天，II 为落干 31～60 天，III 为第二次淹水 61～90 天，IV 为第二次落干 91～120 天。下同。

三、土壤剖面氮浓度变化

持续淹水和干湿交替显著改变了土壤剖面中的氮形态（图 4-3），持续淹水 CF 处理（D 层土壤除外）的土壤 TDN 和 NO_3^--N 浓度呈下降趋势，NH_4^+-N 和 DON 浓度在土壤剖面中逐渐增加，达到最大饱和点后开始下降（除 A 层土壤的 DON）。干湿交替处理土壤中 TDN、DON 和 NO_3^--N 浓度在落干期增加，淹水期下降，这种现象可能是重新淹水后土壤氮素流失的根源。淹水期土壤 NH_4^+-N 浓度呈上升趋势，达到最大值。除了 NH_4^+-N，两个处理的其他土层氮形态浓度与土壤质地和有机质有关，呈现出 A 层>B 层>C 层>D 层，且 A 层显著高于 C 层和 D 层（图 4-4）。上述结果表明：两个处理中整个土壤剖面 TDN 和 NO_3^--N 表现出释放的趋势，而 NH_4^+-N 呈现出累积的趋势，DON 在 A 层表现出释放趋势，C 层和 D 层呈现出累积趋势。

与初始氮储量相比，试验 120 天后，持续淹水处理的 0～100cm 土壤剖面 TDN、DON 和 NO_3^--N 储量显著下降了 44%～47%，NH_4^+-N 储量显著增加了 72%（表 4-1）。试验 120 天后，干湿交替处理土壤 TDN 和 NO_3^--N 储量分别显著降低了 28%

和 37%，DON 储量降低了 3%，NH_4^+-N 储量增加了 9.5%，但是 DON 和 NH_4^+-N 储量变化不显著。值得注意的是，持续淹水（CF）处理下的土壤剖面氮储量显著高于干、湿交替（FD）处理。与持续淹水相比，干湿交替处理呈现出高的净氮损失量，这表明干湿交替增强了土壤中难溶态氮向可溶态氮的转化，增加了土壤氮库的释放。

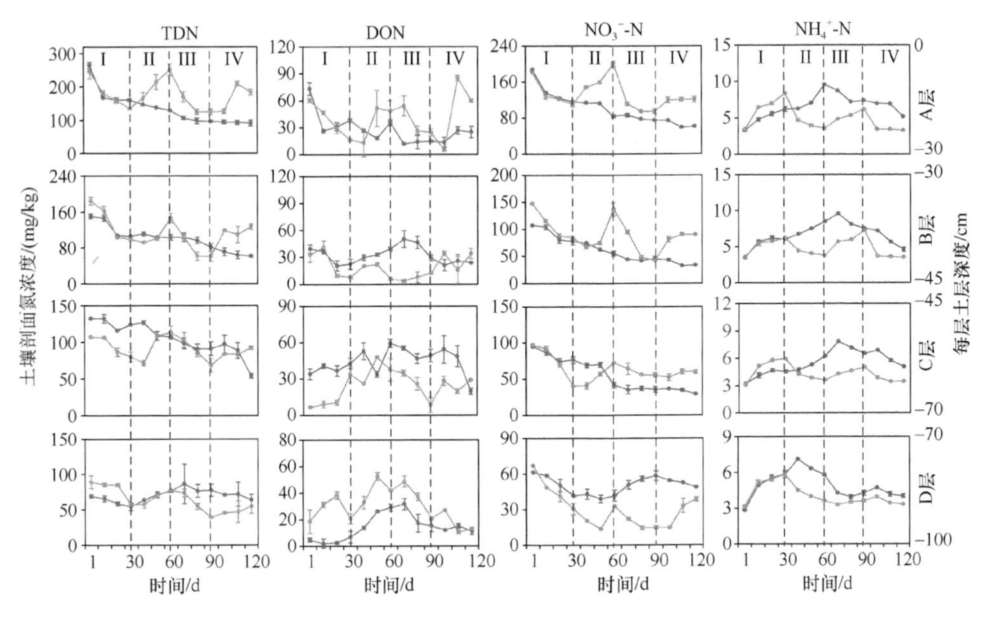

图 4-3 0～100 cm 土壤剖面氮浓度动态变化

橙色线为持续淹水处理（CF），蓝色线为干湿交替处理（FD）

四、浅层地下水位波动下土壤剖面氮流失速率

持续淹水（CF）处理下，第一次淹水前 12 天土壤 TN 流失量为 94.6g/m³，接下来 108 天土壤对 TN 的固持量为 54.7g/m³（图 4-5），整个试验过程持续淹水处理 TN 的净流失量为 39.9g/m³。干湿交替（FD）处理呈现出较高的 TN 流失潜力：一方面，淹水 30 天后将淹水改为落干，停止了土壤矿质氮的固定，因此，土壤固定的总氮为 25.4g/m³，TN 净流失量达到 84.8g/m³；另一方面，第二次重新淹水后，TN 净流失量达到 24.0g/m³。因此，干湿交替处理的两次淹水造成了 TN 净流失量达 108.6g/m³，是持续淹水处理的约 2.7 倍。持续淹水处理和干湿交替处理的净氮流失量占 0～100cm 土壤初始氮库储量的比率分别为 1.7%和 4.7%。

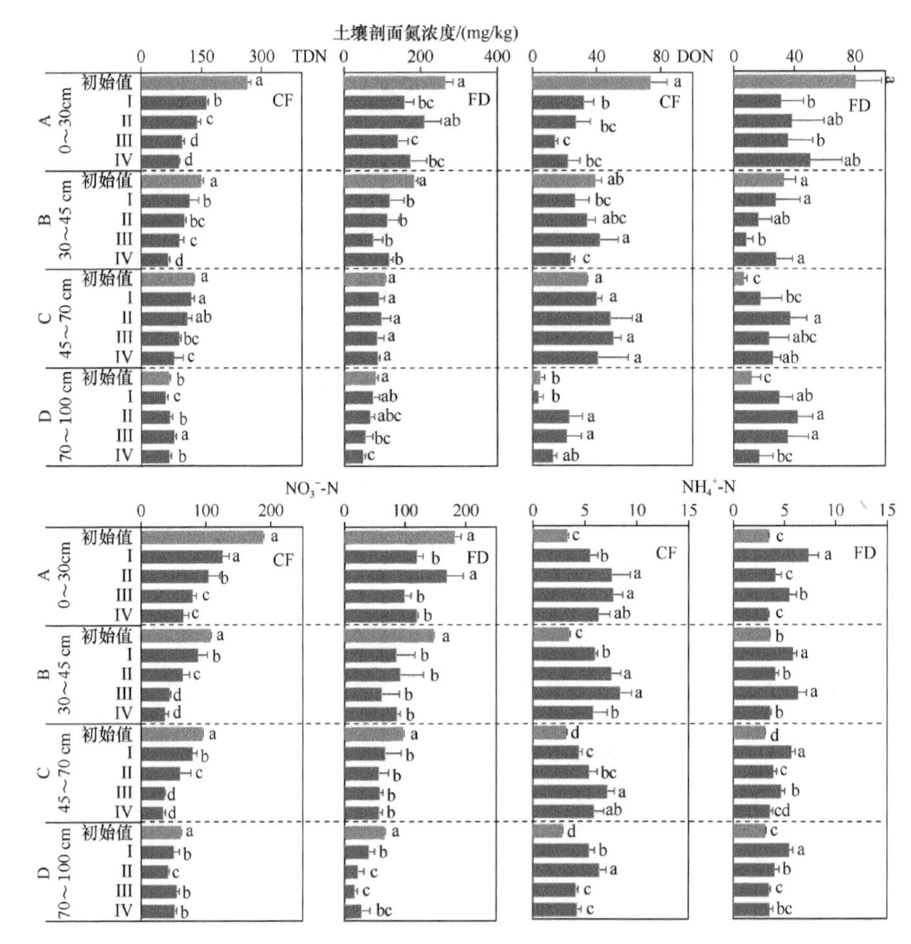

图 4-4 0～100 cm 土壤剖面各形态氮浓度分布

同一列不同小写字母表示在 $P<0.05$ 水平上差异显著，下同

表 4-1 0～100cm 土壤剖面氮库储量

处理	阶段	TDN/（kg/hm^2）	DON/（kg/hm^2）	NO_3^--N/（kg/hm^2）	NH_4^+-N/（kg/hm^2）
持续淹水处理（CF）	初始	2152.2±36.8a	666.2±49.7a	1437.4±14.1a	48.6±1.2d
	I	1643.1±114.9 b	331.9±41.3 c	1228.0±138.8b	83.2±7.0 bc
	II	1570.7±34.9b	487.8±104.5 b	979.3±132.0c	103.6±6.4a
	III	1404.5±86.5c	451.6±84.5bc	856.3±6.2cd	96.7±7.5ab
	IV	1202.3±121.7d	354.8±70.4bc	764.2±63.8d	83.3±11.2c
干湿交替处理（FD）	初始	2216.7±36.9a	451.2±22.0a	1714.8±30.2a	50.7±0.8d
	I	1617.9±286.7b	427.4±54.9a	1096.7±240.9bc	93.8±7.9a
	II	1770.3±345.3ab	583.3±176.2a	1123.7±270.0b	63.3±6.7bc
	III	1323.4±305.5b	464.6±184.3a	787.6±134.1c	71.1±6.4b
	IV	1477.8±172.5b	437.0±62.4a	985.2±114.5bc	55.5±3.4cd

注：同一列不同字母表示差异显著（$P<0.05$）。

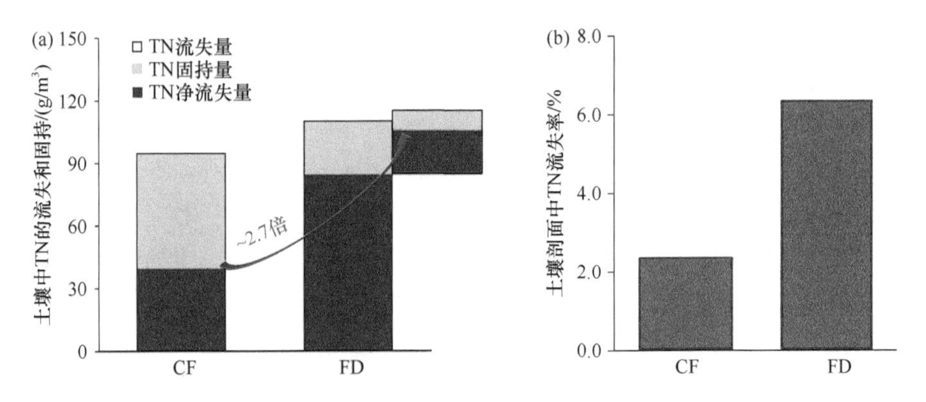

图 4-5　土壤剖面中 TN 的流失与固持（a）和 TN 的流失率（b）

CF 为持续淹水处理，FD 为干湿交替处理

五、浅层地下水位波动对土壤剖面氮流失的影响

浅层地下水位上升过程中引起的地下水-土壤氮交换的整个过程大约持续了 50 天才达到水-土间氮浓度平衡。氮的损失主要发生在淹水的前 12 天，之后土壤剖面中以 NO_3^--N 固持为主，并持续了 30～40 天（图 4-2）；最后，土壤无机氮的固定与 DON 的释放达到平衡。该结果表明，在淹水初期，大量可溶性无机氮和有机氮在土壤剖面中迅速溶解于水中，并通过地下水渗流流出模拟土柱，这与土壤中 NO_3^--N 浓度的快速降低一致；之后，出水中 NO_3^--N 浓度较低，可能是由于土壤微生物介导的将 NO_3^--N 向土壤有机氮的转化有关（宋歌，2015）。值得注意的是，土壤和出水中 NH_4^+-N 浓度保持在较高水平，土壤中 NH_4^+-N 的积累可能是由于在厌氧环境下通过 NO_2^--N（厌氧氨氧化作用）将 NO_3^-转化为 NH_4^+（Sgouridis et al.，2011；Liu et al.，2017），以及由于淹水条件下促进的厌氧养分循环而导致有机氮的矿化（Tete et al.，2015；Jia et al.，2017；Gao et al.，2012）。此外，硝化微生物对 NH_4^+-N 的消耗可能被抑制（Szukics et al.，2010），而反硝化微生物对 NH_4^+-N 的消耗可能被增强（Gómez et al.，2002）。然而，在连续淹水 40～70 天后，土壤中 NH_4^+-N 含量逐渐降低，这可能是由于连续淹水阻碍了土壤中有机氮的矿化（宋歌，2015；Harrison-Kirk et al.，2013）。此外，土壤中厌氧氨氧化微生物可能被刺激，这可以增加 NH_4^+-N 向 N_2 的转化（Medinets et al.，2015）。

由浅层地下水位波动引起的土壤剖面干湿交替是导致土壤氮损失的主要因素。淹水后土体重新变干，可能激发了难溶性有机氮分解成可溶性有机氮或矿化成无机氮，或者在淹水阶段将固定的 NH_4^+-N 转化为 NO_3^--N，这是土体再次淹水后氮素释放的主要来源。与连续淹水相比，干湿交替显著促进了变干土壤中的氮（NO_3^--N、TDN 和 DON）在重新淹水阶段（I 和 III 阶段）的释放（图

4-2），这是因为短暂的生物、物理或环境变化加速了这一过程（Evans and Wallenstein，2012；Gordon et al.，2008）。本研究表明，落干过程起初改善了有氧条件下硝化微生物的活性（Li et al.，2015），促进了土壤中固持的 NH_4^+-N 向 NO_3^--N 的转化，从而增加了土壤中的 NO_3^--N 含量（图 4-3）。随着水位下降幅度或土体干燥强度的增加，通过硝化作用将 NH_4^+-N 转化为 NO_3^--N 的反应逐渐减少，这可能是由于反应底物或微生物活性的限制（Adrian et al.，2013；Gao et al.，2020）。研究发现，50%～70%的土壤湿度是硝化的最佳水分状态，而超出或低于这一范围的土壤湿度都不利于氮的硝化过程（蔡祖聪和赵维，2010）。此外，土体变干过程还增加了土壤中的 DON，这与宋歌（2015）的研究结果一致，这可能与土壤团聚体的破坏（Denef et al.，2001）或微生物细胞裂解（Gordon et al.，2008）增加了土壤中 DON 浓度有关。由于土壤变干引起的微生物细胞内外水势变化导致微生物细胞被动破裂或主动释放细胞内溶质以达到平衡，这也增加了土壤中的 DON 浓度（Fierer and Schimel，2003；Gordon et al.，2008；Xu et al.，2012）。值得注意的是，在干湿交替处理中，土壤中氮浓度（TDN、DON 和 NO_3^--N）在两个淹水阶段之间没有显著差异。然而，在落干阶段，土壤首次干后复水期间，出水中的 TDN、DON 和 NO_3^--N 浓度比第二次干后复水期间氮浓度要高得多，这归因于土壤可利用氮库随着少量外源性氮输入的减少而下降（Xin et al.，2019；Teklay et al.，2010）。尽管在干湿交替处理中，矿化作用在变干过程中得到增强，但出水中 NH_4^+-N 浓度与进水中 NH_4^+-N 浓度没有明显差异，这主要是因为更多的 NH_4^+-N 被土壤吸附，这些结果也与 Gao 等（2020）的研究结果一致。

六、小结

（1）地下水位波动下，整个土壤剖面 TDN 和 NO_3^--N 表现出释放的趋势，而 NH_4^+-N 呈现出累积的趋势，DON 在 A 层表现出释放趋势，在 C 层和 D 层呈现出累积趋势。干湿交替增强了土壤中难溶态氮向可溶态氮的转化，比持续淹水处理呈现出高的净氮损失量，增加了土壤氮库的释放。淹水初期的前 12 天，土壤剖面出水中 TN、ON 和 NO_3^--N 浓度迅速下降，而 NH_4^+-N 浓度快速上升。干湿交替在第二次重新淹水后，TN、ON 和 NO_3^--N 呈现出第二次峰值，分别是第一次峰值的 44%、23%和 114%；相反，NH_4^+-N 浓度稳定且显著低于进水中 NH_4^+-N 浓度。

（2）持续淹水条件下，1.7%的 0～100cm 土壤氮库储量被流失，干湿交替处理下 4.7%的 0～100cm 土壤氮库储量被流失。

第三节　浅层地下水位波动对土壤剖面微生物群落结构的影响

一、样品采集与测试

1. 样品采集

在第四章第二节的模拟试验基础上，采集第 1 天、第 30 天、第 60 天、第 90 天和第 120 天收集的部分土样存储在–80℃中，分析土壤微生物多样性和群落结构。

2. DNA 抽提和 PCR 扩增

根据 E.Z.N.A.®soil DNA kit （Omega Bio-tek，Norcross，GA，U.S.）说明书进行微生物群落总 DNA 抽提，使用 1%的琼脂糖凝胶电泳检测 DNA 的提取质量，使用 NanoDrop2000 测定 DNA 浓度和纯度；使用 338F（5′-ACTCCTACGGGAGGCAGCAG-3′）和 806R（5′-GGACTACHVGGGTWTCTAAT-3′）对 16S rRNA 基因 V3-V4 可变区进行 PCR 扩增，扩增程序如下：95℃预变性 3min，27 个循环（95℃变性 30s，55℃退火 30s，72℃延伸 30s），然后 72℃稳定延伸 10min，最后在 4℃进行保存（PCR 仪：ABI GeneAmp® 9700 型）。PCR 反应体系为：5×*TransStart FastPfu* 缓冲液 4μL，2.5mmol/L dNTP 2μL，上游引物（5μmol/L）0.8μL，下游引物（5μm）0.8μL，*TransStart FastPfu* DNA 聚合酶 0.4μL，模板 DNA 10ng，补足至 20μL。每个样本 3 个重复。

3. Illumina Miseq 测序

将同一样本的 PCR 产物混合后使用 2%琼脂糖凝胶回收 PCR 产物，利用 AxyPrep DNA Gel Extraction Kit（Axygen Biosciences，Union City，CA，USA）进行回收产物纯化，2%琼脂糖凝胶电泳检测，并用 Quantus™ Fluorometer（Promega，USA）对回收产物进行检测定量。使用 NEXTFLEX®Rapid DNA-Seq Kit 进行建库：①接头连接；②使用磁珠筛选去除接头自连片段；③利用 PCR 扩增进行文库模板的富集；④磁珠回收 PCR 产物得到最终的文库。利用 Illumina 公司的 Miseq PE300 平台进行测序（上海美吉生物医药科技有限公司）。

4. 数据处理

使用 Trimmomatic 软件原始测序序列进行质控，使用 FLASH 软件进行拼接。

（1）过滤 reads 尾部质量值 20 以下的碱基，设置 50bp 的窗口，如果窗口内的平均质量值低于 20，从窗口开始截去后端碱基，过滤质控后 50bp 以下的 reads，去除含 N 碱基的 reads。

（2）根据 PE reads 之间的重叠关系，将成对 reads 拼接成一条序列，最小重叠长度为 10bp。

（3）拼接序列的重叠区允许的最大错配比率为 0.2，筛选不符合序列。

（4）根据序列首尾两端的接头和引物区分样品，并调整序列方向，接头允许的错配数为 0，最大引物错配数为 2。

使用 UPARSE 软件（version 7.1；http://drive5.com/uparse/），根据 97%的相似度对序列进行 OTU 聚类并剔除嵌合体。利用 RDP classifier （version 2.11, http://sourceforge.net/projects/rdp-dassifier）对每条序列进行物种分类注释，比对 Silva 数据库（SSU128），设置比对阈值为 70%。

二、土壤微生物群落结构变化特征

图 4-6 表明，在试验初始阶段和不同水位波动阶段，丰度前 15 的细菌在门水平上存在差异性变化。在门水平上，丰度前 15 的细菌相对丰度占细菌总数的 97%。在试验初始阶段，仅有芽单胞菌门 Gemmatimonadetes 和髌骨细菌门 Patescibacteria 差异显著[图 4-6（a）]，但随着试验的进行，在干湿交替和持续淹水条件下[图 4-6（b）]，绿弯菌门 Chloroflexi、芽单胞菌门 Gemmatimonadetes、髌骨细菌门 Patescibacteria、拟杆菌门 Bacteroidetes、放线菌门 Actinobacteria 和厚壁菌门 Firmicutes 相对丰度极大增强，呈现出显著性差异。在干湿交替处理的淹水阶段，一些细菌的相对丰度，如绿弯菌门 Chloroflexi、芽单胞菌门 Gemmatimonadetes、髌骨细菌门 Patescibacteria 适应了淹水条件，丰度显著增大。在落干阶段，一些细菌的相对丰度，如放线菌门 Actinobacteria 和厚壁菌门 Firmicutes 适应了落干阶段环境条件，丰度降低。上述结果表明，淹水和落干过程的交替增强了细菌丰度的变化。

图 4-7 表明，在试验初始阶段和不同水位波动阶段，丰度前 15 的细菌在属水平上存在差异性变化。在属水平上，120 天试验期间特定分类群的相对丰度变化与门水平上观察到的相似。例如，与持续淹水（CF）处理的 II 和 IV 阶段相比，在干湿交替（FD）处理的 I 和 III 阶段，芽单胞菌属 *norank_f_Gemmatimonadaceae*、*MND1*、*JG30-KF-CM66*、*SBR1031*、*S085*、厌氧绳菌属 *norank_f_Anaerolineraceae*、*A4b* 和黄色杆菌属 *norank_f_Xanthobacteraceae* 的相对丰度大幅度增加，而芽孢杆菌属 *Bacillus* 和 *Gaiellales* 的相对丰度则大幅下降。

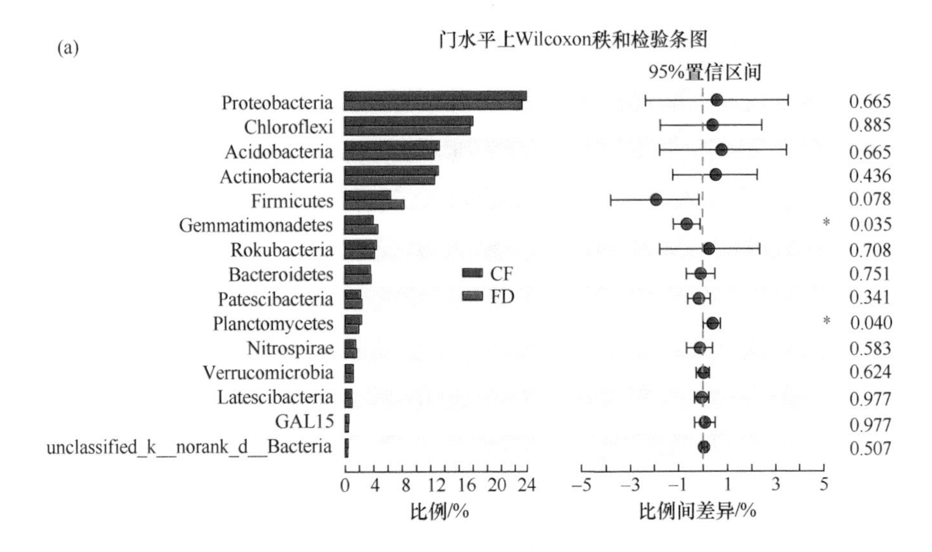

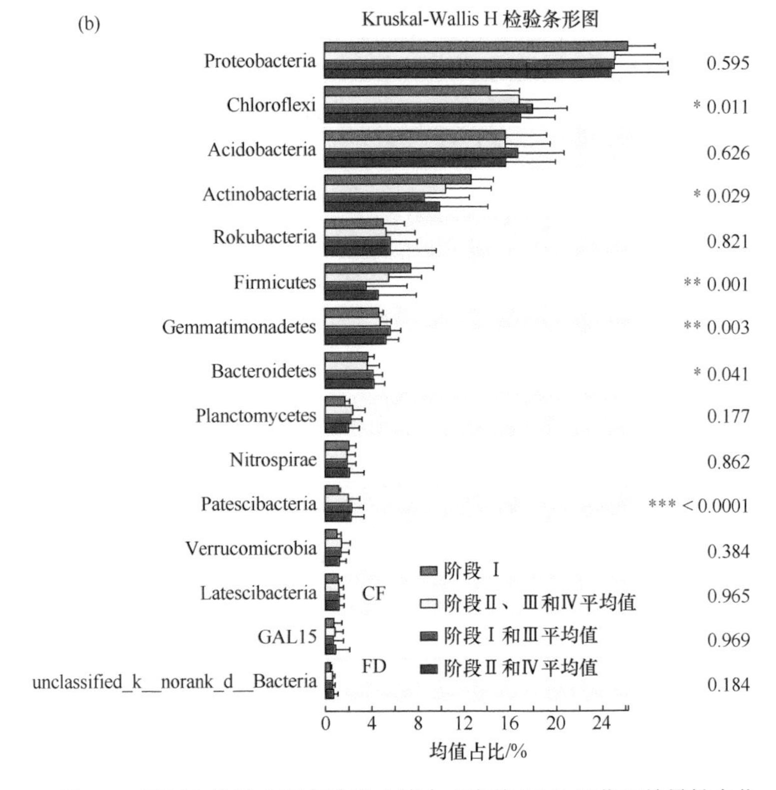

图 4-6　地下水位波动下各阶段土壤中丰度前 15 的细菌门差异性变化

（a）初始阶段；（b）干湿交替阶段；星号表示处理间差异显著（$*P<0.05$，$**P<0.01$，$***P<0.001$）

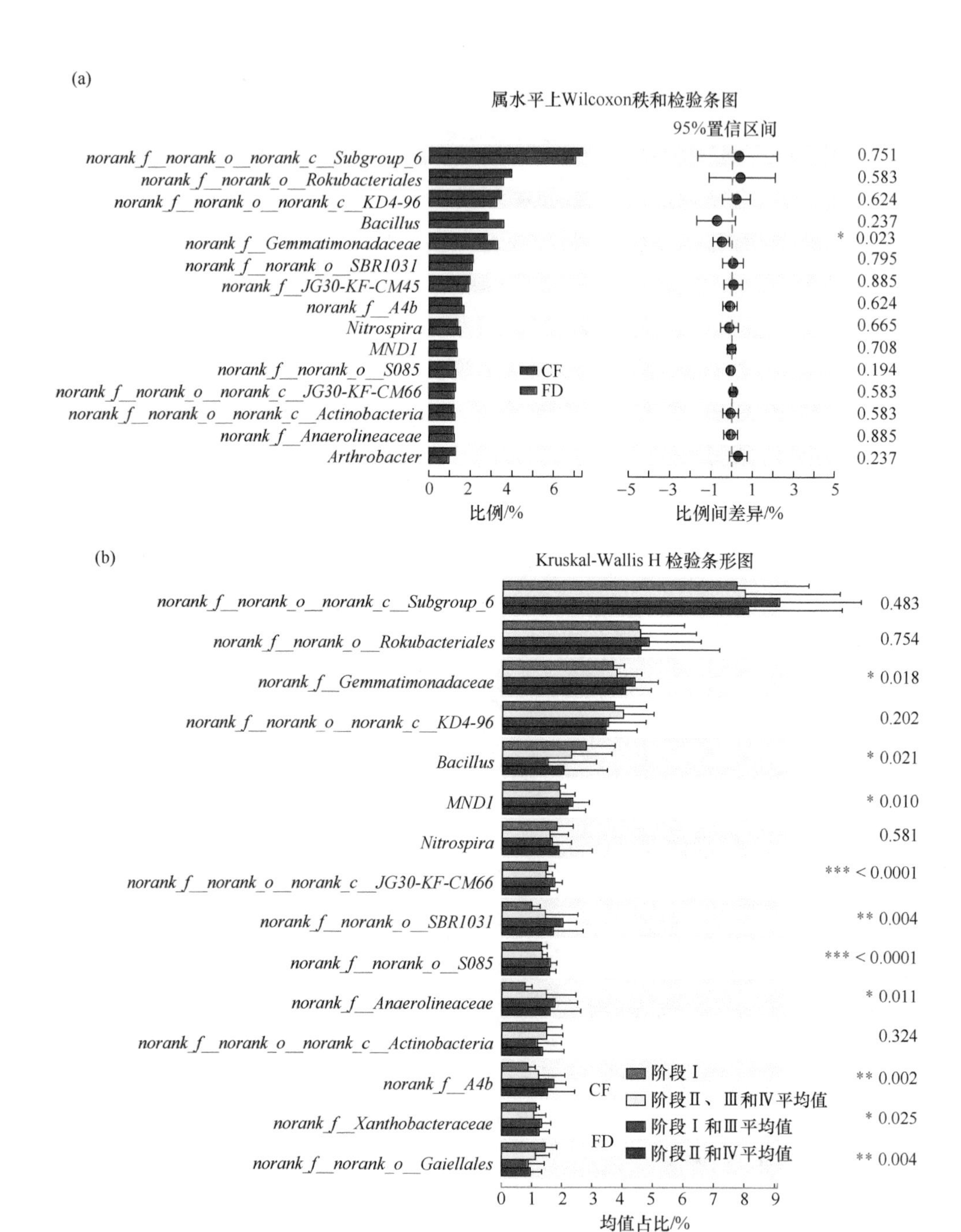

图 4-7 地下水位波动下各阶段土壤中丰度前 15 的细菌属差异性变化

（a）初始阶段；（b）干湿交替阶段；星号表示处理间差异显著（*P<0.05，**P<0.01，***P<0.001）

三、影响土壤微生物群落结构变化的因素

浅层地下水位波动影响着细菌群落结构特征，pH、NH_4^+-N、土壤含水率（MC）、NO_3^--N 显著影响着由干变湿阶段细菌群落结构，而 DON、NH_4^+-N、pH、NO_3^--N 显著影响着由湿变干阶段细菌群落结构（图 4-8）。不同组的影响因素还反映了物种在不同阶段对环境变化的响应，在由干变湿条件下，影响因素与物种之间的相

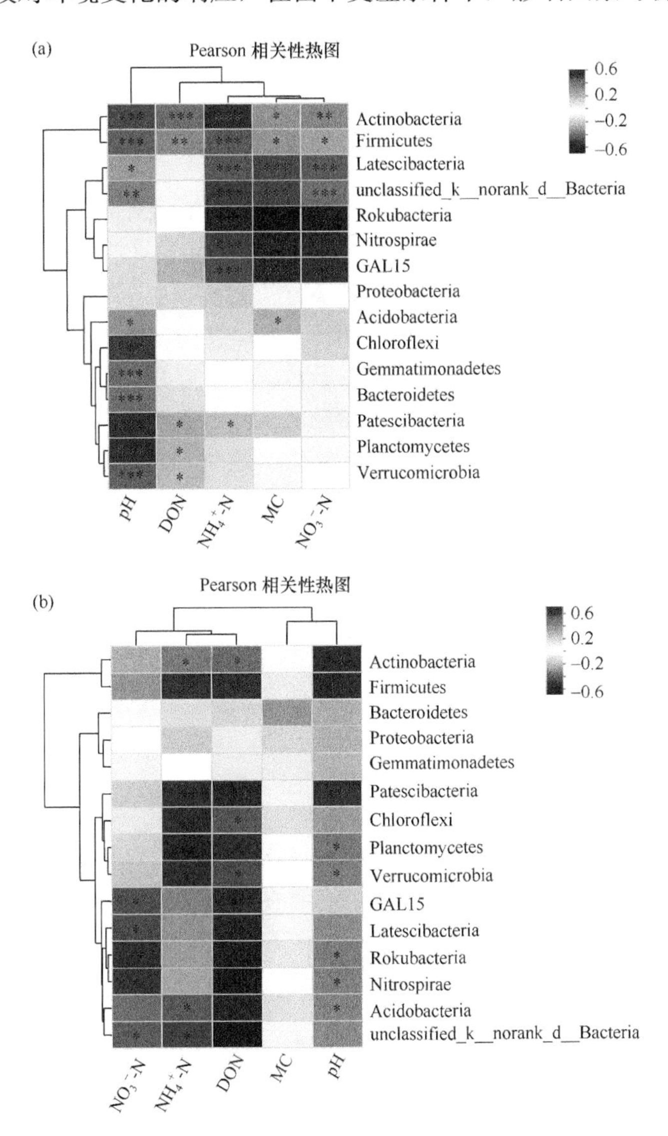

图 4-8　持续淹水和干湿交替处理丰度前 15 的细菌门的影响因素分析

（a）由干变湿阶段；（b）由湿变干阶段；星号表示处理间差异显著

（* $0.01 < P \leqslant 0.05$；** $0.001 < P \leqslant 0.01$；*** $P \leqslant 0.001$）

关性分析表明，影响因素可以分三组：NH_4^+-N、土壤含水率 MC 和 NO_3^--N 为一组，pH 和 DON 单独各为一组。相反，在由湿变干条件下，影响因素与物种之间的相关性分析表明，影响因素可以分两组：土壤含水率 MC 和 pH 为一组，NH_4^+-N、NO_3^--N 和 DON 为一组。

以往研究发现，土壤微生物对浅层地下水位波动的不同阶段（从干燥到淹水、从淹水到干燥）的土壤湿度、pH 和养分极为敏感（Evans and Wallenstein，2012；Zhang et al.，2020）。在试验初始阶段，仅有 2 个细菌门和 1 个细菌属在前 15 个重要细菌门中存在显著性差异（$P<0.05$）（图 4-6 和图 4-7），但随着干湿交替的变化，细菌群落在装配过程发生了变化，出现了 6 个细菌门和 10 个细菌属有显著差异（$P<0.05$）。本研究发现，绿弯菌门 Chloroflexi、芽单胞菌门 Gemmatimonadetes、拟杆菌门 Bacteroidetes 和髌骨细菌门 Patescibacteria 在淹水阶段更为丰富，已被证明能促进反硝化（Liu et al.，2022；Gao et al.，2021）。在淹水缺氧条件下，厚壁菌门 Firmicutes 被认为是重要的反硝化细菌（Liu et al.，2021），在由湿向干转换过程中，特别是在干湿交替 FD 处理中减少。与厚壁菌门 Firmicutes 丰度变化趋势类似，放线菌门 Actinobacteria 的丰度也下降，这与先前的研究一致，研究表明放线菌门 Actinobacteria 在缺氧生物反应器和层状水的兼氧区域中丰富（He et al.，2016；Niu et al.，2016）。硝化作用的主要参与者 Nitrospirae 通常被报道为自养硝化生物（Stein et al.，2007）。干湿交替处理中落干阶段的硝化螺旋菌门 Nitrospirae 丰度高于淹水阶段（图 4-6）。芽孢杆菌属 *Bacillus* 能够在需氧和厌氧条件下转化 NO_3^--N（Lei et al.，2020；Qiao et al.，2020），其丰度在需氧和兼性厌氧条件下增加，导致 NO_3^--N 去除率更高。芽单胞菌属 *norank_f_Gemmatimonadaceae* 普遍存在于缺氧或厌氧环境中（Jia et al.，2019），其丰度在由干向湿转换期间增加。这些现象可以归因于不同功能的细菌在环境条件下表现出不同的丰度差异。

四、小结

干湿交替显著增强了细菌丰度的变化，由丰度前 15 的细菌门中的 2 个增加到 6 个，呈显著差异。浅层地下水位波动影响着细菌群落结构特征，pH、NH_4^+-N、土壤含水率（MC）、NO_3^--N 显著影响着由干变湿阶段细菌群落结构，而 DON、NH_4^+-N、pH、NO_3^--N 显著影响着由湿变干阶段细菌群落结构。

第四节　浅层地下水位波动对土壤氮转化功能基因的影响

一、土壤氮转化主要功能基因及影响因素

土壤氮循环是生物地球化学循环最重要的过程之一，其循环过程受土壤微生

物驱动（Kuypers et al.，2018）。氮在微生物作用下进行着复杂的转化，保持着土壤中氮素的动态平衡。土壤中氮素形态转化决定了氮素的植物利用效率（Yang et al.，2017），影响着氮素向水-气环境中的排放量，从而造成了温室气体排放、水体富营养化、地下水硝酸盐污染等环境问题（姜姗姗等，2017；刘鑫等，2021）。土壤中氮形态间的转化过程受微生物代谢产生的酶控制，每个代谢过程中产生的酶均有标志性的基因编码（Kuypers et al.，2018），如 AOA-*amoA* 和 AOB-*amoA* 是参与 NH_4^+-N 转化为 NO_3^--N 的关键功能基因（Arp and Stein，2003）；NO_2^--N 转化为 N_2O 的关键编码基因为 *nirK*、*nirS* 和 *nosZ*（Kuypers et al.，2018）。

浅层地下水位波动是造成土壤剖面氮素流失的重要途径，该流失路径与土壤微生物调控的硝化、反硝化、厌氧氨氧化、硝酸盐异化成铵等氮转化过程密切相关。水位升降导致土壤剖面环境发生变化，改变了土壤微生物群落结构及功能基因丰度，影响着土壤氮素形态转化，驱动着土壤剖面中氮素的累积和流失（Chen et al.，2022；Cui et al.，2022）。明确浅层地下水位波动下土壤微生物功能基因丰度变化及其主要驱动因子，对于预测氮素转化过程和速率至关重要。一般来说，水位的周期性升降常发生在湖泊消落带、湿地、河湖岸带等区域，这导致溶解氧、pH、土壤含水率、温度、碳源等众多影响土壤微生物的因子发生周期性变化，而水位滞留时间、流速等同样影响着土壤微生物及氮转化功能基因丰度变化（Liu et al.，2017），加剧了这些区域氮素转化过程及微生物变化的复杂性。前期研究发现，随着水位降低和土壤剖面持续变干，参与反硝化过程的 *narG*、*nirK*、*nirS* 和 *nosZ* 基因丰度逐渐降低，而 AOA-*amoA* 和 AOB-*amoA* 基因丰度则逐渐增加，且 *nirS* 基因丰度显著高于 *nirK*（Zhang et al.，2020；崔荣阳等，2019）。目前较多研究主要关注表层土壤功能基因丰度变化，而由地下水位周期性波动引起的土壤剖面干湿交替和底物浓度变化对氮转化功能基因丰度的影响研究较少。

浅层地下水位波动引起的农田土壤剖面-地下水界面变化是氮素迁移转化活跃的关键地带，地下水位波动影响着氮素在土壤剖面中的滞留时间、对流弥散、吸附解析、有机氮矿化、硝化和反硝化等过程（Böhlke et al.，2009；Landon et al.，2011），促进了水土界面间的氮素交换，使得土壤剖面与浅层地下水之间氮浓度呈显著正相关（Zhang et al.，2020）。浅层地下水位波动改变了氮形态及其浓度在土壤剖面中的空间分布，然而，不同地下水氮浓度及其水位波动是否会造成土壤剖面中氮转化功能基因丰度呈现出差异性变化仍不清楚。本节以洱海湖周农田土壤剖面为研究对象，通过微宇宙试验和 qPCR 技术，研究了高、低氮浓度的浅层地下水在长期淹水与周期升降两种水位波动模式下土壤剖面氮浓度和氮转化功能基因丰度的变化，探究地下水氮浓度和水位波动模式对剖面土壤氮转化功能基因丰度变化的影响，以期为认识农田土壤剖面-地下水界面氮素生物地球化学循环过程提供科学支撑。

二、原状土柱模拟试验过程与样品采集

1. 原状土柱取样

取样区域、模拟试验中使用的土柱与图 4-1 中的取样区域和采集的原状土柱一致。

2. 试验过程与采样

微宇宙试验装置主要由原状土柱、进水口、出水口、供水桶、溶液收集桶和蠕动泵构成，进水口和出水口分别位于原状土柱底部的盖子和 PVC 管顶部的管壁，并通过硅胶管分别与蠕动泵和溶液收集桶连接；蠕动泵另一端通过硅胶管与供水桶连接。试验设 3 个处理：模拟浅层地下水氮浓度+水位升降处理（SND）、模拟浅层地下水氮浓度+持续淹水处理（SNF）、模拟无氮添加+水位升降处理（0ND）。模拟浅层地下水氮溶液（NH_4^+-N 0.5mg/L+NO_3^--N 30mg/L）由 KNO_3、$(NH_4)_2SO_4$和蒸馏水配制。

试验开始时，在供水桶中加入配好的模拟浅层地下水溶液，将蠕动泵流速调节为 7mL/min，之后打开蠕动泵将溶液通过进水口泵入土柱中，在整个淹水阶段，3 个处理的土壤表层均保持薄薄的水层，超过该水层的溶液经管壁出水口排至溶液收集桶。整个试验周期为 120 天，SNF 处理持续淹水 120 天，SND 和 0ND 处理分两次干湿交替，每次干湿交替的试验周期为 60 天，其中前 30 天为淹水阶段，后 30 天为落干阶段。SND 与 0ND 处理在落干阶段停止蠕动泵输送溶液，打开土柱底部入水口，使土柱内溶液慢慢渗出直至落干。每隔 30 天使用直径 2cm 的小型土钻对 A、B、C 和 D 层土壤进行取样（第 1 次记为 FⅠ、第 2 次记为 DⅠ、第 3 次记为 FⅡ、第 4 次记为 DⅡ），一份存储于 4℃冰箱中用于测定土壤含水率（MC）、NH_4^+-N、NO_3^--N 和溶解性总氮（TDN），一份土样冻干后存储于–80℃超低温冰箱中用于测定氮转化功能基因丰度。取完土壤剖面样后，用直径 2cm 的 PVC 管插入取样留下的洞中，防止土体破坏。

3. 指标测定与分析

土壤中 NH_4^+-N、NO_3^--N 采用 $CaCl_2$ 溶液浸提-AA3 连续流动分析仪测定（Bran+Luebbe，德国），TDN 采用 $CaCl_2$ 溶液浸提、碱性过硫酸钾氧化-紫外分光光度法测定，MC 采用烘干法测定。称取 0.5g 冻干土壤样品，使用 E.Z.N.A.®土壤 DNA 提取试剂盒（Omega Bio-tek，Norcross，美国）进行土壤 DNA 提取，采用 1%琼脂糖凝胶电泳检测 DNA 的提取质量，使用 NanoDrop2000 测定 DNA 浓度和纯度。使用实时荧光定量 qPCR 检测仪（ABI7500，美国）测定土壤中 *amoA*（AOA-*amoA*、AOB-*amoA*）、*nir*（*nirS*、*nirK*）、*nosZ*、*hszB* 功能基因的丰度。目

标基因引物、序列和片段大小见表 4-2，定量在 20.0μL 反应体系中进行，反应体系为：ChamQ SYBR Color qPCR Master Mix（2×）16.4μL、模板 DNA 2μL、引物 F（5μmol/L）0.8μL、引物 R（5μmol/L）0.8μL。qPCR 热循环条件为：初级阶段 3min，然后在 95℃/5s、55℃/30s 和 72℃/1min 进行 40 个循环，扩增效率范围为 85%～100%，r^2≥99%。

每个阶段土壤剖面氮浓度或功能基因丰度为 4 层土壤的平均值，SⅠ和 SⅡ分别为试验前 60 天和后 60 天土壤剖面氮浓度或功能基因丰度的平均值，F 和 D 分别为 0～30 天+60～90 天和 30～60 天+90～120 天土壤剖面氮浓度或功能基因丰度的平均值。使用 SPSS 24.0 进行正态分布和显著差异性（P<0.05）检验，Origin 2019b 进行绘图，RDA 分析和 SEM 通过 R 中“vegan”和“lavaan”包执行。

表 4-2　*q*PCR 目的基因扩增引物序列

目标基因	引物	引物序列	片段大小/bp
AOA-*amoA*	Arch-*amoA*F	STAATGGTCTGGCTTAGAC	635
	Arch-*amoA*R	GCGGCCATCCATCTGTATGT	
AOB-*amoA*	*amoA*-1F	GGGGTTTCTACTGGTGGT	491
	amoA-2R	CCCCTCKGSAAAGCCTTCTTC	
nirS	cd3aF	5'-GTSAACGTSAAGGARACSGG-3'	425
	R3cdR	5'-GASTTCGGRTGSGTCTTGA-3'	
nirK	*nirK*-4F	5'-TTCRTCAAGACSCAYCCGAA-3'	300
	nirK-6R	5'-CGTTGAACTTRCCGGT-3'	
nosZ	*nosZ*-Lb	5'-CCCGCTGCACACCRCCTTCGA-3'	302
	nosZ-Rb	5'-CGTCGCCSGAGATGTCGATCA-3'	
hszB	AMX818F	5'-ATGGGCACTMRGTAGAGGGGTTT-3'	267
	MX1066R	5'-AACGTCTCACGACACGAGCTG-3'	

三、土壤剖面中氮形态变化

浅层地下水中不同氮浓度及其水位升降引起的干湿交替均会造成土壤剖面中不同形态氮浓度变化。随土壤剖面干湿交替，SND 和 0ND 处理各土层中氮浓度均呈相同变化趋势，NH_4^+-N 在淹水阶段逐渐增加和落干阶段逐渐降低，NO_3^--N 和 TDN 却呈相反变化（图 4-9）。随土壤剖面持续淹水，SNF 处理中各土层 NH_4^+-N 浓度呈现出前 60 天逐渐增加、后 60 天逐渐降低，NO_3^--N 和 TDN 浓度呈现整体性持续下降。3 个处理中各形态氮浓度均表现为 A 层>B 层>C 层>D 层。SND 和 0ND 处理土壤剖面氮浓度在相同阶段均呈显著差异（图 4-9），与 SND 处理相比，0ND 处理中 NH_4^+-N、NO_3^--N 和 TDN 浓度在 SⅠ阶段分别显著（P<0.05）降低 15%、13%

和 5%，SⅡ阶段 NO_3^--N 和 TDN 浓度显著（$P<0.05$）降低 15%和 10%。SNF 处理中 NO_3^--N 和 TDN 浓度在 F 阶段显著（$P<0.05$）降低 9%和增加 11%，而在 D 阶段 NH_4^+-N 浓度显著（$P<0.001$）增加 81%，NO_3^--N 和 TDN 浓度则显著（$P<0.001$）降低 55%和 50%。相比 SND 处理，SNF 处理的土壤剖面 NO_3^--N 和 TDN 浓度在整个试验过程中分别降低 37%和 29%，0ND 处理分别降低 14%和 7%。

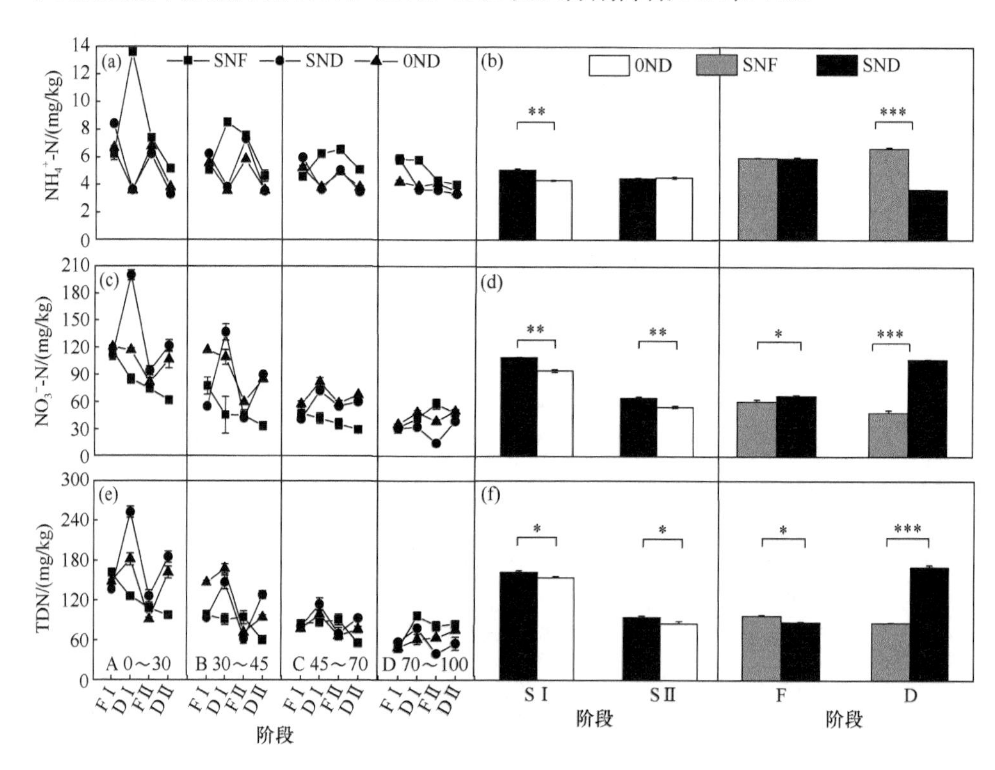

图 4-9　土壤剖面氮浓度变化

(a)、(c)、(e) 为不同处理相同土层的氮浓度变化；(b)、(d)、(f) 为不同处理相同阶段的氮浓度变化；星号表示处理间差异显著（*$P<0.05$，**$P<0.01$，***$P<0.001$）

四、土壤剖面中氮转化功能基因丰度的变化

浅层地下水中不同氮浓度及其水位升降引起的土壤干湿交替均会造成土壤剖面中氮转化功能基因丰度变化。随土壤剖面持续淹水，SNF 处理的各土层中 *amoA*、*nir*、*nosZ* 和 *hzsB* 丰度呈整体下降趋势（图 4-10）；而随干湿交替，SND 和 0ND 处理各土层中 *amoA* 丰度表现为在淹水阶段下降而落干阶段增加，*hzsB* 丰度呈整体下降趋势；SND 处理 B、C、D 层中 *nir*、*nosZ* 丰度在淹水阶段下降而落干阶段增加，0ND 的 B、D 层中 *nosZ* 丰度也呈相同变化，其他土层中 *nir*、*nosZ* 丰度呈整体下降。3 个处理的土层中功能基因丰度均表现为 A 层>B 层>C 层>D 层。与

SND 处理相比（图 4-10），0ND 处理中 *amoA*、*nir*、*nosZ* 丰度在 SⅠ阶段分别降低 21%、39%和 12%（$P<0.05$），*hzsB* 丰度增加 69%（$P<0.05$）；SⅡ阶段 *nir* 和 *nosZ* 丰度降低 19%和 28%（$P<0.05$），*amoA* 和 *hzsB* 丰度增加 248%和 21%（$P<0.001$）。水位升降引起的土壤干湿交替同样改变了氮转化功能基因丰度，与 SND 处理相比，SNF 处理土壤剖面中 *nir* 和 *nosZ* 丰度在 F 阶段增加 49%和 53%（$P<0.05$），*amoA* 和 *hzsB* 丰度降低 7%和 6%；而 *amoA*、*nir* 和 *nosZ* 丰度在 D 阶段分别降低 52%、38%和 56%（$P<0.01$），*hzsB* 丰度增加 41%（$P<0.05$）。与整个试验过程中 SND 处理功能基因丰度相比，SNF 和 0ND 处理土壤剖面厌氧氨氧化功能基因丰度分别增加 68%和 7%，反硝化功能基因丰度分别降低 20%和 1%，硝化功能基因丰度在 SNF 处理中降低 34%，而 0ND 处理增加了 23%。

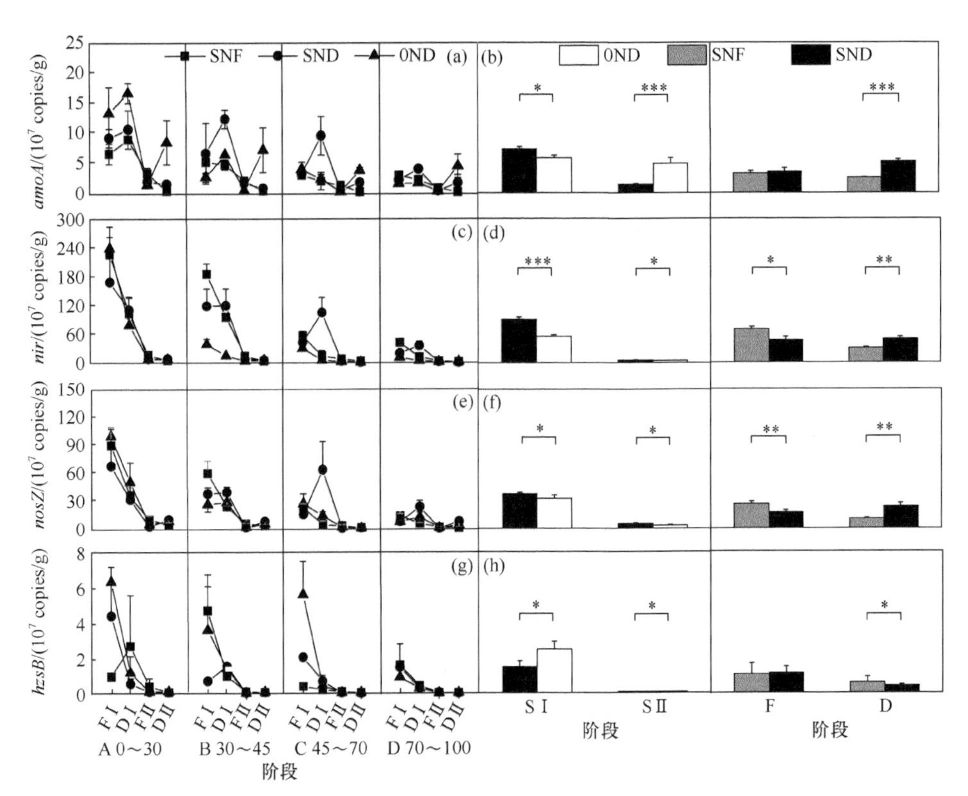

图 4-10　土壤剖面氮转化功能基因丰度变化

（a）、（c）、（e）、（g）为不同处理相同土层的功能基因丰度变化；（b）、（d）、（f）、（h）为不同处理相同阶段的功能基因丰度变化；星号表示处理间差异显著（$^*P<0.05$，$^{**}P<0.01$，$^{***}P<0.001$）

五、土壤剖面中氮转化功能基因对氮浓度的响应

随着土壤深度增加，土壤中有机物质会逐渐减少，微生物活性降低（Wang et

al.，2017；Liu et al.，2013），造成各土层中氮浓度随剖面深度增加而降低。已有研究表明，水位滞留时间、地下水中氮浓度均与土壤氮浓度和流失量存在显著相关性（Chen et al.，2022；Liu et al.，2017），这在本研究结果中也被证明。在淹水阶段，各处理土层中 NH_4^+-N 逐渐升高，NO_3^--N 逐渐降低，这归因于：①淹水造成土壤剖面形成厌氧环境，抑制了硝化微生物对 NH_4^+-N 的消耗，促进了反硝化微生物活性，加快了对 NO_3^--N 的消耗（Szukics et al.，2010）；②厌氧环境下异化硝酸盐还原为铵（DNRA）过程变得极为活跃，促进了土壤中 NO_3^--N 转化为 NH_4^+-N（Liu et al.，2017）；同时，厌氧环境也促进了土壤有机氮矿化（Jia et al.，2017），土壤 NH_4^+-N 累积增加、消耗降低，进一步导致淹水阶段各土层中 NH_4^+-N 累积量增加，土层中 NO_3^--N 却相反。然而，落干阶段，由于土壤逐渐由厌氧环境转变为好氧环境，提高了土壤硝化微生物活性，促进了 NH_4^+-N 转化为 NO_3^--N（Li et al.，2015）；同时，反硝化及 DNRA 过程受到抑制（Szukics et al.，2010），导致淹水阶段土壤剖面中累积的 NH_4^+-N 被消耗而 NO_3^--N 逐渐累积。此外，通过 SEM 分析也发现（图 4-11），土壤含水率（MC）分别与 NH_4^+-N、NO_3^--N 和 TDN 呈现直接显著（$P<0.05$）正效应，这也证明土壤剖面持续淹水或干湿交替均显著影响氮形态浓度。这些原因造成 SNF 处理土壤剖面中 NH_4^+-N 浓度在整个试验过程中均高于 SND，而 NO_3^--N 浓度则相反。SNF 处理持续淹水 60 天后，各土层 NH_4^+-N 浓度逐渐下降，可能是由于持续淹水抑制了土壤有机氮矿化（Song et al.，2015），刺激了厌氧氨氧化微生物活性，促进 NH_4^+-N 转化为 N_2（Medinets et al.，2015）。此外，与 SNF 处理相比，SND 处理的土壤剖面氮浓度在淹水与落干阶段波动幅度更大，这表明干湿交替加速了土壤剖面氮转化（Krüger et al.，2021；Gao et al.，2020），主要因为干湿交替加速了土壤剖面在好氧-兼氧-厌氧环境中不断循环往复，刺激了好氧或厌氧微生物活性（Sun et al.，2017），致使土壤剖面氮素不断转化和相互增加反应底物氮浓度。与 0ND 处理相比，SND 处理中土壤剖面各形态氮浓度显著提高，其原因是：一方面，地下水中 NH_4^+-N 很容易被土壤吸附（Huang et al.，2018），而 NO_3^--N 虽然不易被土壤吸附，但外源氮大量输入，激发厌氧微生物利用外源氮来维持自身的代谢活动（Walton et al.，2020），很大程度上削减了 SND 处理的土壤剖面氮流失；另一方面，水-土中氮浓度存在较大的浓度差，低氮浓度的地下水与高氮浓度的土壤剖面相互作用，加速了氮从土壤剖面向地下水中释放，从而使 0ND 处理的土壤剖面氮浓度显著降低。总体来说，无论持续淹水或干湿交替，土壤剖面 NO_3^--N 和 TDN 浓度均呈下降趋势，这表明地下水位波动能够加速土壤剖面溶解性氮素流失。

水位波动造成土壤剖面氧化还原环境、氮浓度和含水率等发生变化（Peralta et al.，2014），土壤底物碳氮浓度、氧供应、土壤理化性质等重要因子主要通过影响氮转化功能基因丰度变化，进而影响氮的转化过程和氮形态。通过 RDA 分析发现（图 4-11），土壤 NH_4^+-N、NO_3^--N、TDN 和土壤含水率（MC）是土壤氮转化功能基因丰度变化的主要驱动因子，SNF、SND 和 0ND 处理的前两轴分别解释了 95.5%、98.3%和 99.8%的氮功能基因丰度变化。各土层中氮转化功能基因丰度随剖面深度增加而降低，这归因于土壤剖面中碳氮浓度和氧扩散能力随土壤深度增加而逐渐降低（Zhu et al.，2018）。通常，淹水可增加土壤孔隙中持水量和降低土壤剖面中溶解氧浓度，当溶解氧浓度低于 2mg/L 时（Liu et al.，2021），有利于形成反硝化发生的厌氧环境，*nir* 与 *nosZ* 基因丰度理论上应增加。但研究发现，土壤剖面氮浓度整体呈现出的下降趋势与 *nir* 和 *nosZ* 基因丰度变化也一致，水位升降造成的土壤剖面 NO_3^--N 浓度变化才是导致 SND 与 0ND 处理的土层中 *nir* 和 *nosZ* 基因丰度变化的主要原因。SEM 分析结果也表明（图 4-11），SND 和 0ND 处理中 NO_3^--N 也分别与 *nosZ* 和 *nir* 呈现出直接的正效应(P<0.05)，这说明 NO_3^--N 作为反硝化过程的反应底物，其浓度高低也影响反硝化作用和氮转化功能基因丰度（Song et al.，2010；van Kessel et al.，2015）。相比 0ND 处理，SND 处理的水中较高的 NO_3^--N 浓度为土壤反硝化提供了外源氮，降低了土壤剖面中 NO_3^--N 流失，加之土壤孔隙水中 NO_3^--N 浓度也是控制反硝化的关键因素(Hou et al.，2013)，以至于 SND 处理中 *nir* 与 *nosZ* 基因丰度在 SⅠ和 SⅡ阶段均显著高于 0ND 处理。SNF 处理土壤剖面中 *nir* 与 *nosZ* 基因丰度呈持续下降趋势，在 F 和 D 阶段与 SND 处理均呈现出显著差异，且土壤含水率（MC）对 *nir*、*nosZ* 均有直接显著正效应（P<0.01），这说明 SNF 处理中土壤含水率显著影响 *nir* 和 *nosZ* 丰度；而与 NO_3^--N 浓度表现出微弱的负相关，这与 Dandie 等（2008）的研究一致，但并不能否认土壤剖面中 NO_3^--N 浓度对其没有影响，长期淹水可能导致反硝化微生物所需的碳供应不足，抑制了反硝化酶活性。此外，F 阶段 SNF 处理中 *nir* 和 *nosZ* 丰度比 SND 处理显著增加 49%和 53%，而 D 阶段则分别显著降低 38%和 56%。这是由于 SNF 处理处于持续淹水环境，更有利于促进反硝化微生物生长，但 D 阶段 SND 处理中累积的 NH_4^+-N 转化为 NO_3^--N，底物浓度增加刺激了反硝化微生物活性，提高了 *nir* 和 *nosZ* 丰度，这也表明水位升降引起的土壤氮浓度变化对 *nir* 和 *nosZ* 丰度起主导作用。然而，土壤干湿交替显著影响各处理中 *amoA* 丰度，SEM 分析发现（图 4-11），3 个处理中土壤含水率对 *amoA* 均有直接的显著正效应（P<0.05），并通过调控 TDN 和 NO_3^--N 间接影响 *amoA*（P<0.05），这表明土壤含水率是 *amoA* 丰度变化的主要驱动因子。这主要由于 AOA 和 AOB 为好氧微生物，干湿交替造成的土壤氧化还原环境和土壤水分变化更有利于刺激硝化酶活性；另一方面，AOA 和 AOB 对环境适应偏好并不同，如 AOA 更能适应低氧、酸性、低 NH_4^+-N 浓度环境（Shen et al.，2012），两者对环境的偏好可能掩盖了底物氮浓度的重要性。在本研究中，各处理 *hszB* 丰度整体呈现出持续下降趋势，主要有两个方面的原因：一是土壤剖面 NH_4^+-N 较培养前增加，这增加了厌氧氨氧化电子供体，但

NO_3^--N 浓度降低导致反硝化底物浓度缺乏，限制了 NO_2^--N 的形成，从而造成厌氧氨氧化电子受体供应不足，限制了厌氧氨氧化酶活性（Qian et al.，2018）；二是 SND 与 0ND 处理落干阶段形成好氧环境，并不利于厌氧氨氧化过程发生，通过 SEM 分析也发现土壤含水率（MC）均与 *hszB* 呈现显著正效应（P<0.05），这在 D 阶段 SND 处理中 *hszB* 丰度显著低于 SNF 处理也得以体现。综上，浅层地下水升降及其水中氮浓度分别引起土壤剖面干湿交替和氮浓度变化，两者共同驱动土壤剖面氮转化功能基因丰度的变化，且浅层地下水中氮浓度影响强度更大，因为与 SND 处理相比，0ND 处理土壤剖面氮转化功能基因丰度变化率远高于 SNF 处理。

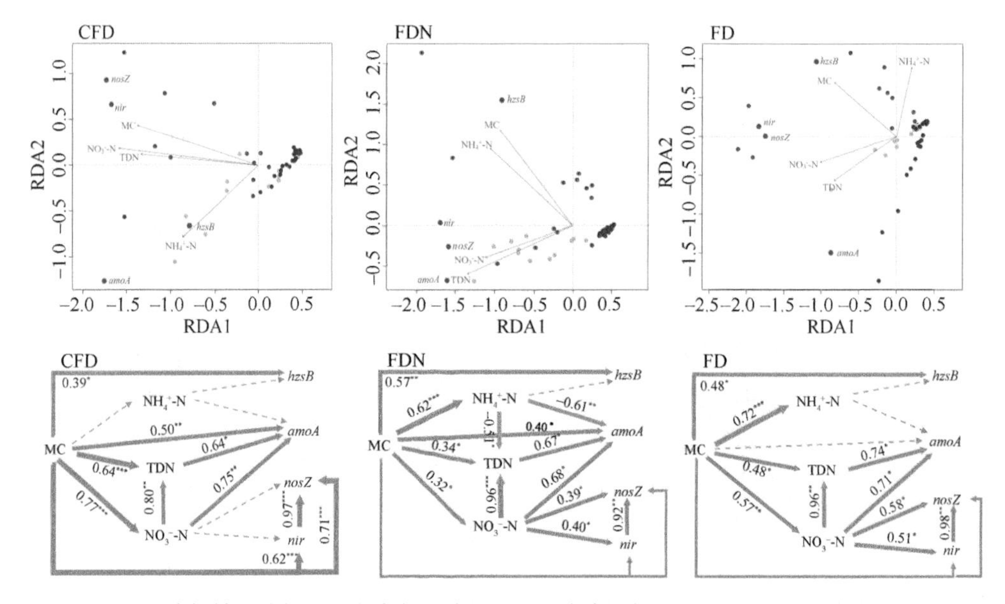

图 4-11　土壤氮转化功能基因丰度与环境因子的冗余度分析（RDA）和结构方程（SEM）

SEM 中橙色和蓝色箭头分别表示正效应和负效应，实线和虚线表示路径系数的显著和不显著，线宽度表示显著性程度；星号表示处理间差异显著（*P<0.05，**P<0.01，***P<0.001）

六、小结

浅层地下水中的氮浓度及其水位波动显著影响土壤剖面中氮浓度，持续淹水和低氮浓度地下水波动将显著降低土壤剖面溶解性氮浓度。与初始阶段土壤剖面中溶解性氮浓度相比，常规氮浓度地下水波动下土壤剖面中 NO_3^--N 和 TDN 分别下降 28%和 21%，无氮浓度地下水波动下 NO_3^--N 和 TDN 下降率分别达到 38%和 30%，持续淹水条件下土壤剖面 NO_3^--N 和 TDN 下降率高达 55%和 44%。

地下水位波动及水中氮浓度引起土壤剖面干湿交替和氮浓度变化，共同驱动着土壤剖面氮转化功能基因丰度变化，且浅层地下水中氮浓度影响强度远高于水位波动。持续淹水和无氮浓度地下水波动条件下土壤剖面厌氧氨氧化功能基因丰度与常规氮浓度地下水波动相比，分别增加 7%和 68%，反硝化功能基因丰度则分别降低 1%和 20%，硝化功能基因丰度分别增加 23%和降低 34%。

第五节 浅层地下水位波动驱动的农田土壤氮流失量估算

一、基于原状土柱模拟试验的地下水位波动下农田土壤氮流失量估算

关于农田氮素的流失强度，更多的是关注氮的径流流失和淋溶流失，而对浅层地下水位波动引起的土壤氮流失关注较少。浅层地下水位波动引起的氮素流失量远大于径流流失和淋溶流失。目前研究表明，农田通过地表径流和淋溶流失的 TN 平均损失强度分别为 14.3kg/hm^2 和 119.3kg/hm^2（表 4-3），而我们的研究结果中，浅层地下水位波动造成的洱海周边大田作物和蔬菜地农田 0～100cm 剖面土壤氮损失的平均强度达到 441.5kg/hm^2，是地表径流 TN 流失量的近 31 倍，是淋溶 TN 流失量的近 4 倍。由此可见，地下水位越浅，水位波动越大，土壤累积氮流失量就越大，可能会进一步削弱土壤氮的累积效应。一旦河流或湖泊周边的农田土壤氮进入浅层地下水中，它将很快以浅层地下径流的形式进入河湖水体，是河湖水体中氮的重要来源。

表 4-3 不同流失途径农田 TN 的流失强度

氮的流失途径	作物	流失强度/（kg/hm^2）	文献
径流流失	旱地作物	10.8	Wang et al.，2019
	大田作物	15.6	
	露地蔬菜	16.5	
淋溶流失	大田作物	55.7	Li et al.，2018 Bai et al.，2020
	露地蔬菜	61.0	
	设施菜地	103.0	
	设施菜地	258.0	
浅层地下水位波动造成的流失	大田作物	343.0	本研究结果
	露地蔬菜	540.0	

以洱海湖周农田为例，通过对洱海湖周农田 71 个浅层地下水位雨季和旱季的持续监测，结果发现，雨季浅层地下水平均水位为 63cm，旱季浅层地下水平均水位为 165cm，雨季和旱季浅层地下水平均水位差为 102cm[图 4-1（b）]。图 4-5 已表明，持续淹水和干湿交替处理的土壤剖面 TN 流失量分别占初始氮库储量的 1.7%

和4.7%。调查洱海湖周农田TN含量和土壤容重，2007年和2016年大田作物和露地蔬菜0～100cm土壤剖面平均TN储量分别为21.2t/hm^{2}和32.1t/hm^2、19.8t/hm^{2}和32.2t/hm^2（图4-12），因此，2007年大田作物和露地蔬菜TN的流失强度分别0.36t/hm^{2}和0.54t/hm^2，2016年大田作物和露地蔬菜TN的流失强度分别0.33t/hm^{2}和0.55t/hm^2。由此可见，由于地下水位波动导致的农田土壤氮素流失量远高于氮的其他流失途径，尤其是在湖滨地区，应引起我们的关注。因此，调整种植结构和合理管控湖周浅层地下水位的波动是减少土壤氮累积、减轻地下水污染的关键措施。

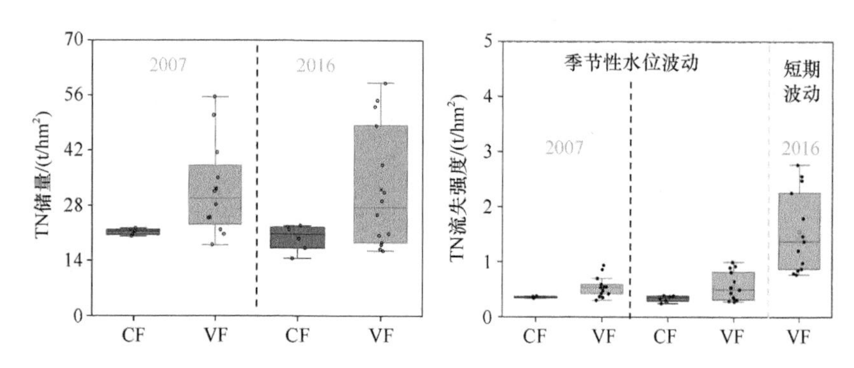

图4-12　2007年和2016年洱海湖周农田0～100cm土壤氮储量和地下水位波动下农田土壤氮流失强度

CF为大田作物农田；VF为蔬菜地

需要注意的是，由浅层地下水位波动引起的氮素流失取决于土壤剖面中氮素的积累和地下水位波动幅度，前者与种植作物和种植强度密切相关，而后者主要受地形、季节性降水等的影响。在微宇宙试验中，浅层地下水位上升，淹没至土壤表层，地下水位波动高达1m；事实上，在一些湖滨地区，浅层地下水很难淹没至表层土壤或地下水位波动幅度小于1m。因此，在应用该地下水位波动驱动的土壤氮素流失系数时也存在一些限制。

二、基于解吸法的地下水位波动下农田土壤氮流失强度估算

1. 土壤氮解吸量确定

在8个高原湖区中选取具有代表性的2种土壤类型，并选取2种土壤类型的典型剖面，每个剖面分3层取样，即0～30cm、30～60cm和60～100cm。每个土壤剖面设2个处理，即蒸馏水和模拟浅层地下水氮浓度，每个处理设3个重复；模拟浅层地下水氮溶液（NH_4^+-N 0.8mg/L + NO_3^--N 15mg/L）由KNO_3、$(NH_4)_2SO_4$和蒸馏水配制。

首先，为模拟高原湖泊流域雨季地下水位最浅时土壤氮的最大流失强度，称

取 10g 过 60 目筛的风干土壤于 50mL 离心管中，加入 25mL 模拟溶液或蒸馏水，然后，在黑暗条件下密闭培养 20 天（预培养实验下水土浓度达到动态平衡的天数），培养结束后进行取样测定。由于高原湖流域干湿季节分明，对土壤中氮流失存在一定的影响，培养的土样等待 15 天变干后进行干后复水，在相同的条件下继续培养。培养结束后测定溶液中氮浓度和土壤中的氮浓度。

土壤氮流失潜力系数计算公式如下：

$$L=\sum_{n=1}^{n}\frac{C_n\times10}{\mathrm{BD}_n}\times10^{-4}$$

式中，L 为 0～100 cm 土壤氮磷流失潜力系数（g/kg）；BD 为土壤容重（g/cm^3）；C_n 为溶液中氮浓度（mg/L）。

2. 高原湖区农田地下水位波动下土壤氮流失潜力系数

表 4-4 显示了 7 个高原湖区农田 0～30cm、30～60cm 和 60～100cm 土层氮的流失潜力系数，在 0～100cm 土层深度方向上，除了星云湖、阳宗海和杞麓湖 TN 流失潜力系数呈逐渐增加的趋势外，其余湖泊呈减小趋势。0～30cm 土层 TN 流失潜力系数较高的是洱海和星云湖，分别为 13.47×10^{-3}g/kg 和 10.73×10^{-3}g/kg；30～60cm 土层 TN 流失潜力系数较高的是杞麓湖（6.73×10^{-3}）、抚仙湖（5.24×10^{-3}g/kg）和星云湖（4.51×10^{-3}g/kg）；60～100cm 土层 TN 流失潜力系数较高的是星云湖（13.88×10^{-3}g/kg）和杞麓湖（8.94×10^{-3}g/kg）。

表 4-4　高原湖区农田土壤 TN 流失潜力系数

湖周农田不同土层	TN 流失潜力系数/（g/kg）		
	0～30 cm	30～60 cm	60～100 cm
抚仙湖	5.48×10^{-3}	5.24×10^{-3}	4.07×10^{-3}
杞麓湖	5.96×10^{-3}	6.73×10^{-3}	8.94×10^{-3}
异龙湖	2.13×10^{-3}	1.75×10^{-3}	1.97×10^{-3}
阳宗海	4.41×10^{-3}	3.70×10^{-3}	5.38×10^{-3}
滇池	6.18×10^{-3}	4.43×10^{-3}	4.91×10^{-3}
星云湖	10.73×10^{-3}	4.51×10^{-3}	13.88×10^{-3}
洱海	13.47×10^{-3}	2.95×10^{-3}	6.05×10^{-3}

3. 地下水位波动下高原湖区农田土壤氮流失强度

根据图 2-10 中 7 个高原湖区农田 0～100cm 土层 TN 储量和表 4-4 中的 TN 流失潜力系数，计算 0～100cm 土层 TN 流失强度。图 4-13 表明，7 个高原湖区农田 0～100cm 土壤 TN 流失强度存在明显差异。抚仙湖、异龙湖、杞麓湖、滇池、阳宗海、洱海和星云湖周围农田土壤 TN 流失强度平均值分别为（165.88±5.98）kg/hm^2（154.69～175.61kg/hm^2，最小值～最大值，下同）、（62.86±4.25）kg/hm^2（55.27～69.38kg/hm^2）、（250.03±10.26）kg/hm^2（234.59～271.56kg/hm^2）、（177.55±8.75）kg/hm^2（162.47～200.62kg/hm^2）、（104.47±7.41）kg/hm^2（99.30～126.65kg/hm^2）、（249.22±6.74）kg/hm^2（238.39～265.16kg/hm^2）、（336.48±9.47）kg/hm^2（317.99～356.31kg/hm^2）。星云湖、杞麓湖和洱海周围农田土壤 TN 流失强度较大，且星云湖显著高于异龙湖和阳宗海（P<0.05）。

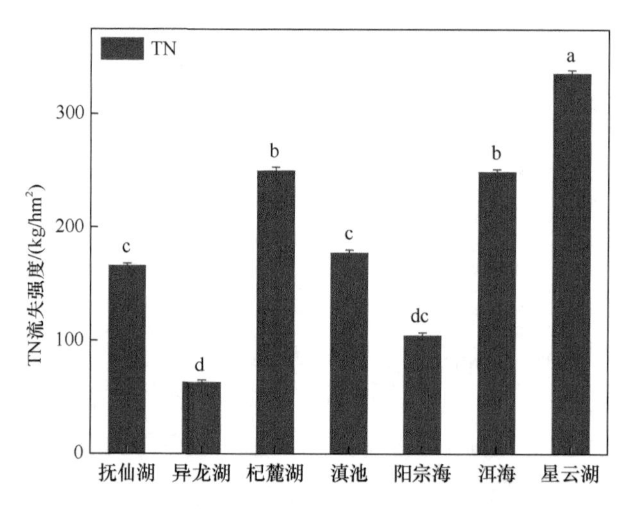

图 4-13　高原湖区农田 0～100cm 土壤 TN 流失强度

三、小结

持续淹水条件下，1.7%的 0～100cm 土壤氮库储量被流失。基于土壤氮流失率和土壤氮库储量，洱海湖周因浅层地下水波动造成的土壤氮损失强度在大田作物农田为 343.0kg/hm^2，蔬菜地为 540.0 kg/hm^2，土壤氮平均损失强度（441.5kg/hm^2）是地表径流 TN 流失量的近 31 倍，是地下淋溶 TN 流失量的近 4 倍。

7 个高原湖区农田因地下水位波动造成土壤中 TN 流失强度差异大，平均为 205.54kg/hm^2，其中，星云湖、杞麓湖和洱海 TN 流失强度较大，且星云湖显著高于异龙湖和阳宗海（P<0.05）。地下水位升或降削弱了农田土壤氮素累积，增加了其流失风险。

参考文献

蔡祖聪，赵维．2009. 土地利用方式对湿润亚热带土壤硝化作用的影响[J]. 土壤学报，46(5): 795-801.

崔荣阳, 雷宝坤, 张丹, 等. 2019. 浅层地下水升降对菜地土壤剖面硝化/反硝化微生物丰度的影响[J]. 环境科学学报, 39(9): 3099-3106.

姜珊珊, 庞炳坤, 张敬沙, 等. 2017. 减氮及不同肥料配施对稻田 CH_4 和 N_2O 排放的影响[J]. 中国环境科学, 37(5): 1741-1750.

刘鑫, 左锐, 孟利, 等. 2021. 地下水位上升过程硝态氮(硝酸盐)污染变化规律研究[J]. 中国环境科学, 41(1): 232-238.

宋歌. 2015. 稻麦轮作系统土壤溶解性有机氮动态变化及影响因素[D]. 南京: 中国科学院南京土壤研究所博士学位论文.

Arp D J, Stein L Y. 2003. Metabolism of inorganic N compounds by ammonia-oxidizing bacteria[J]. Critical Reviews in Biochemistry and Molecular Biology, 38(6): 471-495.

Bai X L, Zhang Z B, Cui J J, et al. 2020. Strategies to mitigate nitrate leaching in vegetable production in China: a meta-analysis[J]. Environmental Science and Pollution Research, 27(15): 18382-18391.

Böhlke J K, Antweiler R C, Harvey J W, et al. 2009. Multi-scale measurements and modeling of denitrification in streams with varying flow and nitrate concentration in the upper Mississippi River Basin, USA[J]. Biogeochemistry, 93(1/2): 117-141.

Chen A Q, Zhang D, Wang H Y, et al. 2022. Shallow groundwater fluctuation: An ignored soil N loss pathway from cropland[J]. Science of the Total Environment, 828: 154554.

Cui R Y, Zhang D, Liu G C, et al. 2022. Shift of lakeshore cropland to buffer zones greatly reduced nitrogen loss from the soil profile caused by the interaction of lake water and shallow groundwater[J]. Science of the Total Environment, 803: 150093.

Dandie C E, Burton D L, Zebarth B J, et al. 2008. Changes in bacterial denitrifier community abundance over time in an agricultural field and their relationship with denitrification activity[J]. Applied and Environmental Microbiology, 74(19): 5997-6005.

Denef K, Six J, Bossuyt H, et al. 2001. Influence of dry-wet cycles on the interrelationship between aggregate, particulate organic matter, and microbial community dynamics[J]. Soil Biology and Biochemistry, 33(12-13): 1599-1611.

Deng Y M, Li H J, Wang Y X, et al. 2014. Temporal variability of groundwater chemistry and relationship with water-table fluctuation in the Jianghan Plain, central China[J]. Procedia in Earth and Planetary Science, 10: 100-103.

Evans S E, Wallenstein M D. 2012. Soil microbial community response to drying and rewetting stress: does historical precipitation regime matter?[J]. Biogeochemistry, 109(1): 101-116.

Fan A M, Steinberg V E. 1996. Health implications of nitrate and nitrite in drinking water: an update on methemoglobinemia occurrence and reproductive and developmental toxicity[J]. Regulatory Toxicology and Pharmacology, 23(1): 35-43.

Fierer N, Schimel J P. 2003. A proposed mechanism for the pulse in carbon dioxide production commonly observed following the rapid rewetting of a dry soil[J]. Soil Science Society of America Journal, 67(3): 798-805.

Gao D C, Bai E, Li M H, et al. 2020. Responses of soil nitrogen and phosphorus cycling to drying and rewetting cycles: A meta-analysis[J]. Soil Biology and Biochemistry, 148: 107896.

Gao H F, Bai J H, Xiao R, et al. 2012. Soil net nitrogen mineralization in salt marshes with different flooding periods in the Yellow River Delta, China[J]. CLEAN-Soil Air Water, 40(10): 1111-1117.

Gao S S, Xu P, Zhou F, et al. 2016. Quantifying nitrogen leaching response to fertilizer additions in China's cropland[J]. Environmental Pollution, 211: 241-251.

Gao Y, Zhang W L, Li Y, et al. 2021. Dams shift microbial community assembly and imprint nitrogen transformation along the Yangtze River[J]. Water Research, 189: 116579.

Gordon H, Haygarth P M, Bardgett R D, 2008. Drying and rewetting effects on soil microbial community composition and nutrient leaching[J]. Soil Biology and Biochemistry, 40(2): 302-311.

Gómez M A, Hontoria E, González -López J. 2002. Effect of dissolved oxygen concentration on nitrate removal from groundwater using a denitrifying submerged filter[J]. Journal of Hazardous Materials, 90(3): 267-278.

Gu B J, Ge Y, Chang S X, et al. 2013. Nitrate in groundwater of China: Sources and driving forces[J]. Global Environmental Change, 23(5): 1112-1121.

Harrison-Kirk T, Beare M H, Meenken E D, et al. 2013. Soil organic matter and texture affect responses to dry/wet cycles: Effects on carbon dioxide and nitrous oxide emissions[J]. Soil Biology and Biochemistry, 57: 43-55.

Hartmann A A, Barnard R L, Marhan S, et al. 2013. Effects of drought and N-fertilization on N cycling in two grassland soils[J]. Oecologia, 171(3): 705-717.

He Q C, Feng C P, Peng T, et al. 2016. Denitrification of synthetic nitrate-contaminated groundwater combined with rice washing drainage treatment[J]. Ecological Engineering, 95: 152-159.

Hou J, Cao X Y, Song C L, et al. 2013. Predominance of ammonia-oxidizing archaea and nirK-gene-bearing denitrifiers among ammonia- oxidizing and denitrifying populations in sediments of a large urban eutrophic lake (Lake Donghu)[J]. Canadian Journal of Microbiology, 59(7): 456-464.

Huang P, Zhang J B, Zhu A N, et al. 2018. Nitrate accumulation and leaching potential reduced by coupled water and nitrogen management in the Huang-Huai-Hai Plain[J]. Science of the Total Environment, 610-611: 1020-1028.

Jia J, Bai J H, Gao H F, et al. 2017. In situ soil net nitrogen mineralization in coastal salt marshes (*Suaeda salsa*) with different flooding periods in a Chinese estuary[J]. Ecological Indicators, 73: 559-565.

Jia L P, Jiang B H, Huang F, et al. 2019. Nitrogen removal mechanism and microbial community changes of bioaugmentation subsurface wastewater infiltration system[J]. Bioresource Technology, 294: 122140.

Kartal B, Kuypers M M M, Lavik G, et al. 2007. Anammox bacteria disguised as denitrifiers: nitrate reduction to dinitrogen gas via nitrite and ammonium[J]. Environmental Microbiology, 9(3): 635-642.

Kawagoshi Y, Suenaga Y, Chi N L, et al. 2019. Understanding nitrate contamination based on the relationship between changes in groundwater levels and changes in water quality with precipitation fluctuations[J]. Science of the Total Environment, 657: 146-153.

Krüger M, Potthast K, Michalzik B, et al. 2021. Drought and rewetting events enhance nitrate leaching and seepage-mediated translocation of microbes from beech forest soils[J]. Soil Biology and Biochemistry, 154: 108153.

Kuypers M M M, Marchant H K, Kartal B. 2018. The microbial nitrogen-cycling network[J]. Nature Reviews Microbiology, 16: 263-276.

Landon M K, Green C T, Belitz K, et al. 2011. Relations of hydrogeologic factors, groundwater reduction-oxidation conditions, and temporal and spatial distributions of nitrate, Central-Eastside San Joaquin Valley, California, USA[J]. Hydrogeology Journal, 19(6): 1203-1224.

Lei L S, Gu J, Wang X J, et al. 2021. Effects of phosphogypsum and medical stone on nitrogen transformation, nitrogen functional genes, and bacterial community during aerobic composting[J]. Science of the Total Environment, 753: 141746.

Li P, Jiang Z, Wang Y H, et al. 2017. Analysis of the functional gene structure and metabolic potential of microbial community in high arsenic groundwater[J]. Water Research, 123: 268-276.

Li J G, Liu H B, Wang H Y, et al. 2018. Managing irrigation and fertilization for the sustainable cultivation of greenhouse vegetables[J]. Agricultural Water Management, 210: 354-363.

Li X, Li J, Xi B D, et al. 2015. Effects of groundwater level variations on the nitrate content of groundwater: a case study in Luoyang area, China[J]. Environmental Earth Sciences, 74(5): 3969-3983.

Liu Y Y, Liu C X, Nelson W C, et al. 2017. Effect of water chemistry and hydrodynamics on nitrogen transformation activity and microbial community functional potential in hyporheic zone sediment columns[J]. Environmental Science & Technology, 51(9): 4877-4886.

Liu X Y, Sun R, Hu S H, et al. 2022. Aromatic compounds releases aroused by sediment resuspension alter nitrate transformation rates and pathways during aerobic-anoxic transition[J]. Journal of Hazardous Materials, 424: 127365.

Liu X Y, Hu S H, Sun R, et al. 2021. Dissolved oxygen disturbs nitrate transformation by modifying microbial community, co-occurrence networks, and functional genes during aerobic-anoxic transition[J]. Science of the Total Environment, 790: 148245.

Liu Z P, Shao M A, Wang Y Q. 2013. Spatial patterns of soil total nitrogen and soil total phosphorus across the entire Loess Plateau region of China[J]. Geoderma, 197-198: 67-78.

Ma T, Sun S A, Fu G T, et al. 2020. Pollution exacerbates China's water scarcity and its regional inequality[J]. Nature Communications, 11(1): 650.

Medinets S, Skiba U, Rennenberg H, et al. 2015. A review of soil NO transformation: Associated processes and possible physiological significance on organisms[J]. Soil Biology and Biochemistry, 80: 92-117.

Niu T H, Zhou Z, Shen X L, et al. 2016. Effects of dissolved oxygen on performance and microbial community structure in a micro-aerobic hydrolysis sludge *in situ* reduction process[J]. Water Research, 90: 369-377.

Peralta A L, Ludmer S, Matthews J W, et al. 2014. Bacterial community response to changes in soil redox potential along a moisture gradient in restored wetlands[J]. Ecological Engineering, 73: 246-253.

Qian G, Wang J, Kan J J, et al. 2018. Diversity and distribution of anammox bacteria in water column and sediments of the Eastern Indian Ocean[J]. International Biodeterioration & Biodegradation, 133: 52-62.

Qiao Z X, Sun R, Wu Y G, et al. 2020. Characteristics and metabolic pathway of the bacteria for heterotrophic nitrification and aerobic denitrification in aquatic ecosystems[J]. Environmental Research, 191: 110069.

Qiu J. 2011. China to spend billions cleaning up groundwater[J]. Science, 334(6057): 745.

Rasiah V, Armour J D, Nelson P N, 2013. Nitrate in shallow fluctuating groundwater under sugarcane: quantifying the lateral export quantities to surface waters[J]. Agricultural, Ecosystems & Environment, 180(6), 103-110.

Rivett M O, Buss S R, Morgan P, et al. 2008. Nitrate attenuation in groundwater: A review of biogeochemical controlling processes[J]. Water Research, 42(16): 4215-4232.

Shen J P, Zhang L M, Di H J, et al. 2012. A review of ammonia-oxidizing bacteria and archaea in Chinese soils[J]. Frontiers in Microbiology, 3: 296.

Sgouridis F, Heppell C M, Wharton G, et al. 2011. Denitrification and dissimilatory nitrate reduction to ammonium (DNRA) in a temperate re-connected floodplain[J]. Water Research, 45(16): 4909-4922.

Song G, Zhao X, Wang S Q, et al. 2015. Dissolved organic nitrogen leaching from rice-wheat rotated agroecosystem in southern China[J]. Pedosphere, 25(1): 93-102.

Song K, Lee S H, Mitsch W J, et al. 2010. Different responses of denitrification rates and denitrifying bacterial communities to hydrologic pulsing in created wetlands[J]. Soil Biology and Biochemistry, 42(10): 1721-1727.

Stein L Y, Arp D J, Berube P M, et al. 2007. Whole-genome analysis of the ammonia-oxidizing bacterium, *Nitrosomonas eutropha* C91: implications for niche adaptation[J]. Environmental Microbiology, 9(12): 2993-3007.

Sun D S, Li K J, Bi Q F, et al. 2017. Effects of organic amendment on soil aggregation and microbial community composition during drying- rewetting alternation[J]. Science of the Total Environment, 574: 735-743.

Szukics U, Abell G C J, Hödl V, et al. 2010. Nitrifiers and denitrifiers respond rapidly to changed moisture and increasing temperature in a pristine forest soil[J]. FEMS Microbiology Ecology, 72(3): 395-406.

Teklay T, Shi Z, Attaeian B, et al. 2010. Temperature and substrate effects on C & N mineralization and microbial community function of soils from a hybrid poplar chronosequence[J]. Applied Soil Ecology, 46(3): 413-421.

Tete E, Viaud V, Walter C. 2015. Organic carbon and nitrogen mineralization in a poorly-drained mineral soil under transient waterlogged conditions: an incubation experiment[J]. European Journal of Soil Science, 66(3): 427-437.

van Vliet M T H, Flörke M, Wada Y. 2017. Quality matters for water scarcity[J]. Nature Geoscience, 10(11): 800-802.

van Kessel M A H J, Speth D R, Albertsen M, et al. 2015. Complete nitrification by a single microorganism[J]. Nature, 528(7583): 555-559.

Walton C R, Zak D, Audet J, et al. 2020. Wetland buffer zones for nitrogen and phosphorus retention: impacts of soil type, hydrology and vegetation[J]. Science of the Total Environment, 727: 138709.

Wang S, Zhuang Q L, Wang Q B, et al. 2017. Mapping stocks of soil organic carbon and soil total nitrogen in Liaoning Province of China[J]. Geoderma, 305: 250-263.

Wang R, Min J, Kronzucker H J, et al. 2019. N and P runoff losses in China's vegetable production systems: Loss characteristics, impact, and management practices[J]. Science of the Total Environment, 663: 971-979.

Xin J, Liu Y, Chen F, et al. 2019. The missing nitrogen pieces: A critical review on the distribution, transformation, and budget of nitrogen in the vadose zone-groundwater system[J]. Water Research, 165: 114977.

Yang X L, Lu Y L, Ding Y, et al. 2017. Optimising nitrogen fertilisation: A key to improving nitrogen-use efficiency and minimising nitrate leaching losses in an intensive wheat/maize rotation (2008-2014)[J]. Field Crops Research, 206: 1-10.

Zhao X, Zhou Y, Wang S Q, et al. 2012. Nitrogen balance in a highly fertilized rice–wheat double-cropping system in the Taihu Lake Region, China[J]. Soil Science Society of America Journal, 76: 1068-1078.

Zhang D, Fan M P, Liu H B, et al. 2020. Effects of shallow groundwater table fluctuations on nitrogen in the groundwater and soil profile in the nearshore vegetable fields of Erhai Lake, southwest China[J]. Journal of Soils and Sediments, 20(1): 42-51.

Zhang M P, Wang Z J, Huang J C, et al. 2021. Salinity-driven nitrogen removal and its quantitative molecular mechanisms in artificial tidal wetlands[J]. Water Research, 202: 117446.

Zhu J, Jansen-Willems A, Müller C, et al. 2021. Topographic differences in nitrogen cycling mediate nitrogen retention in a subtropical, N-saturated forest catchment[J]. Soil Biology and Biochemistry, 159: 108303.

Zhu G B, Wang S Y, Li Y X, et al. 2018. Microbial pathways for nitrogen loss in an upland soil[J]. Environmental Microbiology, 20(5): 1723-1738.

第五章 高原湖区农田土壤剖面与浅层地下水中氮浓度关系

第一节 引 言

土壤剖面和浅层地下水之间氮的交换是氮素生物地球化学循环的重要组成部分，是氮素离开土壤生物地球化学循环进入地质循环的重要一环（Galloway et al.，2008）。土壤和地下水间氮的交换改变了土壤中氮的迁移转化过程，改变了土壤氮素固定、氮素供应和氮损失，进而影响了水、气环境安全和全球气候变化(Powlson，1993)。在农田中过量施用氮肥会导致土壤剖面中氮的积累，增加土壤氮素淋失至浅层地下水（Huang et al.，2018；Zhou et al.，2010）。因此，地表水从包气带向下迁移是连接土壤剖面和地下水之间氮交换的唯一途径，也是表层土壤氮素向地下水输出的主要途径之一（Portela et al.，2009）。

土壤剖面中氮的环境行为主要受土壤氮累积、土壤性质和水文地质条件的影响（Liao et al.，2012）。近年来，由于过量施氮、灌溉和降水导致大量氮素淋失，增加了氮在土壤剖面中的累积，进而对浅层地下水造成了潜在的氮污染（Huang et al.，2018；Li et al.，2016），其中，土壤剖面氮的积累量和地表水的下渗速率是直接影响氮素淋失量的两个关键因素（Gheysari et al.，2009；Perego et al.，2012）。以往的研究表明，NO_3^--N 的累积量随着氮肥施用量的增加而增加；在此基础上，也随着降水量和灌溉量的增加而增加（Gheysari et al.，2009；Wang et al.，2014；Wang et al.，2016）。降水和灌溉也会引起浅层地下水位的波动（杨艳鲜等，2017），地表水的垂直渗透补给速率和蒸发-蒸腾速率控制着浅层地下水位的波动，影响着表层氮向浅层地下水中的输入负荷。目前，人们研究了地下水位波动对中尺度人工湿地氮素去除的影响（Tanner et al.，1999），以及使用模拟手段研究地下水位波动下氮素的迁移（李翔等，2013），或通过原位监测研究了地下水位波动对地下水中氮浓度的影响（Li et al.，2015）。水位波动可以显著影响土柱中氮的运移，其影响程度与水位波动幅度有关（李翔等，2013）。地下水中 NO_3^--N 浓度与地下水位呈显著性相关（Li et al.，2015）。总之，上述研究更关注土壤中氮的积累，以及在氮肥施用、降水和灌溉、污染物迁移下土壤氮淋失到地下水中的潜在风险。虽然也有研究报道了地下水位与水中氮浓度间的关系（Chen et al.，2018；Li et al.，2015），但关于地下水位波动与土壤剖面和地下水中氮浓度之间定量关系的研究报道还较少。

洱海周边蔬菜地因种植强度高、施肥量大，导致氮、磷和其他元素在土壤剖面中过度累积（Chen et al.，2018）。一般来说，土壤中各种形态氮，特别是NO_3^--N，通过淋溶作用从表层土壤进入深层含水层，是一个长期的过程；此外，因垂直迁移过程中氮的衰减作用，氮素淋溶量相对较小（Almasri and Kaluarachchi，2004）。然而，在该区域地下水位较浅，2014～2016 年浅层地下水位仅为 4～90cm，浅层地下水位的季节性波动随着降水、灌溉、潜水蒸发、洱海水的侧向补给或沿着地形向坡下排放而增加（杨艳鲜等，2017）。土壤剖面中氮素的过量累积与浅层地下水位的大幅波动相互作用，将加速氮素从土壤剖面向浅层地下水中迁移。更重要的是，一旦土壤中的氮素进入到地下水，增加了氮随地下径流进入湖水中的负荷量，将严重影响洱海的水质安全。因此，了解浅层地下水位波动引起的土壤剖面和地下水中氮浓度变化，对系统了解该地区农田土壤-地下水间的氮素循环至关重要。地下水位波动可能强烈调节着土壤剖面-地下水间氮的关系，显著影响两者间氮浓度的变化。其他参数，包括氮肥施用量、土壤剖面性质、降水和地形，也可能会影响地下水位和土壤剖面-地下水中的氮浓度。因此，本章的主要研究目标是阐明浅层地下水和土壤剖面中氮浓度与地下水位之间，以及浅层地下水-土壤剖面间氮浓度的相关关系，明确氮肥施用量、土壤剖面性质、降水和地形对地下水位、地下水氮浓度和土壤剖面氮浓度变化的影响。研究结果可为浅层地下水位的合理调控、阻控土壤剖面氮向浅层地下水中迁移提供基础数据。

第二节　高原湖区土壤剖面-浅层地下水中氮浓度监测

一、监测点位的空间布设

选择洱海近岸露地蔬菜种植区的农田，位于 25°40′N、100°12′E，海拔 1966～1975m。该地区是典型的低纬度高原季风气候，年均气温为 15.7℃，年均降水量为 1000～1200mm。研究区的雨季和旱季明显，85%～90%的降水集中在 6～11 月的雨季，只有 10%～15%的降水发生在 12 月至翌年 5 月的旱季。该区土壤成土母质由上坡的第四纪红黏土转为下坡的河湖相沉积物。该区地形西高东低，整体坡度为 4°～6°，导致地表径流和地下水流沿着坡面汇入洱海。研究区种植类型为菜-菜轮作，平均一年种植三季。

在研究区内距洱海由近及远布设监测点（图 5-1），分别位于高程 1966m、1970m、1972m 和 1975m 的高度。每个高程设一个监测点，监测点面积为 $30m^2$，每个监测点的蔬菜种植类型、施肥量和管理措施统一，均为常规施肥。种植的茎叶类蔬菜包括卷心菜（*Brassica oleracea*）、白菜（*Brassica pekinensis*）和莴笋

（*Lactuca sativa*）。白菜生长期为 6～9 月，莴笋生长期为 10 月至翌年 1 月，卷心菜生长期为 3～5 月。农家肥为牛粪，施用量为 75 000kg/hm^2；化肥为尿素（N，46%，570kg/hm^2）、过磷酸钙（P_2O_5，16%，75kg/hm^2）和硫酸钾（K_2O，50%，150kg/hm^2）。农家肥和过磷酸钙作为基肥在翻耕时施用，移栽时施用 60%的尿素和钾肥，其余的尿素和钾肥在苗期施用。

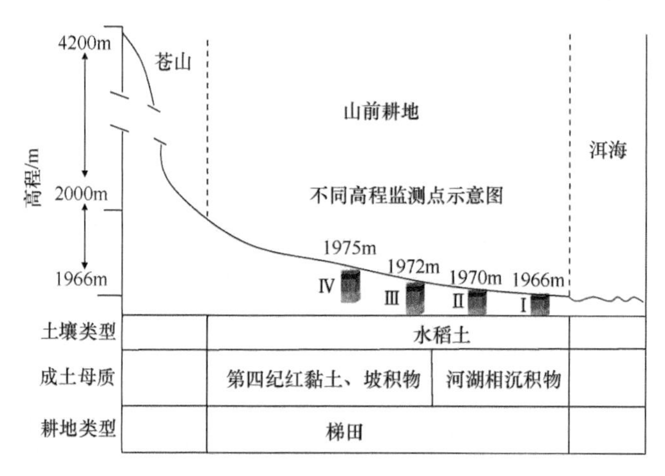

图 5-1 不同海拔监测点分布示意图

二、水、土中氮浓度与地下水位监测

监测井由直径为 75mm 的 PVC 管制成，用于监测浅层地下水位和收集浅层地下水样。PVC 管距离底部 15～30cm 处，用电钻钻取直径为 5mm 的孔，并用尼龙网包裹，防止堵塞，便于地下水渗透。PVC 管的顶端用盖子密封，方便收集地下水样品。挖掘直径为 75mm 的竖井，然后在每个竖井中安装准备好的 PVC 管。PVC 管的水位深度要略大于年度最大地下水位深度。PVC 管壁与井壁之间的缝隙用土壤紧密填充。PVC 管比地面高 30cm。在采样间隔期间，顶部用 PVC 管盖密封。

试验开始前，在每个监测点取 0～100cm 土壤剖面样，测定土壤中的理化性质，每隔 20cm 取一层。使用体积为 100cm^3 的环刀，分层取环刀样，测定土壤容重。使用钢卷尺测量浅层地下水位，并使用塑料瓶采集浅层地下水样。同时，使用 100cm 土钻在每个监测点分层取 0～100cm 土壤剖面样。随后，将样品带回实验室进行分析测试，收集的土壤样测定 DTN、NO_3^--N 和 NH_4^+-N。浅层地下水位监测和水土样品采集的时间为 2015 年 6 月至 2016 年 5 月，每月一次。

土壤中 NH_4^+-N 和 NO_3^--N 用 0.01 mol/L $CaCl_2$ 溶液提取后，再用 Bran+Luebbe AA3 型连续流动分析仪测定；土壤 DTN 用碱性过硫酸钾氧化-紫外分光光度法测定；土壤机械组成用比重计法测定。

三、土壤对氮的吸附-解吸试验

选择洱海近岸农田土壤剖面，土壤类型为水稻土，成土母质为湖相沉积物，自20世纪80年代中后期由水稻改种蔬菜。在距离洱海30m同一等高线的菜地上，根据土壤发生层的层次分布，分别取耕作层Ap1（0～30cm）、犁底层Ap2（30～40cm）、氧化还原层Br（40～60cm）和母质层Cr（＞60cm）4个土壤发生层样品，每个发生层取3个重复，一部分样品测定土壤的pH、有机质（OM）、TN、NO_3^--N、NH_4^+-N、总铁（TFe）、总锰（TMn）、土壤的机械组成和微团聚体组成，另一部分风干后过2mm筛备用。同时，每个土壤发生层取3个环刀样，测定土壤的容重、孔隙度。

采用先吸附、后解吸的方法研究不同土壤发生层NH_4^+-N的吸附-解吸特征。称取制备样品4g，置于50mL聚乙烯塑料离心管中，并加入40mL由蒸馏水配制的不同浓度梯度的NH_4^+-N标准液，初始NH_4^+-N标准液C_0用$(NH_4)_2SO_4$配制，浓度梯度分别为：0、5mg/L、10mg/L、20mg/L、30mg/L、40mg/L、60mg/L和80mg/L。向聚乙烯塑料离心管中加入0.1%的氯仿，抑制微生物的影响。旋紧盖后置于振荡机上于25℃振荡36h，振荡平衡后4800r/min离心5min，上清液过0.45μm的微孔滤膜，用AA3型连续流动分析仪测定吸附后平衡溶液C_e中的NH_4^+-N浓度。样品对NH_4^+-N吸附饱和后，弃去离心管中的上清液，加入40mL的去离子水振荡解吸36h，振荡平衡后再以4800r/min离心5min，上清液过0.45μm的微孔滤膜，用AA3型连续流动分析仪测定解吸平衡溶液的NH_4^+-N浓度。

四、指标计算

1. 土壤对NH_4^+-N的吸附量

吸附量为初始NH_4^+-N浓度C_0(mg/L)与吸附平衡溶液NH_4^+-N浓度C_e(mg/L)的差值，计算得出土壤对NH_4^+-N的吸附量C_s（mg/L）：

$$C_s=(C_0-C_e)*V_a/W$$

式中，V_a为吸附平衡溶液体积（mL）；W为土样质量（g）。

2. 土壤对NH_4^+-N的解吸量

由解吸平衡溶液NH_4^+-N浓度C_e（mg/L）计算得到土壤吸附NH_4^+-N的解吸量D_s（mg/kg）：

$$D_s=C_e*V_a/W$$

式中，V_a为解吸平衡溶液体积（mL）；W为土样质量（g）。

3. 等温吸附参数计算

采用 Langmuir 和 Freundlich 模型对不同土壤发生层 NH_4^+-N 的吸附过程进行拟合（王而力等，2012）。Langmuir 等温吸附模型为

$$C_s = \frac{Q_0 K_1 C_e}{K_1 C_e + 1}$$

式中，C_s 为吸附量（mg/kg）；C_e 为平衡浓度（mg/L）；Q_0 为饱和吸附量（mg/kg）；K_1 为等温吸附平衡系数；Q_0K_1 为最大缓冲容量 MBC（mg/kg）。

Freundlich 模型为

$$C_s=K_2C_e^{1/n}$$

式中，K_2 为吸附分配系数，表示吸附质在固相液相的分配比，K_2 越大，吸附能力越强；n 为吸附速率常数，表示随着吸附质溶液浓度的增加，吸附量增加的速度（赵东洋等，2015）。

4. 等温解吸参数的计算

采用 $D_s=K_3C_s+a$ 方程拟合 NH_4^+-N 的解吸过程，式中，D_s 为解吸量（mg/kg）；C_s 为吸附量（mg/kg）；K_3 为解吸速率，表明单位吸附量中的解吸量；a 为解吸常数。

第三节　高原湖区农田土壤对氮的吸附-解吸特征

一、不同土壤发生层 NH_4^+-N 的吸附特征

土壤对氮素的吸附-解吸是氮素“源-汇”功能转换的重要影响因素之一，研究土壤对氮的吸附-解吸特征对于控制农田土壤氮素流失、保护受纳水体的环境安全具有重要意义。等温吸附-解吸是氮素在固-液界面中扩散、迁移、转化的一个重要途径，图 5-2 表明，NH_4^+-N 平衡溶液浓度在 0～30mg/L 时，不同土壤发生层吸附的 NH_4^+-N 浓度与液相浓度呈线性递增规律，随着吸附平衡溶液浓度的增加，土壤对 NH_4^+-N 吸附速率减缓，吸附量缓慢趋于一个常数。根据吸附-平衡溶液浓度与土壤对 NH_4^+-N 吸附量的变化曲线，采用 Langmuir 和 Freundlich 模型对不同土壤发生层 NH_4^+-N 的吸附过程进行拟合（王而力等，2012），表 5-1 表明 Freundlich 模型的相关系数 r^2（0.852～0.885）要低于 Langmuir 模型的相关系数 r^2（0.871～0.911），不同土壤发生层的 NH_4^+-N 吸附量与平衡浓度呈显著相关（$P<0.01$）。

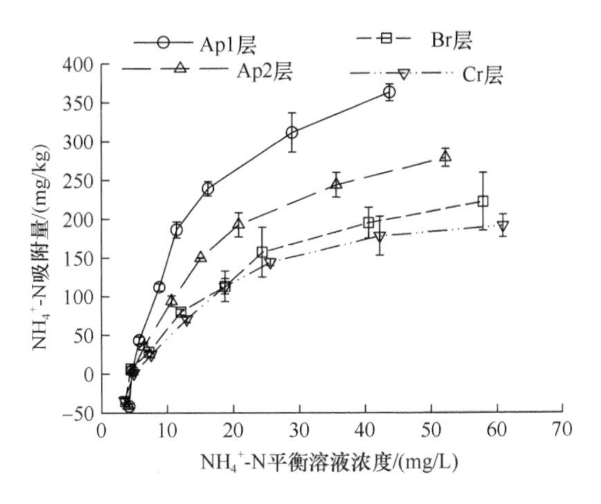

图 5-2 不同土壤发生层 NH_4^+-N 的吸附曲线

利用 Langmuir 等温吸附模型确定的饱和吸附量 Q_0、最大缓冲容量（MBC）参数可反映土壤对 NH_4^+-N 的吸附能力及环境风险。其中，Q_0 可反映土壤吸附 NH_4^+-N 容量的大小，也可用于评价土壤中 NH_4^+-N 释放的风险，Q_0 越大，环境风险越小。由表 5-1 可知，洱海近岸菜地不同土壤发生层 NH_4^+-N 的饱和吸附量 Q_0 为 Ap1 层（982.757 mg/kg）＞Ap2 层（696.225 mg/kg）＞Br 层（556.206 mg/kg）＞Cr 层（435.597 mg/kg），由此可见，不同土壤发生层 NH_4^+-N 的饱和吸附量相差较大，而且越往深层，土壤中 NH_4^+-N 释放的风险越大，在浅层地下水作用下，土壤中 NH_4^+-N 极易流失。西辽河流域沙土 NH_4^+-N 的饱和吸附量为 573.81～3666.18mg/kg（王而力等，2012），在滦河三角洲典型包气带介质 NH_4^+-N 的饱和吸附量为 138～534mg/kg（田华，2011），长江中下游浅水湖泊沉积物 NH_4^+-N 的饱和吸附量为 294.11～1466.67mg/kg（王娟等，2007）。土壤对 NH_4^+-N 的最大缓冲容量（MBC）是土壤中增加或减少 NH_4^+-N 时，土壤抵御 NH_4^+-N 浓度变化的最大能力。表 5-1 表明，洱海近岸菜地不同土壤发生层 NH_4^+-N 的 MBC 为 Ap1 层（14.545mg/kg）＞Ap2 层（9.886mg/kg）＞Br 层（7.008mg/kg）＞Cr 层（6.490mg/kg）。鄱阳湖南矶山自然保护区沼泽湿地土壤对 NH_4^+-N 的最大缓冲容量为 117.65mg/kg（弓晓峰等，2006）。不同区域土壤 NH_4^+-N 的 Q_0 和 MBC 差异较大，这些差异除了与土壤理化性质密切相关外，也与测定方法中是否加入微生物抑制剂有一定关系，因为氯仿能杀死系统中的微生物或者抑制系统中微生物的繁殖，卢少勇等（2006）认为氯仿在沉积物-水系统中对硝化和反硝化细菌的活性有一定的抑制作用，导致沉积物的硝化速率和反硝化速率降低，但是硝化活性和反硝化活性并未被彻底抑制。在本试验中，加入了 0.1%的氯仿来抑制微生物活性，而王而力等（2012）、弓晓峰等（2006）和王娟等（2007）在氮的吸附-解吸过程中未加入氯仿。

表 5-1 不同土壤发生层 NH_4^+-N 的等温吸附参数

土壤发生层	Langmuir 模型						Freundlich 模型			
	饱和吸附量 Q_0/（mg/kg）	等温吸附平衡系数 K_1	最大缓冲容量 MBC/（mg/kg）	临界平衡浓度 ENC_0/（mg/L）	r^2	P	吸附分配系数 K_2	吸附速率常数 n	r^2	P
Ap1 层	982.757	0.015	14.545	0.937	0.871	<0.001	17.122	1.197	0.846	0.001
Ap2 层	696.225	0.014	9.886	0.661	0.887	<0.001	12.252	1.224	0.860	<0.001
Br 层	556.206	0.013	7.008	0.558	0.911	<0.001	8.891	1.223	0.885	<0.001
Cr 层	435.597	0.015	6.490	0.370	0.888	<0.001	8.629	1.273	0.852	0.001

ENC_0是不同土壤发生层吸附-解吸过程中的临界平衡 NH_4^+-N 浓度，是土壤发生吸附或解吸的转折点。当水体 NH_4^+-N 浓度小于 ENC_0时，土壤出现解吸行为，表现为 NH_4^+-N 的“源”；反之，土壤出现吸附行为，表现为 NH_4^+-N 的“汇”（王娟等，2007）。表 5-1 表明，不同土壤发生层的 ENC_0为 Ap1 层（0.937 mg/L）＞Ap2 层（0.661 mg/L）＞Br 层（0.558 mg/L）＞Cr 层（0.370 mg/L），说明越往土壤下层，NH_4^+-N 临界平衡浓度越低，土壤吸附的 NH_4^+-N 更容易成为浅层地下水或洱海水的“源”。

由 Freundlich 模型确定的吸附分配系数 K_2可知（表 5-1），A 层土壤的 K_2最大，为 17.122，说明该层土壤对 NH_4^+-N 的固持能力最强，减少了固持在土壤中的 NH_4^+-N 向地下水中扩散；Br 层和 Cr 层较小，分别为 8.891 和 8.629，说明该层土壤中的 NH_4^+-N 最容易向地下水中释放，而且该层土壤与地下水互作时间最长，环境风险也较大。

洱海近岸菜地土壤氮素过量累积，加之菜地浅层地下水与洱海水交汇贯通，使得土壤氮素在浅层地下水和洱海水互作用下不断进行着迁移（弥散过程、扩散过程）和转化（硝化、反硝化、有机氮矿化），极易造成氮素流失，其中，NH_4^+-N 的吸附-解吸行为是氮素迁移转化过程中的重要环节。因此，通过上述对饱和吸附量（Q_0）、最大缓冲容量（MBC）、临界平衡浓度（ENC_0）和吸附分配系数（K_2）的分析，对于明确洱海近岸菜地土壤对 NH_4^+-N 的吸附参数、提高菜地土壤的氮库容量，以及减少耕层土壤氮的径流、淋溶或向浅层地下水渗流流失具有重要意义。研究表明，越往土壤下层，对 NH_4^+-N 的吸附能力越差，NH_4^+-N 释放风险越大，在浅层地下水作用下，土壤固持的 NH_4^+-N 极易释放到环境中。加之洱海近岸浅层地下水 NH_4^+-N 平均浓度为 0.163mg/L，洱海上覆水 NH_4^+-N 浓度为 0.127～0.222 mg/L（赵海超等，2013），可见无论是地下水还是洱海水，NH_4^+-N 浓度都低于不同土壤发生层的 ENC_0，说明在浅层地下水或洱海水作用下，不同发生层土壤吸附的 NH_4^+-N 都极易解吸，起到“源”的作用。

二、不同土壤发生层 NH_4^+-N 的解吸特征

解吸是吸附的逆过程，不仅关系到吸附氮的再利用，还影响到土壤中内源氮释放对水环境的威胁。图 5-3 表明，随着 NH_4^+-N 吸附量的增加，NH_4^+-N 的解吸量也呈增加趋势，两者呈显著性相关（$P<0.001$）。就解吸速率 K_3 来看（表 5-2），Cr 层土壤的解吸速率最大，为 0.729，说明 Cr 层土壤吸附的 NH_4^+-N 有 72.9%再次被释放到环境中，其对外源 NH_4^+-N 的缓冲能力最差；其次是 Br 层（0.666）和 Ap2 层（0.444），Ap1 层土壤最小（0.281），说明 Ap1 层吸附的 NH_4^+-N 不易被释放，仅占吸附量的 28.1%。由图 5-2 和图 5-3 可以看出，不同土壤发生层对 NH_4^+-N 吸附-解吸过程具有不可逆性，解吸存在滞后性（赵东洋等，2015），这种滞后性在黏粒和粉粒中的表现更为突出（王而力等，2012）。

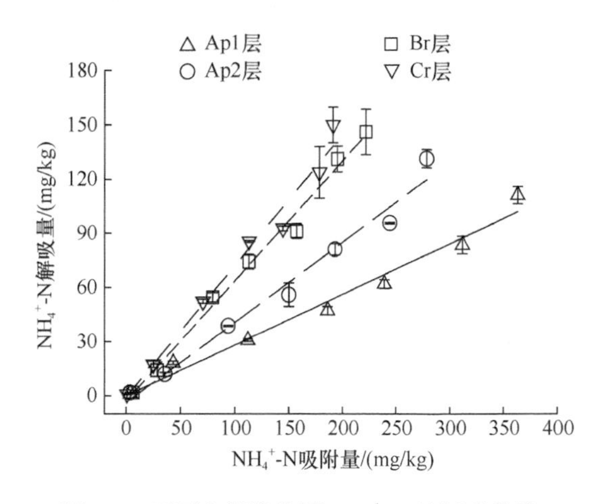

图 5-3　不同土壤发生层 NH_4^+-N 的解吸曲线

表 5-2　不同土壤发生层 NH_4^+-N 的解吸参数

土层	解吸常数（a）	解吸速率（K_3）	r^2	P
Ap1 层	−0.053	0.281	0.978	<0.001
Ap2 层	−3.836	0.444	0.979	<0.001
Br 层	−2.886	0.666	0.991	<0.001
Cr 层	−0.662	0.729	0.982	<0.001

三、不同土壤发生层理化性质对 NH_4^+-N 吸附-解吸特征的影响

对吸附-解吸参数饱和吸附量（Q_0）、最大缓冲容量（MBC）、临界平衡浓度

（ENC_0）和解吸速率（K_3）与不同土壤发生层的理化性质进行相关分析（表 5-3 和表 5-4），结果表明，机械组成中的粉粒和黏粒含量及砂粒级微团聚体与吸附参数 Q_0、MBC、ENC_0 呈正相关关系，与解吸速率 K_3 呈负相关关系；而机械组成中的砂粒含量和粉粒级微团聚体与吸附参数呈负相关关系，与解吸参数呈正相关关系，黏粒含量与吸附-解吸参数相关程度明显大于粉粒和砂粒，这说明机械组成中的粉黏粒含量和砂粒级微团聚体含量越多，越有利于土壤的吸附；砂粒含量和粉粒级微团聚体含量越多，则越有利于解吸发生。主要原因是：机械组成中的粒径越小，比表面积和质量越大，土壤颗粒表面活性点位越多，吸附能力越强，而且较多的研究者也认为不同粒径土壤的吸附能力为黏粒＞粉粒＞砂粒（王娟等，2007；王圣瑞等，2008）。微团聚体通过有机胶体或矿物颗粒相互共生富集，而且微团聚体中存在大量微孔隙（Smucker et al.，2007），砂粒级微团粒径较大、微孔隙度较多，使得微团聚体对 NH_4^+-N 的吸附不仅包括胶体、颗粒表面和粒子交换吸附，还包括微孔隙填充吸附（王而力等，2012）。

表 5-3　吸附-解吸参数与土壤物理性质的相关性

吸附解吸参数	机械组成/%			微团聚体组成/%	
	砂粒（2～0.05mm）	粉粒（0.05～0.002mm）	黏粒（<0.002mm）	砂粒级（2～0.05mm）	粉粒级（0.05～0.002mm）
Q_0/（mg/kg）	−0.769	0.650	0.959*	0.951*	−0.951*
MBC/（mg/kg）	−0.672	0.532	0.963*	0.965*	−0.965*
ENC_0/（mg/L）	−0.832	0.730	0.886	0.923	−0.923
K_3	0.767	−0.637	−0.973*	−0.993**	0.993**

注：**表示在 0.01 水平上极显著相关；*表示在 0.05 水平上显著相关。

表 5-4 表明，吸附相关的参数 Q_0、MBC、ENC_0 与不同土壤发生层 OM、TN 和 NH_4^+-N 呈正相关关系，与 TFe、TMn 和 pH 呈负相关关系。与吸附相关参数相比，解吸速率 K_3 与不同土壤发生层化学性质有相反的变化趋势。从吸附-解吸参数与土壤化学性质的相关程度看，NH_4^+-N＞TN＞OM＞TFe 或 TMn＞pH，说明吸附介质中的氮（TN 或 NH_4^+-N）浓度显著影响着不同土壤发生层对 NH_4^+-N 的吸附-解吸。有机质含量是影响不同土壤发生层 NH_4^+-N 吸附-解吸的重要因素，这是因为腐殖质等形成的胶体在黏土矿物及各种氧化物中形成不同粒径的团聚体（蒋小欣等，2007），有利于 NH_4^+-N 的吸附，而有些研究者（Hedges and Keil，1995）也认为 NH_4^+-N 与有机质在吸附过程中存在竞争关系，这些差异主要是由于前者中的有机质在吸附介质中，而后者中的有机质在吸附溶液中。TFe、TMn 和 pH 与吸附参数呈负相关关系，而与解吸参数呈正相关关系，一些研究认为深层土壤的铁锰与 NH_4^+-N 含量呈显著正相关（陈建平等，2012），

主要是因为土壤中的铁锰氧化物在兼氧或厌氧条件下，作为氧化剂促进了NH_4^+-N的硝化，使得平衡溶液中的NH_4^+-N浓度降低，铁促进了NH_4^+-N的吸附（杨维等，2008）。另外，张晨东等（2014）研究认为，随着吸附溶液pH的增加，NH_4^+-N的吸附量增加，因为pH＜8时，H^+和NH_4^+-N间的吸附竞争大，吸附量较低；当pH＞8时，随着H^+和NH_4^+间的吸附竞争减弱，吸附量会增加，而本研究中的不同土壤发生层pH为6.765～6.955，且张晨东等（2014）研究的是吸附溶液中的pH与NH_4^+-N浓度的关系，而非吸附剂的pH。以上关于TFe、TMn和pH对NH_4^+-N吸附的研究与本研究结果不尽一致，主要是因为以往研究（Hedges and Keil，1995；陈建平等，2012）是对TFe、TMn和pH与NH_4^+-N浓度进行的相关分析，而本研究中是这些因子与NH_4^+-N吸附-解吸参数的相关分析，NH_4^+-N吸附-解吸参数的确定又是土壤理化性质多重复合因子综合作用的结果。

表5-4　吸附-解吸参数与土壤化学性质的相关性

吸附解吸参数	OM/（g/kg）	TN/（g/kg）	NH_4^+-N/（mg/kg）	TFe/（g/kg）	TMn/（g/kg）	pH
Q_0/（mg/kg）	0.949*	0.952*	0.988*	–0.864	–0.880	–0.818
MBC/（mg/kg）	0.970*	0.969*	0.991**	–0.808	–0.801	–0.737
ENC_0/（mg/L）	0.916	0.924	0.970*	–0.892	–0.927	–0.867
K_3	–0.894	–0.894	–0.949*	0.906	0.861	0.835

注：**表示在0.01水平上极显著相关；*表示在0.05水平上显著相关。

第四节　高原湖区农田土壤剖面与浅层地下水中氮浓度的关系

一、浅层地下水位的月际变化

2015年6月到2016年5月，高程1966 m、1970 m、1972 m和1975 m处地下水位较浅，月际波动范围较大（图5-4）。除了高程1966 m外，其他样点浅层地下水位月变化一致。高程1966 m处样点的浅层地下水位受洱海水和地下水交换的影响很大，其浅层地下水位与洱海水位变化基本一致；而其他样点的浅层地下水位则与季节性降水密切相关（杨艳鲜等，2017）。在雨季，高程1966m、1970m、1972m和1975m处平均浅层地下水位分别为26.06cm、33.14cm、36.36cm和20.69cm；在旱季，高程1966m、1970m、1972m和1975m处平均浅层地下水位分别为57.70cm、51.81cm、43.78cm和32.83cm。距离湖岸越近，浅层地下水位越深，受洱海水位的影响，地下水位波动越大。

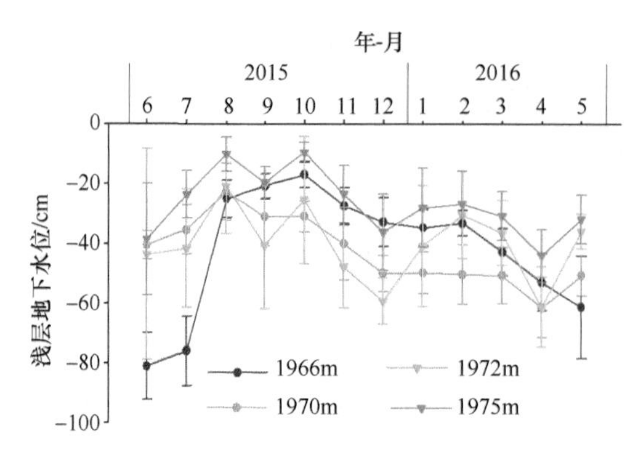

图 5-4　不同高程下浅层地下水位月变化

二、浅层地下水中氮浓度与地下水位的关系

1. 浅层地下水中氮浓度的月变化

不同高程处浅层地下水中各形态氮浓度差异明显（图 5-5），1966m、1970m、1972m 和 1975m 不同高程下的浅层地下水中 TN 平均浓度分别为 10.12mg/L、12.86mg/L、17.20mg/L 和 20.30mg/L，NO_3^--N 浓度分别为 8.39mg/L、10.79mg/L、15.14mg/L 和 18.1mg/L，NH_4^+-N 浓度分别为 0.14mg/L、0.12mg/L、0.14mg/L 和 0.12mg/L。由此可见，地下水位越浅，TN 和 NO_3^--N 的浓度就越高。此外，监测点距离洱海越近，TN 和 NO_3^--N 的浓度就越低。2015 年 6 月至 2016 年 5 月，不同高程浅层地下水中各形态氮浓度波动范围较大，TN 和 NO_3^--N 浓度的月变化基本一致，而 NH_4^+-N 浓度的月变化则存在差异。在雨季（6～11 月），不同高程 TN 和 NO_3^--N 浓度高于旱季（12 月至翌年 5 月），但 NH_4^+-N 浓度的季节性变化则相反。

2. 浅层地下水中氮浓度与地下水位的关系

随着浅层地下水位的增加，浅层地下水中 TN 和 NO_3^--N 浓度呈指数下降，而 NH_4^+-N 浓度呈指数增加（图 5-6），浅层地下水位与氮浓度间存在显著性相关（$P<0.01$）。这些结果与许多研究中报道的地下水深度与硝酸盐浓度的一般趋势相吻合（Almasri and Kaluarachchi，2004；Zhao et al.，2016）。Zhao 等（2016）的研究报道指出，随着采样深度的增加，NH_4^+-N 浓度也会增加。图 5-6 显示，当浅层地下水位深度大于 50cm 时，浅层地下水中 TN 和 NO_3^--N 浓度变化呈逐渐下降趋势；当浅层地下水深度小于 50cm 时，它们的浓度则会迅速上升。当地下水位深度约为 50cm 时，浅层地下水中 NH_4^+-N 浓度与 TN 和 NO_3^--N 浓度有类似的相反变化趋势。

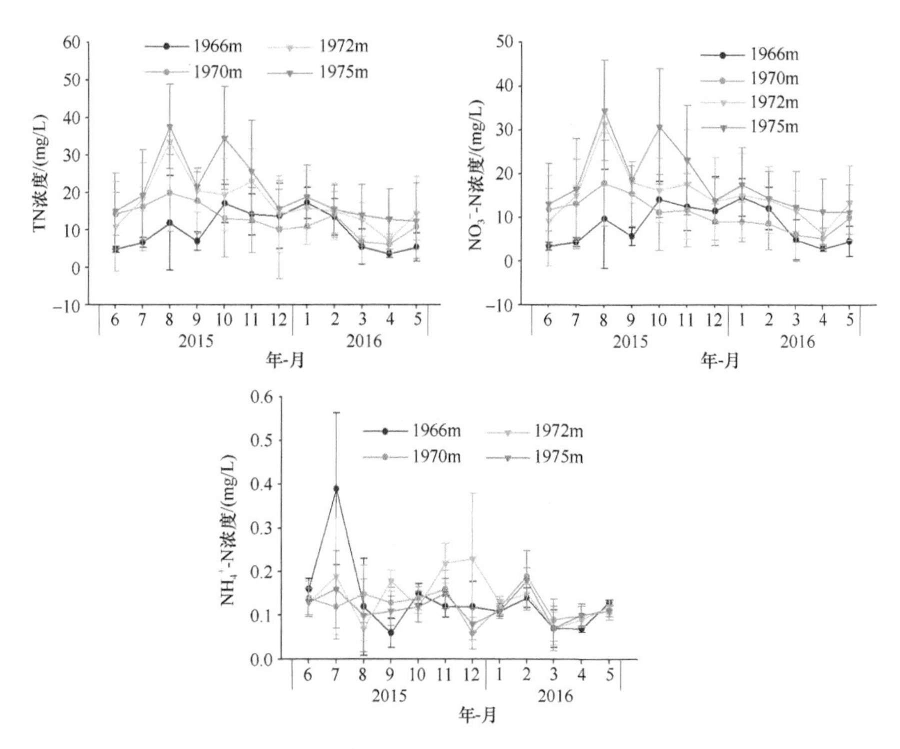

图 5-5　不同高程浅层地下水中氮浓度的月变化

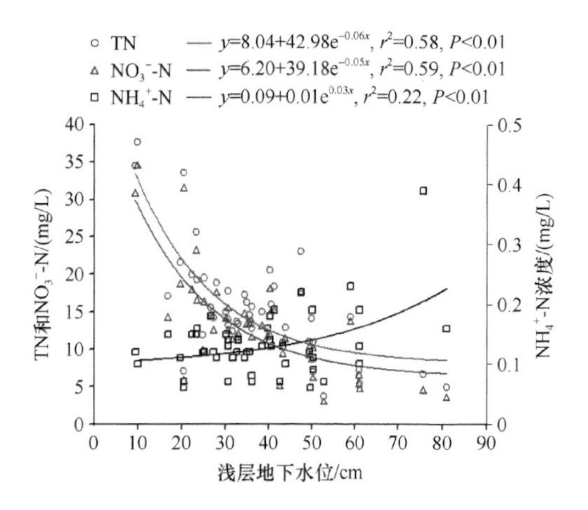

图 5-6　浅层地下水位与地下水中氮浓度的关系

三、土壤剖面氮浓度与地下水位的关系

1. 土壤剖面中氮浓度的空间差异

在不同高程处 0～100cm 土层中，DTN、NO_3^--N 和 NH_4^+-N 浓度的分布存在

较大变异性（图 5-7）。随着土壤深度的增加，DTN 和 NO_3^--N 浓度逐渐降低；NH_4^+-N 浓度在表层较高，但随着土壤深度的增加，呈先下降后增加的趋势。在相同的施肥、降水和灌溉条件下，不同高程处 0～100cm 土层中 NO_3^--N、DTN 和 NH_4^+-N 平均浓度不同，在 1966m、1970m、1972m 和 1975m 高程处 0～100cm 土层中的 NO_3^--N、DTN 和 NH_4^+-N 浓度分别为：181.22mg/kg、73.35mg/kg 和 7.45mg/kg；197.01mg/kg、85.45mg/kg 和 7.08mg/kg；221.16mg/kg、98.12mg/kg 和 7.28mg/kg；237.57mg/kg、106.84mg/kg 和 7.39mg/kg。由此可见，由于剖面中土壤物理性状、背景土壤氮浓度和地下水位的不同，土壤剖面中的氮浓度随着高程的升高而逐渐增加（Tiemeyer et al.，2007）。

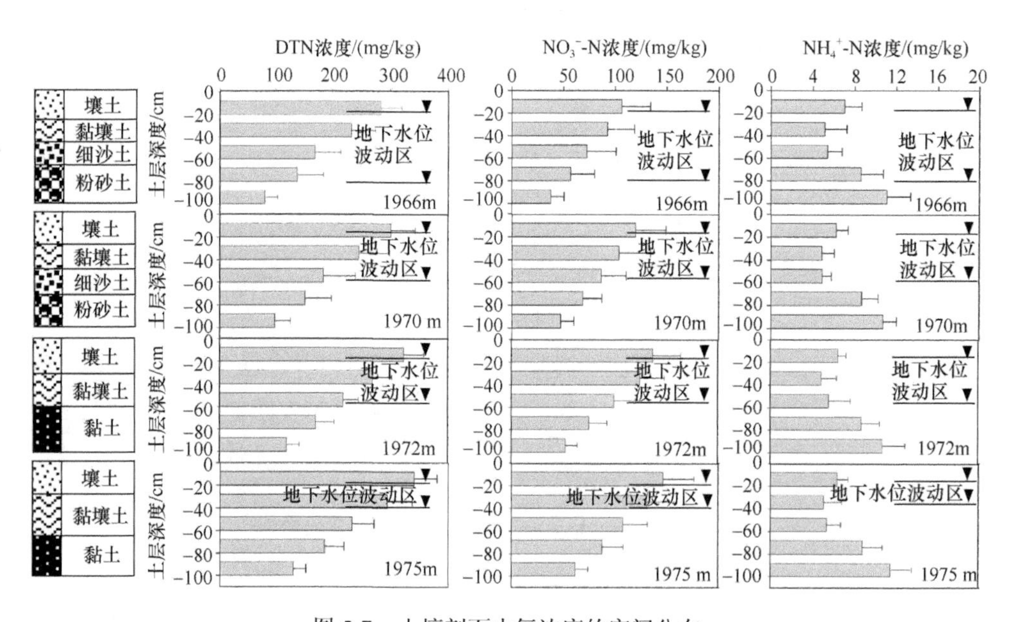

图 5-7 土壤剖面中氮浓度的空间分布

高程 1966m 和 1970m 处的 0～100cm 土壤剖面理化性质相似，但高程 1970m 处的 0～100cm 土壤剖面中氮浓度大于 1966m 处，这可能是因为高程 1966m 处的地下水位波动范围（64cm）比高程 1970m 处（39cm）大（图 5-7）。地下水位波动可能促进了浅层地下水与土壤剖面之间的氮交换，因此，土壤剖面中氮浓度降低（Zhou et al.，2015）。高程 1970m 和 1972m 处浅层地下水位波动几乎相同（分别为 38.67cm 和 40.5cm），然而，由于土壤中不同的理化特性，高程 1972m 处土壤剖面中氮浓度大于海拔 1970m 处。

2. 土壤剖面中氮浓度与地下水位的关系

土壤剖面中 NO_3^--N、DTN 和 NH_4^+-N 浓度与浅层地下水位呈线性正相关（图

5-8），但两者的相关性均不显著（P≥0.05）。随着浅层地下水位和包气带厚度的增加，NO_3^--N、DTN 和 NH_4^+-N 浓度逐渐增加。随着地下水位深度的增加，NO_3^--N、DTN 和 NH_4^+-N 浓度的增加率变化幅度较小，分别为 0.53、0.36 和 0.02，这表明地下水位不是影响土壤剖面中氮浓度的唯一因素。施肥、降水、灌溉和土壤物理特性也会影响土壤剖面中氮的积累（Huang et al.，2018；Li et al.，2016）。

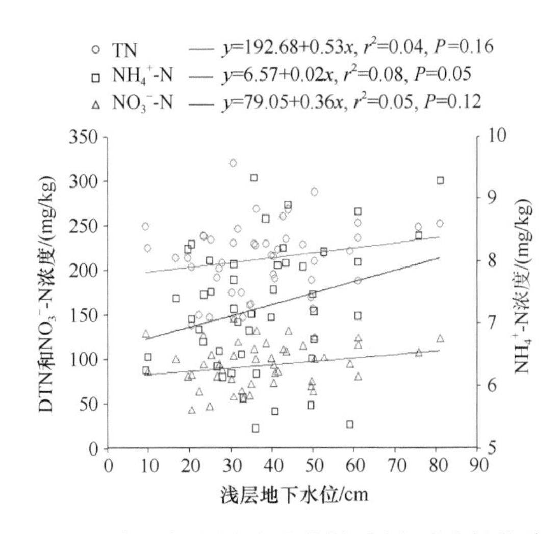

图 5-8　浅层地下水位与土壤剖面中氮浓度的关系

四、土壤剖面与浅层地下水中氮浓度关系

地下水位波动区的土壤和地下水之间是水-土界面氮直接交换的区域，地下水和土壤氮的交换会降低土壤剖面中氮浓度，并促进土壤氮向地下水中释放，提升地下水中氮的浓度（Portela et al.，2009）。图 5-9 表明，地下水位波动区土壤中 NO_3^--N、DTN 和 NH_4^+-N 浓度与浅层地下水中的 NO_3^--N、TN 和 NH_4^+-N 浓度分别呈较好的相关性（P<0.01）。随着地下水位波动区土壤中 NO_3^--N、TN 和 NH_4^+-N 浓度的增加，浅层地下水中的 NO_3^--N、TN 和 NH_4^+-N 浓度呈指数增加。特别是，当地下水位波动区土壤中的 TN、NO_3^--N 和 NH_4^+-N 浓度分别小于 200mg/kg、100mg/kg 和 10mg/kg 时，浅层地下水中的 TN、NO_3^--N 和 NH_4^+-N 浓度缓慢增加，土壤中各形态氮浓度一旦超过上述氮浓度时，地下水中相应的氮浓度迅速增加。世界卫生组织规定的饮用水中，NO_3^--N 的最大污染物限值是 10mg/L，图 5-9 表明，当土壤中 NO_3^--N 浓度超过 58mg/kg 时，地下水中的 NO_3^--N 浓度大于 10mg/L。Wang 等（2016）也报道了当土壤中的 NO_3^--N 浓度超过 152.24mg/kg 时，地下水中的 NO_3^--N 浓度超过 10mg/L，这些差异可能与土壤特性和地下水位有关（Tiemeyer et al.，2007；Chen et al.，2018）。

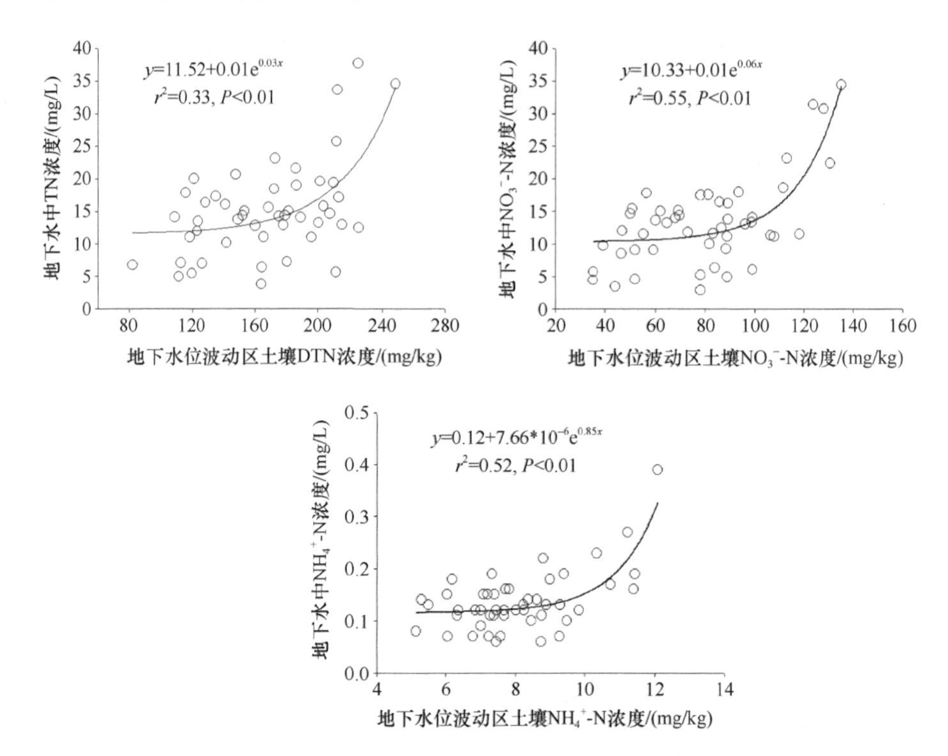

图 5-9　土壤剖面与浅层地下水中氮浓度的关系

第五节　影响高原湖区农田土壤与浅层地下水中氮浓度变化的因素

一、浅层地下水位

浅层水位对地下水中 NO_3^--N、TN 和 NH_4^+-N 浓度的影响显著（图 5-6）。一些研究结果表明，浅层地下水位是影响地下水中氮浓度的重要因素（Chen et al.，2018；Guo et al.，2006），尤其是影响地下水中 NO_3^--N 浓度的主要因素（Almasri and Kaluarachchi，2004；Rasiah et al.，2005）。随着浅层地下水位深度的增加，TN 和 NO_3^--N 浓度降低，NH_4^+-N 浓度增加。一些研究已证实，NO_3^--N 浓度随着地下水位的降低而增加（Zhao et al.，2016；Portela et al.，2009）。Portela 等（2009）已报道，水-土间 NO_3^--N 的交换速率随着地下水位的上升而增加，在水位上升期间，二者的关系更为密切。随着地下水位的上升，使得表层土壤中的 NO_3^--N 更快地淋溶至地下水中，加之表层土壤中 NO_3^--N 浓度更高，水-土相互作用增加了土壤中累积的 NO_3^--N 向地下水中释放。图 5-5 表明地下水中 TN 浓度的变化趋势与 NO_3^--N 浓度变化趋势一致，这与地下水中 NO_3^--N 占 TN 比例较高有关，本研究中，NO_3^--N

占 TN 的比例超过 82%。一些研究中指出，NO_3^--N 是地下水中的主要氮形态，在菜地和茶园中占 TN 的比例在 72%以上（焦军霞等，2015）。Chen 等（2018）研究报道也说明了在本研究区浅层地下水中 NO_3^--N 占 TN 的比例高于 79%。因此，地下水中 NO_3^--N 浓度的变化趋势显著影响 TN 浓度变化。本研究中 NH_4^+-N 浓度随着地下水位下降而增加，这与 Zhao 等（2016）的结果一致。通常情况下 NH_4^+-N 容易被土壤吸附（Huang et al.，2018）；如果土壤固定的 NH_4^+-N 达到饱和，或者被淋溶进入地下水中的迁移距离较短，NH_4^+-N 则会很快进入地下水中，并在还原环境下向足够深度迁移后，在地下水中积累下来（Zhao et al.，2016）。

浅层地下水位还影响着土壤剖面中氮的积累（Jiao et al.，2017）。图 5-7 表明，表层土壤中的 NO_3^--N、DTN 和 NH_4^+-N 浓度较高，而 DTN、NO_3^--N 浓度随土层深度的下降而逐渐降低，但 NH_4^+-N 浓度在表层以下的土壤剖面中呈现出先下降、后上升的变化趋势（Menon et al.，2010；Shang et al.，2014），这说明地下水位越深，氮越容易在浅层地下水位以上的包气带中积累（Du et al.，2011），而随着浅层地下水位的上升，土壤剖面中的 NO_3^--N、DTN 和 NH_4^+-N 浓度逐渐降低，这是由于解吸、转化或地下水的侧向流出所致（Rasiah et al.，2013）。de Ruijter 等（2007）指出，在地下水位较高的沙质土壤中，硝酸盐浓度不到地下水位较低的沙质土壤的一半。地下水位较深的土壤剖面中也显示出硝酸盐的积累，随浅层地下水位的上升，水-土作用致使土壤剖面中氮的积累减少（Menon et al.，2010）。

浅层地下水位的波动影响了地下水位波动区域土壤和地下水之间的氮素交换。图 5-9 表明，由于水-土作用过程中氮的解吸、吸附、溶解以及生物地球化学反应（Rasiah et al.，2013；Rivett et al.，2008），随着地下水位波动区域土壤中的 NO_3^--N、DTN 和 NH_4^+-N 浓度增加，浅层地下水中的 NO_3^--N、TN 和 NH_4^+-N 浓度也随之增加。一些研究已经证实，地下水中的 NO_3^--N 与地下水位和土壤剖面中的 NO_3^--N 浓度呈显著正相关（Rasiah et al.，2013；de Ruijter et al.，2007）。李翔等（2013）的研究也指出，水位变化可以加速土壤剖面中氮的迁移。浅层地下水位波动改变了土壤剖面中氧化-还原环境（Rivett et al.，2008），进而影响氮的转化过程。此外，土壤剖面中氮浓度越高，越有利于激发氮的硝化和反硝化作用。因此，在浅层地下水位上升时，通过解吸或硝化-反硝化作用，土壤吸附的 NO_3^--N 或 NH_4^+-N 会释放至浅层地下水中，导致地下水中 NO_3^--N 或 NH_4^+-N 浓度的增加。

二、土壤剖面物理特性

不同土壤物理性质影响着水的渗流、浅层地下水位、土壤剖面和地下水中氮的空间分布（苏永中等，2014）。在本研究中，浅层地下水位从上坡到下坡逐渐降低，这与土壤质地或孔隙度有关（杨艳鲜等，2017）。图 5-7 表明，上坡的土壤剖面质地为粉质黏土或黏土，下坡为粉质黏土或砂土，不同土壤剖面的渗透性变化导致了地下水位的空间差异。土壤质地影响土壤剖面和浅层地下水中氮浓度，主要由黏土或粉质黏土组成的土壤剖面中的DTN和NO_3^--N浓度高于主要由砂土或粉质黏土组成的土壤剖面（图5-7），而NH_4^+-N浓度在这两类土壤剖面中差异较小。Shang等（2014）的研究结果表明，黏壤土中的土壤TN含量高于砂质壤土，但壤土和砂质壤土之间的土壤TN含量没有显著差异，黏粒和粉粒含量越高的土壤，越有利于固定NH_4^+-N（Menon et al.，2010）。黏粒含量还影响反硝化速率，两者呈正相关关系（Pinay et al.，2000）。土壤剖面中的孔隙大小和连通性改变了氧和氮溶液的迁移速率，进而改变氧化还原环境，也会影响氮的硝化和反硝化过程（Rivett et al.，2008）。图5-5和图5-7表明，在主要由黏土或粉质黏土组成的土壤剖面中，浅层地下水中的氮含量高于主要由粉质黏土或砂土组成的土壤剖面。de Ruijter等（2007）的研究结果表明，地下水中的NO_3^--N浓度在排水良好的土壤中最高，这可能增加了表层土壤氮淋失至浅层地下水；在排水不良的土壤中最低，这可能是由于排水不畅的土壤容易造成还原环境，有利于NO_3^--N的去除。

三、施肥

氮肥过量施用是导致土壤剖面氮积累和地下水硝酸盐污染的重要原因（Huang et al.，2018）。该研究区域是传统的蔬菜种植区，化肥氮平均年施用量超过900～1125 kg/hm^2，最高年施氮量甚至达到1500 kg/hm^2。过量的氮肥输入导致土壤剖面中氮浓度升高，研究区菜地0～100 cm土壤剖面中DTN、NO_3^--N和NH_4^+-N的平均浓度分别为209.24mg/kg、90.94mg/kg和7.30mg/kg，氮肥施用量增加，促进了NO_3^--N的土壤剖面积累和淋失（Huang et al.，2018；Perego et al.，2012）。Granlund等（2000）的研究也指出，硝酸盐淋失会随着施氮量的增加而增加。土壤剖面中高的氮累积量，在降水或灌溉等水力驱动下通过淋溶作用进入地下水中，增加了地下水的氮污染风险。Chen等（2018）的研究表明，在该研究区浅层地下水中，NO_3^--N浓度超过10mg/L的样品占总样品量的80%左右。一些研究结果也发现，由于氮肥施用量高，菜地土壤剖面中各形态氮浓度显著高于其他农田的土壤剖面（Shang et al.，2014；Wang et al.，2016），这也是导致菜地地下水中氮浓度更高的重要原因（焦军霞等，2015）。

四、水文条件

降水、灌溉、蒸发或地下水-地表水交换等水文条件（Huang et al.，2018；Rasiah

et al.，2005），会影响地下水位、土壤剖面和浅层地下水中氮浓度的波动。研究区月降水量和灌溉量的变化趋势相反，降水主要发生在 6～11 月的雨季，相应地，浅层地下水位、土壤剖面和浅层地下水中氮浓度的变化与降水密切相关。随着降水量的增加，除了高程 1966m 处，其余样地浅层地下水位呈上升趋势，而高程 1966m 处浅层地下水位受地下水和湖水之间的相互补给和排泄影响（杨艳鲜等，2017），和其他样地相比，地下水位波动呈现出与降水不同期的滞后性变化。土壤剖面中 DTN 和 NO_3^--N 浓度在旱季比雨季高，而 NH_4^+-N 浓度则相反（图 5-10）。Huang 等（2018）的研究也指出，降水或灌溉量的增加会减少硝酸盐的积累并增加硝酸盐的淋失。当通过灌溉或降水增加水的输入时，土壤剖面中积累的氮可能会显著影响地下水氮浓度（Menon et al.，2010）。图 5-5 显示，浅层地下水中 TN 和 NO_3^--N 浓度随着雨季来临和降水量的增加而增加，而 NH_4^+-N 浓度在雨季和旱季之间没有很大的差异。高程 1966m 处浅层地下水中氮浓度的变化与其他样地不同，这可能与地下水同湖水交换而被湖水稀释有关（Lasagna et al.，2016）。Rasiah 等（2005）的研究结果也表明，在雨季初期随着降水量的增加，地下水中的 NO_3^--N 会增加，然后在雨季过后会减少。研究区菜地灌溉主要发生在旱季，灌溉增加了表层土壤氮向下层土壤剖面中迁移，提高了土壤剖面中 DTN 和 NO_3^--N 的浓度（图 5-10），但灌溉量较小时对水位的影响较弱（图 5-4）。过量的灌溉还会导致土壤剖面中残留的 NO_3^--N 从根区淋失出根层并进入深层土壤或地下水（杜军等，2011；Gheysari et al.，2009）。

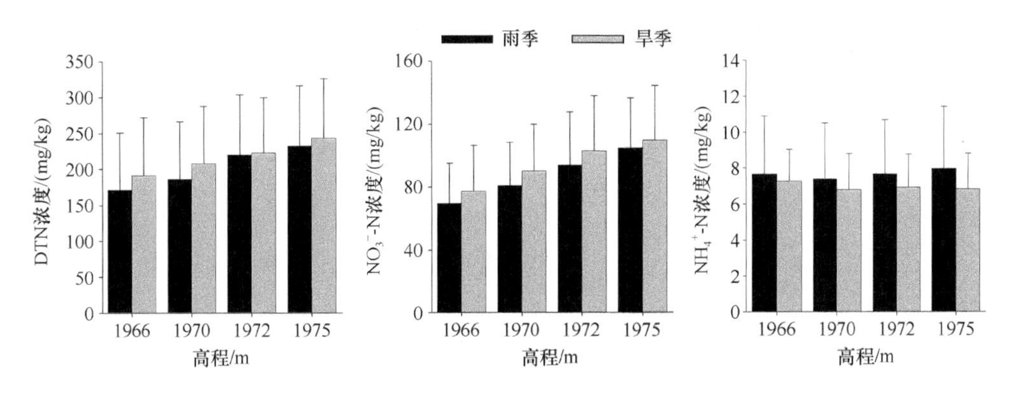

图 5-10　土壤剖面中氮浓度季节性变化

五、地形

地形因素通过驱动水文过程对沉积物沉积、地下水位波动、土壤养分变化和地下水污染产生不同程度的影响（Guzman et al.，2017）。在该研究区域，土壤剖面是由上坡的第四纪红黏土、坡积物至下坡的河湖沉积物形成的。土壤剖面的渗透性差异导致浅层地下水位变化，这是由降水的排放/补给、侧向地下水流或地表水补排等引起的（Portela et al.，2009）。浅层地下水位随着到洱海的距离增加和海拔的升高而变浅，水位变化幅度也变小（图 5-4），加之土壤剖面物理性状的空间差异，这些因素使得氮素淋失至浅层地下水的负荷量空间分布发生改变（Rivett et al.，2008；Shang et al.，2014）。图 5-5 也表明了由于浅层地下水位和土壤剖面累积氮的水-土相互作用，浅层地下水中 TN 和 NO_3^--N 浓度随着海拔的升高而逐渐增加；一些研究也明确指出地形是影响地下水硝酸盐污染的重要因素之一（Lasagna et al.，2016；Portela et al.，2009；Vidon and Hill，2004）。

第六节　小　　结

浅层地下水位的波动显著改变着土壤剖面与浅层地下水间的氮交换过程，影响着浅层地下水水质安全。研究表明，洱海周边菜地中浅层地下水位波动影响着地下水和土壤剖面中的氮浓度，同时受施肥、土壤剖面物理性状、降水和地形等因素的影响。浅层地下水位越浅，水位波动范围越大，从而会增加浅层地下水中 TN 和 NO_3^--N 浓度，降低 NH_4^+-N 浓度。随着浅层地下水位的增加，土壤剖面中 NO_3^--N、DTN 和 NH_4^+-N 浓度也呈线性增加趋势。浅层地下水与土壤剖面间的水和氮交换会降低土壤剖面中的氮浓度，增加浅层地下水中的氮浓度。当地下水位波动区域土壤中 DTN、NO_3^--N 和 NH_4^+-N 浓度分别超过 200mg/kg、100mg/kg 和 10mg/kg 时，浅层地下水中的 TN、NO_3^--N 和 NH_4^+-N 浓度会迅速增加。浅层地下水位、浅层地下水和土壤剖面中氮浓度的时空变化表明，距离洱海越近，浅层地下水位越深，波动范围越大，浅层地下水和土壤剖面中的 NO_3^--N、TN 或 DTN 浓度越低。雨季浅层地下水中的 TN 和 NO_3^--N 浓度高于旱季，但土壤剖面中的 DTN 和 NO_3^--N 浓度相反。

参 考 文 献

陈建平, 李想, 王明玉, 等. 2012. 水稻田铁锰对氮素转化影响的实验研究[J]. 水资源与水工程学报, 23(1): 106-108.

杜军, 杨培岭, 李云开, 等. 2011. 不同灌期对农田氮素迁移及面源污染产生的影响[J]. 农业工程学报, 27(1): 66-74.

弓晓峰, 张静, 张振辉, 等. 2006. 鄱阳湖南矶山自然保护区沼泽湿地土壤对 NH_4^+-N 吸附能力的研究[J]. 农业环境科学学报, 25(1): 179-181.

蒋小欣, 阮晓红, 邢雅囡, 等. 2007. 城市重污染河道上覆水氮营养盐浓度及 DO 水平对底质氮释放的影响[J]. 环境科学, 28(1): 87-91.

焦军霞, 杨文, 王美慧, 等. 2015. 亚热带红壤丘陵区浅层地下水氮淋失特征研究[J]. 环境科学学报, 35(7): 2193-2201.

李翔, 杨天学, 白顺果, 等. 2013. 地下水位波动对包气带中氮素运移影响规律的研究[J]. 农业环境科学学报, 32(12): 2443-2450.

苏永中, 杨晓, 杨荣, 2014. 黑河中游边缘荒漠-绿洲非饱和带土壤质地对土壤氮积累与地下水氮污染的影响[J]. 环境科学, 35(10): 3683-3691.

田华. 2011. 氨氮在滦河三角洲典型包气带介质上的吸附性能研究[J]. 环境工程学报, 5(3): 507-510.

王而力, 王雅迪, 王嗣淇. 2012. 西辽河不同粒级沉积物的氨氮吸附-解吸特征[J]. 环境科学研究, 25(9): 1016-1023.

王娟, 王圣瑞, 金相灿, 等. 2007. 长江中下游浅水湖泊表层沉积物对氨氮的吸附特征[J]. 农业环境科学学报, 26(4): 1224-1229.

王圣瑞, 焦立新, 金相灿, 等. 2008. 长江中下游浅水湖泊沉积物总氮、可交换态氮与固定态铵的赋存特征[J]. 环境科学学报, 28(1): 37-43.

杨维, 王泳, 郭毓, 等. 2008. 地下水中铁锰对氮转化影响的实验研究[J]. 沈阳建筑大学学报(自然科学版), 24(2): 286-290.

杨艳鲜, 张丹, 雷宝坤, 等. 2017. 洱海近岸菜地浅层地下水动态变化特征及影响因素[J]. 灌溉排水学报, 36(12): 101-109.

张晨东, 马秀兰, 安娜, 等. 2014. 典型湖库底泥对氮吸附特性的影响[J]. 水土保持学报, 28(1): 161-166.

赵东洋, 王雅迪, 王而力. 2015. 沉积物不同天然有机组分对氨氮解吸特征的影响[J]. 地球环境学报, 6(2): 113-119.

赵海超, 王圣瑞, 焦立新, 等. 2013. 洱海上覆水不同形态氮时空分布特征[J]. 中国环境科学, 33(5): 874-880.

Almasri M N, Kaluarachchi J J. 2004. Assessment and management of long-term nitrate pollution of ground water in agriculture-dominated watersheds[J]. Journal of Hydrology, 295(1-4): 225-245.

Chen A Q, Lei B K, Hu W L, et al. 2018. Temporal-spatial variations and influencing factors of nitrogen in the shallow groundwater of the nearshore vegetable field of Erhai Lake, China[J]. Environmental Science and Pollution Research, 25(5): 4858-4870.

Galloway J N, Townsend A R, Erisman J W, et al. 2008. Transformation of the nitrogen cycle: recent trends, questions, and potential solutions[J]. Science, 320(5878): 889-892.

Gheysari M, Mirlatifi S M, Homaee M, et al. 2009. Nitrate leaching in a silage maize field under different irrigation and nitrogen fertilizer rates[J]. Agricultural Water Management, 96(6): 946-954.

Granlund K, Rekolainen S, Grönroos J, et al. 2000. Estimation of the impact of fertilisation rate on nitrate leaching in Finland using a mathematical simulation model[J]. Agriculture, Ecosystems & Environment, 80: 1-13.

Guo H M, Li G H, Zhang D Y, et al., 2006. Effects of water table and fertilization management on nitrogen loading to groundwater[J]. Agricultural Water Management, 82(1-2): 86-98.

Guzman C D, Tilahun S A, Dagnew D C, et al. 2017. Spatio-temporal patterns of groundwater depths and soil nutrients in a small watershed in the Ethiopian highlands: Topographic and land-use controls[J]. Journal of Hydrology, 555: 420-434.

Hedges J I, Keil R G. 1995. Sedimentary organic matter preservation: an assessment and speculative synthesis[J]. Marine Chemistry, 49(2-3): 81-115.

Huang P, Zhang J B, Zhu A N, et al. 2018. Nitrate accumulation and leaching potential reduced by coupled water and nitrogen management in the Huang-Huai-Hai Plain[J]. Science of the Total Environment, 610-611: 1020-1028.

Jiao X Y, Maimaitiyiming A, Salahou M K, et al. 2017. Impact of groundwater level on nitrate nitrogen accumulation in the vadose zone beneath a cotton field[J]. Water, 9(3): 171.

Lasagna M, De Luca D A, Franchino E. 2016. Nitrate contamination of groundwater in the western Po Plain (Italy): the effects of groundwater and surface water interactions[J]. Environmental Earth Sciences, 75(3): 240.

Liao L X, Green C T, Bekins B A, et al. 2012. Factors controlling nitrate fluxes in groundwater in agricultural areas[J]. Water Resources Research, 48: 72-84.

Li Y, Liu H J, Huang G H, et al. 2016. Nitrate nitrogen accumulation and leaching pattern at a winter wheat: summer maize cropping field in the North China Plain[J]. Environmental Earth Sciences, 75(2): 118.

Li X, Li J, Xi B D, et al. 2015. Effects of groundwater level variations on the nitrate content of groundwater: a case study in Luoyang area, China[J]. Environmental Earth Sciences, 74(5): 3969-3983.

Menon M, Parratt R T, Kropf C A, et al. 2010. Factors contributing to nitrate accumulation in mesic desert vadose zones in Spanish Springs Valley, Nevada (USA)[J]. Journal of Arid Environments, 74(9): 1033-1040.

Perego A, Basile A, Bonfante A, et al. 2012. Nitrate leaching under maize cropping systems in Po Valley (Italy)[J]. Agriculture, Ecosystems & Environment, 147: 57-65.

Pinay G, Black V J, Planty-Tabacchi A M, et al. 2000. Geomorphic control of denitrification in large river floodplain soils[J]. Biogeochemistry, 50(2): 163-182.

Portela S I, Andriulo A E, Jobbágy E G, et al. 2009. Water and nitrate exchange between cultivated ecosystems and groundwater in the Rolling Pampas[J]. Agriculture, Ecosystems & Environment, 134(3-4): 277-286.

Powlson D S. 1993. Understanding the soil nitrogen cycle[J]. Soil Use and Management, 9(3): 86-93.

Rasiah V, Armour J D, Cogle A L. 2005. Assessment of variables controlling nitrate dynamics in groundwater: Is it a threat to surface aquatic ecosystems?[J]. Marine Pollution Bulletin, 51(1-4): 60-69.

Rasiah V, Armour J D, Nelson P N. 2013. Nitrate in shallow fluctuating groundwater under sugarcane: Quantifying the lateral export quantities to surface waters[J]. Agriculture, Ecosystems & Environment, 180: 103-110.

Rivett M O, Buss S R, Morgan P, et al. 2008. Nitrate attenuation in groundwater: a review of biogeochemical controlling processes[J]. Water Research, 42(16): 4215-4232.

Ruijter F J, Boumans L J M, Smit A L, et al. 2007. Nitrate in upper groundwater on farms under tillage as affected by fertilizer use, soil type and groundwater table[J]. Nutrient Cycling in Agroecosystems, 77(2): 155-167.

Shang F Z, Yang P L, Ren S M, et al. 2014. Spatial variability of nitrogen content in topsoil and nitrogen distribution in vadose zones and groundwater under different types of farmland use in Beijing, China[J]. Sensor Letters, 12(3): 860-866.

Smucker A J M, Park E J, Dorner J, et al. 2007. Soil micropore development and contributions to soluble carbon transport within macroaggregates[J]. Vadose Zone Journal, 6(2): 282-290.

Tanner C C, D'Eugenio J, McBride G B, et al. 1999. Effect of water level fluctuation on nitrogen removal from constructed wetland mesocosms[J]. Ecological Engineering, 12(1-2): 67-92.

Tiemeyer B, Frings J, Kahle P, et al. 2007. A comprehensive study of nutrient losses, soil properties and groundwater concentrations in a degraded peatland used as an intensive meadow-Implications for re-wetting[J]. Journal of Hydrology, 345(1-2): 80-101.

Vidon P G, Hill A R. 2004. Landscape controls on nitrate removal in stream riparian zones[J]. Water Resources Research, 40: 114-125.

Wang Y, Li K Z, Tanaka T S T, et al. 2016. Soil nitrate accumulation and leaching to groundwater during the entire vegetable phase following conversion from paddy rice[J]. Nutrient Cycling in Agroecosystems, 106(3): 325-334.

Wang Z, Li J S, Li Y F. 2014. Simulation of nitrate leaching under varying drip system uniformities and precipitation patterns during the growing season of maize in the North China Plain[J]. Agricultural Water Management, 142: 19-28.

Zhao S, Zhou N Q, Liu X Q. 2016. Occurrence and controls on transport and transformation of nitrogen in riparian zones of Dongting Lake, China[J]. Environmental Science and Pollution Research, 23(7): 6483-6496.

Zhou A X, Zhang Y L, Dong T Z, et al. 2015. Response of the microbial community to seasonal groundwater level fluctuations in petroleum hydrocarbon-contaminated groundwater[J]. Environmental Science and Pollution Research, 22(13): 10094-10106.

Zhou J B, Chen Z J, Liu X J, et al. 2010. Nitrate accumulation in soil profiles under seasonally open 'sunlight greenhouses' in northwest China and potential for leaching loss during summer fallow[J]. Soil Use and Management, 26(3): 332-339.

第六章　高原湖区浅层地下水氮浓度变化及驱动因素

第一节　引　　言

地下水是全球水资源的重要组成部分，是人类生产和生活必不可少的宝贵自然资源。地下水具有良好的调蓄功能，对平衡丰、枯水年的水资源利用和维持生态系统稳定发挥了重要作用。地下水因其具有水质优良、便于开采的特点，是自然界提供给人类最理想的饮用水水源，在保证居民生活用水、工农业生产和社会经济发展等方面起到了不可替代的作用。一般来说，地下水由大气降水、地表径流渗透形成，水量受降水、灌溉和地表径流影响，水位一般为几米至几百米之间，常处于流动状态。浅层地下水更新较快，地下水水质易受地表污染物种类、负荷和土层属性的影响。地下水被污染后，不仅影响地下水生态环境安全（王庆锁等，2014）、危害人畜生命健康（Dich et al.，1996；Manassaram et al.，2010）等，还会加剧水资源短缺的紧张局面，严重制约经济和社会的可持续发展（Han et al.，2016）。

由于持续的人口增长、水资源的时空分配不均和周期性干旱，人们迫切需要寻找水资源利用的合理途径。近年来，由于工农业生产活动强度增加，造成地下水水质逐渐恶化，进一步加剧了世界范围内的水资源危机。特别是，浅层地下水水位浅，极易被工厂排放的污水及农田残留的农药和化肥等各类地表化学物质通过淋溶作用而污染（Hutchins et al.，2018）。硝酸盐是浅层地下水中氮的主要形态，它易溶于水，极易通过土壤进入地下水中。特别是随着化肥用量的增加，大量的氮累积在土壤剖面中，在降水、灌溉等水力驱动下，增加了氮向浅层地下水中的迁移（陈淼等，2018）。地下水硝酸盐污染已成为世界性问题，不仅威胁着饮用水安全、工矿用水，还加速了以浅层地下水为补给的河流和湖泊等地表水的富营养化进程（齐冉等，2020），造成了区域性水资源短缺。特别是，高度集约化农区土壤氮淋失造成的地下水硝酸盐污染日益严重，全国大部分区域的地下水 NO_3^--N 浓度已超过《地下水质量标准》（GB/T 14848—2017）Ⅲ类水质要求，其中，约50%的浅层地下水监测点 NO_3^--N 浓度超过饮用水标准（20mg/L），约 40%的深层地下水监测点 NO_3^--N 浓度超过饮用水标准（王仕琴等，2021）。地下水是干旱半干旱区域饮用水的重要来源之一，其作为饮用水时，NO_3^--N 的最高可接受浓度：中国为 20mg/L，欧盟为 11.3mg/L，美国为 10mg/L。地下水中硝酸盐污染严重威胁着人们的饮用水安全。

地下水氮污染状况与人类社会的发展密切相关（Zuo et al.，2017；Gu et al.，2013）。Denk 等（2017）研究表明，地下水氮污染是由农业活动和生活污染所致，城市化进程中，随着人口密度的增加，工业废水、生活污水及农业氮肥的过量施用，地下水中氮污染问题日益加重。因此，以云南 8 个高原湖区浅层地下水为研究对象，探究浅层地下水氮的时空分布及主要影响因素，研究结果可为保护云南高原湖泊流域集约化农区浅层地下水质量安全、可持续利用浅层地下水资源、减少农田氮通过浅层地下水进入湖水、保护湖泊水质提供科学依据。

一、浅层地下水中氮的时空分布

国内外学者对地下水中氮时空分布及驱动因素进行了研究，不同时空监测尺度下浅层地下水中氮浓度具有显著的时空变异，且相关性良好（Bryan et al.，2012）。一般来说，农田区域浅层地下水中 NO_3^--N 浓度远高于居民区；雨季浅层地下水中 NO_3^--N 浓度高于旱季，而 NH_4^+-N 浓度小于旱季（Stadler et al.，2012）。作为氮污染主要来源的工业废水和生活污水，主要通过地表水入渗和管网渗漏污染地下水，雨季和旱季变化不明显，主要表现为随排放量的变化而变化，在空间上呈点源和线型污染。氮污染的另一重要来源是化肥氮施用，它在降水和灌溉条件下进入地下水中，其污染严重程度随着化肥施用量的增加而不断增加，受降水影响在时间上呈季节性变化，空间上分布较为均匀（杨帆等，2015）。时间尺度上，地下水氮的含量差异较大，其随时间变化呈现出一定的规律。王佳音（2012）研究表明，滇池南岸大河流域地下水氮含量在空间和时间上遵循一定的变化规律：在空间上表现为 NO_3^--N、NH_4^+-N、NO_2^--N 含量上游低而下游高；在时间上，11 月地下水 NO_3^--N 含量最高，4 月 NO_3^--N 含量最低；大河流域农田地下水 NH_4^+-N 含量和 NO_2^--N 含量随时间变化不大，变化趋势不明显。袁宏颖等（2022）研究表明，时间分布上，8 月地下水 NO_3^--N 浓度最高，10 月和 11 月次之，3 月最小，土壤中 NO_3^--N 在降水和灌溉驱动作用影响下，下渗至地下水，呈现出丰水期和灌溉集中期高于其他时期的特征；空间分布上，灌域西南部>西北部>东部。

二、浅层地下水中氮污染的影响因素

1. 浅层地下水中理化参数变化

浅层地下水中的物理化学环境受外部水、氮输入及其水文地质环境的影响（Boy-Roura et al.，2013）。浅层地下水中物理化学指标，如温度、电导率（EC）、溶解氧（DO）、pH、氧化还原电位（ORP）和地下水深埋等控制着地下水中的氮浓度（Liao et al.，2012）。这些理化指标影响着地下水水质，也与水中的氮浓度密切相关。

地下水温度随自然地理环境、地质条件、水深、更新速率不同而变化，一般来说，浅层地下水温度和当地年均气温接近（Mayer et al.，2010）。随着深度增加，地下水温度逐渐增高，升高幅度取决于不同地域和岩性的地热增温率（李岳坦等，2010）。地下水温度季节性变化差异明显，表现为春季逐月升高，在夏季达到最高，随后向冬季逐月降低（陈文芳等，2017）。

EC 是反应物质传输电流能力强弱的重要指标，一定程度上可表征水中污染物浓度的高低。蔡娜（2019）研究表明，阳宗海 EC 的季节变化明显，春冬季垂向变化不大，夏秋季会有明显分层现象，当地下水温度升高时，电导率也会升高，每增加 1℃，EC 就会增加 2%～4%。

反映地下水中氧化还原环境的重要指标是 DO 和 ORP。DO 是表征水溶液中氧浓度的参数，是溶解在水中的游离态氧，水中 DO 的多少是表征水体自净能力的重要指标（蔡娜等，2017）。DO 高有利于对水体中各类污染物的降解，使水体得以较快净化；反之，水中污染物降解缓慢（刘佳等，2016；王宁宁等，2018）。欧阳潇然（2013）通过对 DO 模拟结果进行分析，发现太湖 DO 存在着明显的垂向分异，并呈现“双峰双谷”的日变化特征。ORP 是反映地下水氧化性与还原性的特征值，氧化-还原反应对水化学演化过程具有重要的控制作用，不仅影响着有机物的降解和迁移，还对无机物的地球化学转化过程起着主导作用。当 ORP>0 时，值越大，表明地下水氧化性越强；当 ORP<0 时，值越小，表明地下水还原性越强（蒋京呈等，2016）。刘存强（2018）研究发现，地下水 ORP 值范围为–105～306mV，普遍呈现氧化性，旱季时部分地区地下水呈还原性，氧化性变弱。

pH 又称地下水氢离子浓度，是衡量地下水酸碱性的指标。地下水 pH 受地质环境的影响，一般多在 6～8 之间，但一些区域地下水 pH 变化较大，例如，硫化矿床氧化带的地下水 pH 低至 2 左右，而某些碱性热水 pH 则高达 10 左右。地下水 pH 普遍呈中性，介于 6.4～7.2，丰水期和枯水期地下水 pH 变幅不大，受酸雨影响，丰水期略有降低（张玉玺等，2011）。

地下水位决定了地下水与土壤剖面中污染物的接触时间，控制着地表污染物到达含水层之前所经历的各种水文地球化学过程。席海洋等（2011）结合地质统计学方法，探讨了额济纳绿洲地下水位的变化特性，表明自 20 世纪 40 年代以来，额济纳绿洲地下水位不断下降，并且下降幅度与河流区段有必然的联系，即越靠近河流下游，地下水位下降幅度越大；空间分布上，地下水位从北向南依次增大。

2. 影响浅层地下水中氮浓度变化的因素

地下水中氮的时空分布主要与自然因素（水文过程、含水层特性、季节变化、土壤孔隙度、水位波动、理化性质等）和人为因素（土地利用类型、农业活动、生活污染、畜牧养殖、工业污染等）密切相关（Wang et al.，2017；Zhang et al.，2018）。水文过程会导致浅层地下水中氮浓度呈现复杂的可变性（Benson et al.，2006），改变浅层地下水的化学环境，进而影响氮浓度变化。包气带土壤水文特征控制了表层土壤氮淋溶到地下水中的负荷（Lasagna et al.，2016）。含水层特性也影响着浅层地下水中不同形态氮浓度的迁移转化（Chen et al.，2010；Guzman et al.，2017）。季节变化引起降水量、灌溉量的改变，从而改变了地下水位；随着地下水位的增加，在垂直方向上，地下水 NO_3^--N 浓度与地下水埋深呈负相关，地下水 NO_3^--N 浓度呈下降趋势（Almasri and Kaluarachchi，2004），而水位上升时，地表水中的氮不仅可以迅速渗入浅层地下水中（Zhao et al.，2016），而且地下水与高累积氮土层的相互作用也会增加累积在土壤中氮的溶出，从而增加地下水氮浓度（Zhang et al.，2020）。降水时间越长、强度越大，地表 NO_3^--N 越易损失，浅层地下水越易受到威胁（连心桥等，2020）。江汉平原地下水监测数据表明，氮浓度变化与水位波动有关（Shen et al.，2019）。降水减少，气温升高，开采量增加，地下水位均增加，也减少了从地表进入地下水中的氮负荷（周琨，2016）。红河三角洲地层埋藏的泥炭层可能是造成地下水中 NH_4^+-N 浓度高的主要原因（Norrman et al.，2015）。洱海湖周农田土壤孔隙度对地下水中氮浓度的解释率约占 10%（Chen et al.，2018）。在兼氧甚至厌氧环境中，NO_3^--N、NO_2^--N 与铁锰呈现出显著正相关。NH_4^+-N 在黏土和铁离子含量较高的介质中迁移较慢，Fe^{2+}浓度越高，越有利于 NH_4^+-N 转化为 NO_3^--N，且 pH、DO、ORP 均降低（张洁，2015）。在硝化反应为主导的氧化条件下，地下水 pH 在 6.1～6.9 范围内，硝化细菌活性随酸性增大而增强。以砂壤土为环境介质，pH 6.5 最有利于氮的吸附、硝化和反硝化作用，NO_3^--N、亚 NO_2^--N 和 NH_4^+-N 的去除效率分别为 91.6%、65.3%和 57.2%（杨岚鹏等，2017）。反硝化细菌和硝化细菌活性最强时的适宜温度分别是 19℃、25℃，温度过低或过高时硝化细菌和反硝化细菌活性都受到抑制。土地利用类型影响着地表氮的投入负荷，进而影响着地下水氮浓度（He et al.，2019），当土地利用类型相同时，地下水中氮浓度与氮肥用量呈显著正相关（耿玉栋等，2016）。氮肥的施用直接影响地下水的氮含量，区域地下水 NO_3^--N 平均浓度随着化肥用量的增加而增加，过量施用氮肥和地下水径流模数较低的地区，地下水中 NO_3^--N 的浓度较高（Niu et al.，2017；Huang et al.，2011）。降水、灌溉和施氮量的叠加效应促进了土壤氮淋溶至浅层地下水中，增加了地下水的氮污染风险。由此可见，区域尺度下自然条件和人为活动等因素的复杂性及变异性，造成地下水中氮的时空差异较大。

第二节　高原湖区浅层地下水氮浓度时空变化

一、取样与分析

1. 浅层地下水取样与分析

2017～2021年的旱季（4、5月）和雨季（8、9月），对云南滇池、洱海、抚仙湖、杞麓湖、异龙湖、星云湖、阳宗海和程海等8个高原湖泊周围区域浅层地下水及土壤剖面进行监测和取样，分别于雨季和旱季从8个高原湖泊周围居民区的饮用井和农田的灌溉井共采集浅层地下水水样710个，其中，2020～2021年取得463个浅层地下水样（其中，异龙湖46个、程海38个、星云湖52个、抚仙湖54个、阳宗海46个、杞麓湖52个、滇池76个和洱海99个），用于分析高原湖泊周围区域浅层地下水氮浓度的时空分布。用专用的水样采集器在距水面50cm左右的深度采集水样，样品被收集在聚乙烯瓶中，放在有冰袋的保温箱中带回实验室，并储存在4℃的冰箱中，每个湖泊的水样在1周内完成分析测试。降水（RF）数据通过搜集和调查得出。

现场使用手持式多参数水质测量仪YSI（YSI Incorporated，USA）测量地下水温度（T）、EC、pH、ORP和DO。用测量绳和钢卷尺测量浅层地下水深（SWL，水面至地表的高度）。用Bran+Luebbe AA3型连续流动分析仪分析水样中NO_3^--N和NH_4^+-N浓度。用碱性过硫酸钾-紫外分光光度法测定总氮（TN）浓度。有机氮（ON）为TN减去NO_3^--N和NH_4^+-N。

2. 土壤剖面取样

每个高原湖泊选择典型的土壤类型和作物种植类型，用100cm高的螺旋土钻采集土壤剖面样，土壤取0～90cm剖面样，分0～30cm、30～60cm和60～90cm三层取样，共采集87个土壤剖面点位的261个样品，其中，滇池51个、抚仙湖36个、星云湖33个、杞麓湖27个、异龙湖30个、阳宗海27个、程海18个和洱海39个。采集的土样装入聚乙烯密封袋中，放在有冰袋的保温箱中带回实验室，并储存在4℃的冰箱中，用于测定土壤全氮TN、NO_3^--N、NH_4^+-N、pH、土壤含水率（MC）和土壤有机碳（SOC）等指标。

土壤中NH_4^+-N和NO_3^--N用0.01mol/L $CaCl_2$溶液提取后，再用Bran+Luebbe AA3型连续流动分析仪测定；土壤TN用碱性过硫酸钾氧化-紫外分光光度法测定；土壤有机碳用碳氮分析仪（Multi N/C 3100）测定；土壤pH使用电位计测定；土壤含水率用烘干法测定。

二、浅层地下水理化参数变化特征

2020～2021 年，8 个高原湖泊周围 463 个浅层地下水样中各理化参数变化，既有共性又有差异，如表 6-1 所示。pH、*T*、DO、ORP 和 EC 平均值分别为 7.07（4.78～8.72，最小值～最大值，下同）、19.73℃（15～25.5℃）、1.77mg/L（0.04～215.1mg/L）、254.19mV（–178.9～905mV）和 963.83μS/cm（87.9～2930μS/cm），除 pH 和 *T* 的变化程度较小外，8 个湖泊 DO、ORP 和 EC 的变化程度都较大，变异系数分别为 0.52～0.94、0.56～5.82 和 0.17～0.61 和 0.32～0.55。除 DO 属高度变异外，8 个湖泊 pH、*T*、ORP 和 EC 理化参数均属低强度变异。

1. pH

8 个湖泊周围浅层地下水 pH 平均值为 7.07，均值范围为 6.74～7.32（表 6-1），呈弱酸性，平均变异系数为 0.06，属小变异。洱海、抚仙湖、杞麓湖、阳宗海、星云湖、程海、滇池和异龙湖周围浅层地下水 pH 平均值分别为 7.32（6.35～8.65，最小值～最大值，下同）、7.23（6.35～8.04）、7.18（6.67～7.82）、7.15（6.78～8.12）、7.09（5.82～7.74）、7.06（6.38～7.79）、6.82（4.78～8.72）和 6.74（5.55～7.35）。8 个湖泊周围浅层地下水 pH，在农田和居民区之间变化相差不大，但雨季和旱季之间有一定的变化，特别是洱海周围浅层地下水 pH 雨季较高；其余湖泊周围浅层地下水 pH 旱季较低，均值为 7.04；雨季相对较高，均值为 7.10。

2. 地下水温度（*T*）

地下水温度（*T*）是地下水动态研究的一项重要内容，温度对水体中的化学元素的浓度和状态均有一定影响。*T* 变化可以反映地下水补给水源组成、径流和排泄条件的变化，并从一定程度上反映气候条件变化和人类活动对地下水的影响。相关研究普遍认为气候变暖是导致 *T* 升高的主要原因，*T* 升高是地下水对全球气候变暖的一种响应。8 个湖泊周围浅层 *T* 总体较高，平均值为 19.73℃，均值范围为 18.28～21.79℃（表 6-1），变异系数为 0.08，属中等变异。异龙湖、程海、星云湖、杞麓湖、抚仙湖、滇池、阳宗海和洱海周围浅层地下水温度平均值分别为 21.79℃（18.8～25.0℃）、21.06℃（18.4～23.7℃）、20.11℃（17.0～23.6℃）、19.61℃（16.8～22.9℃）、19.22℃（16.5～25.5℃）、19.02℃（16.3～22.0℃）、18.73℃（16.0～21.2℃）和 18.28℃（15.0～21.6℃）。8 个湖泊周围浅层地下水温度在雨季均高于旱季，旱季均值为 18.14℃；雨季相对较高，均值为 20.74℃。农田和居民区的浅层地下水温度变化相差不大。

表 6-1　高原湖区浅层地下水理化参数变化

项目	类型	杞麓湖（n=52）	异龙湖（n=46）	滇池（n=76）	洱海（n=99）	星云湖（n=52）	阳宗海（n=46）	程海（n=38）	抚仙湖（n=54）
pH	最小值～最大值	6.67～7.82	5.55～7.35	4.78～8.72	6.35～8.65	5.82～7.74	6.78～8.12	6.38～7.79	6.35～8.04
	平均值±标准差	7.18±0.30	6.74±0.43	6.82±0.56	7.32±0.48	7.09±0.40	7.15±0.29	7.06±0.25	7.23±0.35
	中位数	6.83	6.83	6.88	7.39	7.15	7.12	7.17	7.23
	变异系数	0.06	0.06	0.08	0.07	0.06	0.04	0.04	0.05
T/℃	最小值～最大值	16.8～22.9	18.8～25.0	16.3～22.0	15.0～21.6	17.0～23.6	16.0～21.2	18.4～23.7	16.5～25.5
	平均值±标准差	19.61±1.84	21.79±1.66	19.02±1.41	18.28±1.60	20.11±1.82	18.73±1.31	21.06±1.23	19.22±1.99
	中位数	19.15	21.60	19.10	18.40	19.95	18.80	21.20	19.50
	变异系数	0.09	0.08	0.07	0.09	0.09	0.07	0.06	0.10
DO/（mg/L）	最小值～最大值	0.06～7.23	0.08～5.45	0.10～215.10	0.09～6.00	0.09～4.14	0.07～8.68	0.11～5.54	0.04～4.62
	平均值±标准差	1.29±1.67	1.05±1.29	4.22±24.55	1.38±1.07	0.99±1.00	1.47±1.43	2.47±1.38	1.26±1.12
	中位数	0.65	0.59	1.00	1.14	0.62	1.07	2.50	0.90
	变异系数	1.29	1.22	5.82	0.78	1.01	0.98	0.56	0.89
ORP/mV	最小值～最大值	−178.9～278.4	−172.7～287.2	−139.1～310.3	−90.5～269.1	96.0～299.4	−54.0～622.0	68.1～905.0	−78.6～418.0
	平均值±标准差	214.34±82.19	177.61±92.61	225.42±98.08	196.74±73.64	238.66±40.80	265.45±75.29	500.21±3.3.73	215.05±74.76
	中位数	228.40	196.65	244.95	222.2	244.4	273	401.6	223.55
	变异系数	0.38	0.52	0.44	0.37	0.17	0.28	0.61	0.35
EC/（μS/cm）	最小值～最大值	182.7～2907.0	107.0～2596.0	87.9～2421.0	189.2～2930.0	479.4～1824.0	112.0～1664.0	48.9～1133.0	134.7～1717.0
	平均值±标准差	1635.86±553.39	1011.12±560.22	1022.34±454.63	829.63±425.04	992.39±319.87	893.45±352.6	605.91±272.08	719.90±293.81
	中位数	1606.50	968.5	1017.0	737.0	989.5	871.0	581.5	709.5
	变异系数	0.34	0.55	0.44	0.51	0.32	0.39	0.45	0.41

3. 溶解氧（DO）

DO 是表征地下水体质量、水生态健康的重要指标，是水体自净的重要条件。8 个湖泊周围浅层地下水中 DO 总体较低，平均值为 1.77mg/L，均值范围为 0.99～4.22mg/L（表 6-1），变异系数为 1.57，属高度变异。滇池、程海、阳宗海、洱海、杞麓湖、抚仙湖、异龙湖和星云湖周围浅层地下水 DO 平均值分别为 4.22mg/L（0.10～215.10mg/L）、2.47mg/L（0.11～5.54mg/L）、1.47mg/L（0.07～8.68mg/L）、1.38mg/L（0.09～6.00mg/L）、1.29mg/L（0.06～7.23mg/L）、1.26mg/L（0.04～4.62mg/L）、1.05mg/L（0.08～5.45mg/L）、0.99mg/L（0.09～4.14mg/L）。8 个湖泊周围浅层地下水 DO 在雨季和旱季有一定差异，但在农田和居民区的浅层地下水 DO 变化相差不大。

4. 氧化还原电位（ORP）

地下水所处环境的氧化还原特征，是决定地下水中许多元素和化合物含量多少及存在形式的主要因素之一。8 个湖泊周围浅层地下水 ORP 平均值为 254.19mV，均值范围为 177.61～500.21mV（表 6-1），地下水处于强氧化状态，变异系数为 0.39，属中等变异。程海、阳宗海、星云湖、滇池、抚仙湖、杞麓湖、洱海和异龙湖周围浅层地下水 ORP 平均值分别为 500.21mV（68.1～905.0mV）、238.66mV（–54.0～622.0mV）、238.66mV（96.0～299.4mV）、225.42mV（–139.1～310.3mV）、215.05mV（–78.6～418.0mV）、214.34mV（–178.9～278.4mV）、196.74mV（–90.5～269.1mV）和 177.61mV（–172.7～287.2mV）。除程海周围浅层地下水雨季的 ORP 均值（791.21mV）远大于旱季（209.2mV）外，其余湖泊周围浅层地下水在雨季和旱季、农田和居民区浅层地下水中 ORP 平均值相差不大。

5. 电导率（EC）

地下水中 EC 是水-土相互作用程度的反映，其动态特征与分布规律具有重要指示作用。8 个湖泊周围浅层地下水 EC 平均值为 963.83μS/cm（表 6-1），范围为 87.9～2930.0μS/cm，变异系数为 0.43，属中等变异。杞麓湖、滇池、异龙湖、星云湖、阳宗海、洱海、抚仙湖和程海周围浅层地下水 EC 平均值分别为 1635.86μS/cm（182.7～2907.0μS/cm）、1022.34μS/cm（87.9～2421.0μS/cm）、1011.12μS/cm（107.0～2596.0μS/cm）、992.39μS/cm（479.4～1824.0μS/cm）、893.45μS/cm（112.0～1664.0μS/cm）、829.63μS/cm（189.2～2930.0μS/cm）、719.9μS/cm（134.7～1717.0μS/cm）和 605.91μS/cm（48.9～1133.0μS/cm）。8 个湖泊周围浅层地下水 EC 在雨季和旱季、农田和居民区相差不大。

三、浅层地下水中氮浓度及其构成

1. 浅层地下水中各形态氮浓度及组成比例

2020～2021年8个高原湖泊周围463个浅层地下水样中各形态氮浓度如图6-1所示。TN、NO_3^--N、ON 和 NH_4^+-N 平均值分别为（24.35±12.02）mg/L（0.16～165.25mg/L，最小值～最大值，下同）、（15.15 ±9.08）mg/L（0.009～107.02mg/L）、（8.41±4.13）mg/L（0.04～103.62mg/L）和（0.79 ± 0.46）mg/L（0.007～19.53mg/L）。近 49%的采样点 NO_3^--N 浓度超过 WHO 规定的 10mg/L，近 32%的采样点 NO_3^--N 浓度超出《地下水质量标准》（GB/T 14848—2017）中Ⅲ类水质要求规定的 20mg/L。由此可见，8 个云南高原湖泊周围浅层地下水中氮污染较为严重。

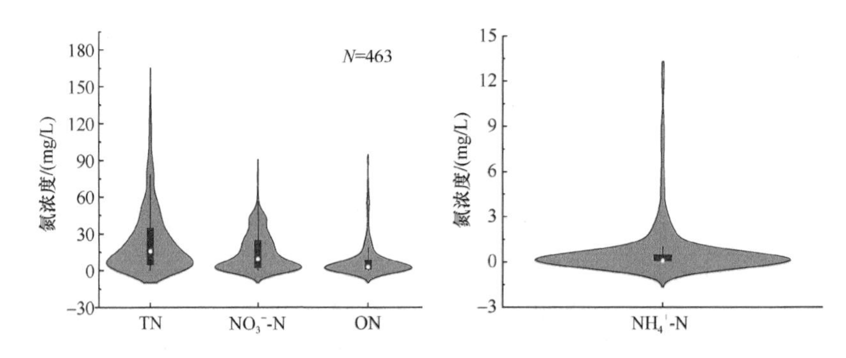

图 6-1　浅层地下水中各形态氮浓度

NO_3^--N 是浅层地下水中主要的氮形态，如图 6-2 所示，NO_3^--N 占 TN 的质量分数在雨季和旱季分别为 66%和 57%，在农田和居民区分别为 61%和 68%；其次是 ON，其占 TN 的质量分数在雨季和旱季分别为 31%和 38%，在农田和居民区

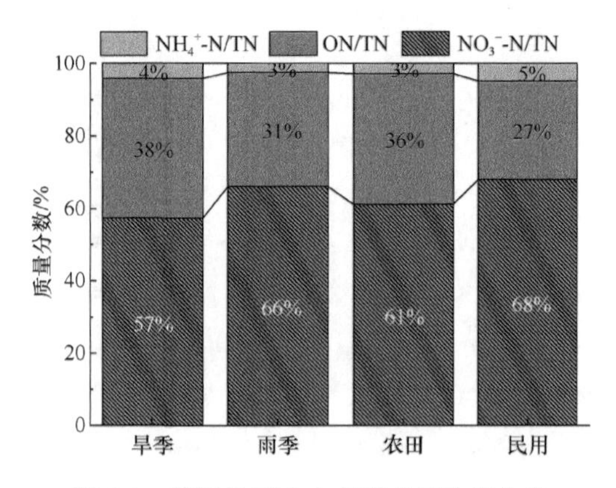

图 6-2　浅层地下水中各形态氮浓度占比

分别为 36%和 27%。土地利用和季节变化对 NH_4^+-N 占 TN 的质量分数影响不大，仅为 3%～5%。

浅层地下水中各形态氮占 TN 质量分数大小依次为：NO_3^--N>ON>NH_4^+-N。由于 NO_3^--N 强的移动性使得表层土壤中大量的 NO_3^--N 随降水或灌溉经包气带进入浅层地下水，并赋存于地下水中（潘田和张幼宽，2013）。ON 在高原湖泊周围浅层地下水中占 TN 的质量分数较高，由于有机氮物理化学性质的多样性，有机氮在氮循环中作用复杂，进一步影响着地下水中 NO_3^--N 污染和氮的去除（杜新强等，2018）。农田浅层地下水中 ON/TN 的比例高于居民区，这与农作物种植过程中大量施用有机肥有关，而浅层地下水 ON 浓度高与地下水位浅、有机肥施用量大和土壤通透性强有关（Rhymes et al.，2016）。NH_4^+-N/TN 的比例，居民区高于农田，这可能与农村生活污水、畜禽养殖和垃圾渗滤液有关（Chen et al.，2017）。氮的组成比表明，ON 显著影响浅层地下水中 NO_3^--N 的变化（Xin et al.，2019）。

2. 浅层地下水中雨季和旱季的各形态氮浓度

雨、旱季交替改变了浅层地下水中各形态氮浓度，如图 6-3 所示。旱季 232 个采样点的浅层地下水中 TN、NO_3^--N、ON 和 NH_4^+-N 平均值分别为 22.08mg/L、12.67mg/L、8.33mg/L 和 0.91mg/L，近 42%和 26%的采样点 NO_3^--N 分别超过 10mg/L 和 20mg/L。雨季 231 个采样点的浅层地下水中 TN、NO_3^--N、ON 和 NH_4^+-N 平均值分别为 26.55mg/L、17.55mg/L、8.50mg/L 和 0.67mg/L，近 56%和 39%的采样点 NO_3^--N 分别超过 10mg/L 和 20mg/L。其中，雨季和旱季的 NO_3^--N 存在显著性差异（$P<0.001$），且雨季的 TN、NO_3^--N 和 ON 浓度均大于旱季的（$P>0.05$），而旱季的 NH_4^+-N 浓度大于雨季的（$P>0.05$）。

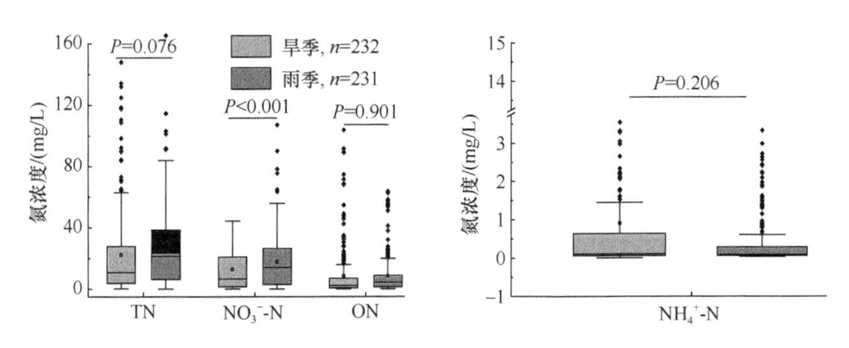

图 6-3　雨季和旱季浅层地下水中各形态氮浓度

季节变化引起了浅层地下水中各形态氮浓度和组分的时空差异。季节变化通过驱动氮迁移和改变地下水中的水文地球化学环境指标，进而影响着氮的矿化、硝化、反硝化和厌氧氨氧化等转化过程，最终反映在浅层地下水中各形态氮浓度水平上。

雨季 TN、NO_3^--N 和 ON 浓度大于旱季，而 NH_4^+-N 浓度则呈相反变化，这主要是因为雨、旱季降水量的差异影响着地下水位的波动，水位上升缩短了地表氮进入地下水中的距离，也改变了土壤剖面-浅层地下水界面生化环境和氮循环过程，造成了土壤剖面的氮流失和浅层地下水各形态氮浓度升高。旱季浅层地下水位较深，由于硝化作用的限制，NH_4^+-N 很容易在较深的地下水中积累（Almasri and Kaluarachchi，2004），Chen 等（2017）的研究结果也表明了 NH_4^+-N 在更深的地下水中占主导地位。雨季 NO_3^--N/TN 大于旱季，NO_3^--N/TN 和 ON/TN 在雨季差异大而旱季差异小，这可能与水位下降、农田施用有机肥和居民区畜禽养殖导致的 NO_3^--N 浓度下降有关。

3. 浅层地下水中农田和居民区的各形态氮浓度

农田和居民区的浅层地下水各形态氮浓度差异也较大，如图 6-4 所示。农田 317 个采样点的浅层地下水中 TN、NO_3^--N、ON 和 NH_4^+-N 平均值分别为 29.38mg/L、17.90mg/L、10.64mg/L 和 0.84mg/L，近 57%和 40%的采样点 NO_3^--N 浓度分别超过 10mg/L 和 20mg/L。居民区 146 个采样点的浅层地下水中 TN、NO_3^--N、ON 和 NH_4^+-N 平均值为 13.54mg/L、9.23mg/L、3.61mg/L 和 0.69mg/L，近 33%和 17%的采样点 NO_3^--N 浓度分别超过 10mg/L 和 20mg/L。除 NH_4^+-N 外（$P>0.05$），农田浅层地下水中的各形态氮浓度显著大于居民区（$P<0.001$）。

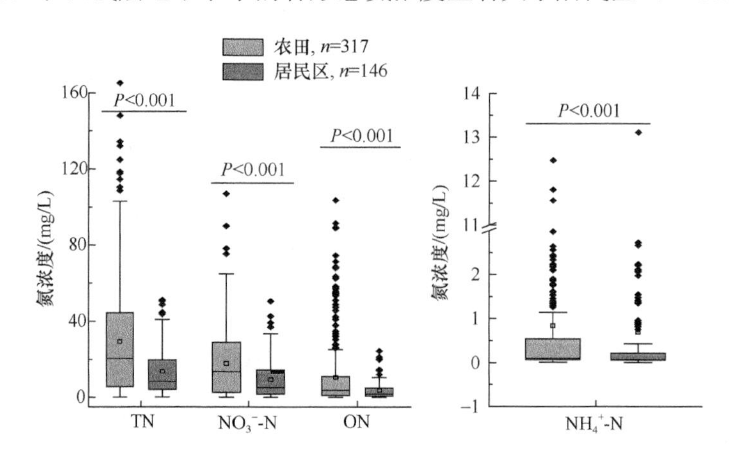

图 6-4 农田和居民区浅层地下水中各形态氮浓度

土地利用类型改变着地表水、氮负荷的投入，一方面影响着肥料投入和植物残体向土壤的输入强度，另一方面通过土壤水分管理和耕作方式等影响土壤养分的矿化、利用和流失，造成土壤养分累积的空间异质性，这些空间异质性变化最终影响到地下水各形态氮浓度的空间差异。农田 TN、NO_3^--N、ON 和 NH_4^+-N 的平均值分别比居民区高出 53.91%、48.44%、66.07%和 17.86%，主要是由于高原湖泊流域农田施肥量高和复种指数大，肥料投入总量较大，农田区域氮进入浅层地下水中负荷较高；而居民区由于城镇和村落污水收集管网覆盖增加、地面硬化面积增大、农村生活垃圾的集中清运、畜禽养殖量的下降、粪污集中处理等措施，减少了居民区地表氮流失负荷，进而降低了居民区地下水氮浓度（Gu et al., 2013; Wang et al., 2017）。

四、浅层地下水中氮浓度空间差异

1. 8个高原湖区浅层地下水中各形态氮浓度差异

8个高原湖泊周围浅层地下水中TN、NO_3^--N、ON和NH_4^+-N浓度的平均值远大于中位数，如表6-2所示。浅层地下水中TN、NO_3^--N、ON和NH_4^+-N变异系数范围分别为0.81～1.59、0.72～1.67、1.10～2.27和0.65～3.33，属于中、高度变异，变异性大，变异系数差异大也能反映各形态氮浓度在时空上分布的不均匀性。湖泊周围浅层地下水中TN、NO_3^--N和ON浓度平均值较高的是杞麓湖（38.09mg/L、21.20mg/L、14.95mg/L）、滇池（35.18mg/L、24.09mg/L、10.36mg/L）和洱海（32.66mg/L、19.36mg/L、12.82mg/L），中等的湖泊是异龙湖（16.73mg/L、7.74mg/L、7.77mg/L）、星云湖（19.25mg/L、13.02mg/L、4.89mg/L）和阳宗海（16.89mg/L、12.31mg/L、4.16mg/L），较低的湖泊是程海（8.55mg/L、6.41mg/L、2.06mg/L）和抚仙湖（6.96mg/L、4.60mg/L、2.03mg/L）。杞麓湖、滇池和洱海周围浅层地下水TN和NO_3^--N浓度显著高于抚仙湖和程海（$P<0.05$），其余湖泊间差异较小。杞麓湖周围浅层地下水ON浓度显著高于抚仙湖、程海和阳宗海（$P<0.05$），滇池和洱海、星云湖和异龙湖无显著差异。NH_4^+-N浓度平均值较高的湖泊是杞麓湖、星云湖和异龙湖，分别为1.95mg/L、1.34mg/L和1.23mg/L；中等浓度的湖泊是滇池、洱海和阳宗海，分别为0.73mg/L、0.47mg/L和0.42 mg/L；浓度较低的湖泊是程海、抚仙湖，分别为0.08mg/L和0.32mg/L。星云湖、异龙湖和杞麓湖周围浅层地下水NH_4^+-N浓度显著高于程海和抚仙湖（$P<0.05$），其余湖泊间差异较小。

2. 8个高原湖区浅层地下水中总氮浓度空间分布

图6-5显示了8个湖泊周围浅层地下水中总氮（TN）空间分布特征。因滇池东南岸周围房地产开发建设项目较多，人口密集，周围设施蔬菜、花卉高密集种植，建设活动加之南部居民区生活、农业生产所产生的污染，导致滇池周围浅层地下水TN污染主要分布在东南部。阳宗海主要分布在东部和南部，这与蔬菜集约化种植有关。洱海主要分布在东岸的挖色镇和西岸的下关镇，这与露地蔬菜种植有关。抚仙湖主要分布在北部，这些区域居民区较多，区域内城镇分布，有较多的客栈和饭店，从而导致居民活动产生的氮源污染通过地表输入湖泊周围地下水的含量较多。杞麓湖、星云湖、程海和异龙湖周围浅层地下水TN污染分布较为均匀，这与露地蔬菜环湖周围大面积种植有关。

表 6-2　高原湖区浅层地下水各形态氮浓度的变化特征　（单位：mg/L）

项目	类型	杞麓湖（n=52）	异龙湖（n=46）	滇池（n=76）	洱海（n=99）	星云湖（n=52）	阳宗海（n=46）	程海（n=38）	抚仙湖（n=54）
TN	最小值～最大值	2.36～118.54	0.26～132.06	1.93～165.25	1.14～134.35	2.60～58.61	0.34～71.54	0.16～35.50	0.21～76.32
	平均值±标准差	38.09±31.18a	16.73±26.64bc	35.18±33.80a	32.66±27.33a	19.25±15.55b	16.89±19.06bc	8.55±8.14c	6.96±12.08c
	中位数	28.06	7.23	25.12	27.44	14.41	10.31	6.79	2.41
	变异系数	0.82	1.59	0.96	0.84	0.81	1.13	0.95	1.74
ON	最小值～最大值	0.69～74.53	0.13～89.33	0.23～103.62	0.13～91.61	0.10～27.69	0.18～22.30	0.04～20.03	0.06～32.09
	平均值±标准差	14.95±18.12a	7.77±16.73bcd	10.36±15.09abc	12.82±19.83ab	4.89±5.40cd	4.16±4.96d	2.06±3.10d	2.03±4.60d
	中位数	7.00	2.94	6.09	4.52	3.02	2.18	0.80	0.60
	变异系数	1.21	2.15	1.46	1.55	1.10	1.19	1.95	2.27
NO_3^--N	最小值～最大值	0.15～48.75	0.02～42.69	0.11～107.02	0.03～50.77	0.33～44.39	0.01～55.82	0.04～20.83	0.02～40.90
	平均值±标准差	21.20±15.66a	7.74±11.56bcd	24.09±22.82a	19.36±13.84a	13.02±12.38b	12.31±15.00bc	6.41±6.11cd	4.60±7.72d
	中位数	17.72	2.82	16.83	20.8	7.03	7.88	4.01	0.80
	变异系数	0.74	1.49	0.95	0.72	0.95	1.22	0.95	1.67
NH_4^+-N	最小值～最大值	0.05～12.47	0.03～9.69	0.01～7.56	0.01～13.11	0.01～19.53	0.06～5.08	0.01～0.34	0.05～4.28
	平均值±标准差	1.95±3.29a	1.23±2.41ab	0.73±1.37bc	0.47±1.58bc	1.34±3.01ab	0.42±1.02bc	0.08±0.05c	0.32±0.78bc
	中位数	0.25	0.12	0.12	0.09	0.37	0.12	0.07	0.07
	变异系数	1.69	1.96	1.89	3.33	2.24	2.43	0.65	2.39

注：同一行中不同的小写字母表示有显著差异（P<0.05）。

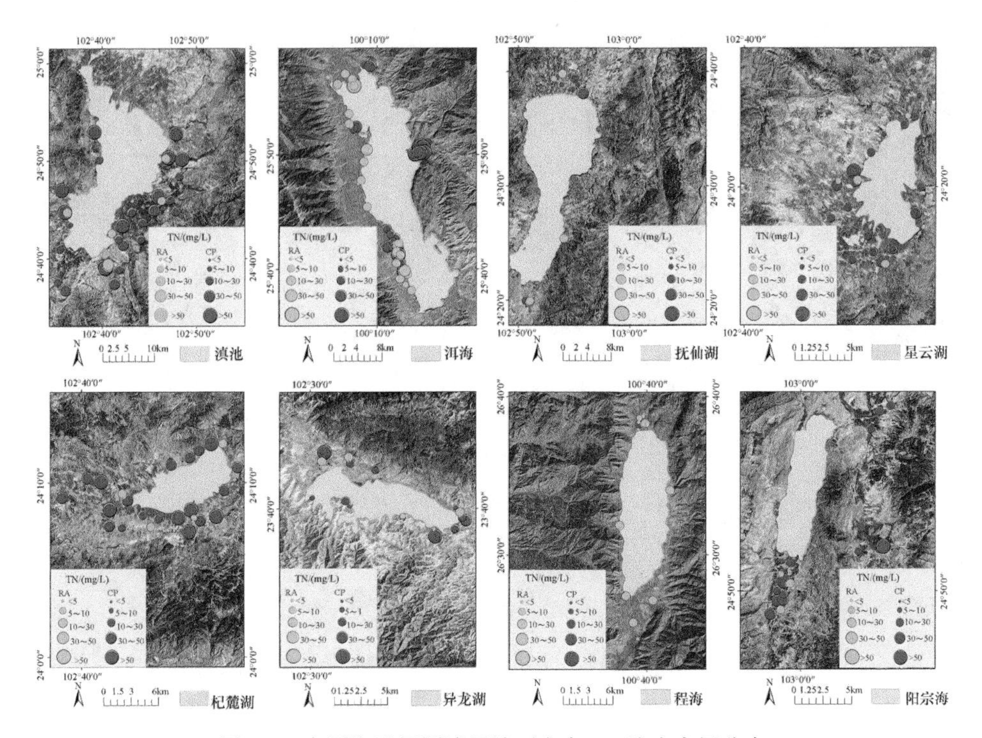

图 6-5　高原湖泊周围浅层地下水中 TN 浓度空间分布

CP 和 RA 分别表示农田和居民区

3.8 个高原湖区浅层地下水中硝态氮浓度空间分布

8 个湖泊周围浅层地下水中硝态氮（NO_3^--N）空间分布呈现明显的区域异质性，NO_3^--N 空间分布与 TN 浓度基本一致，如图 6-6 所示。滇池和阳宗海周围浅层地下水 NO_3^--N 污染主要分布在东、南部，抚仙湖主要分布在北部，洱海主要分布在西南部和东岸的挖色镇，杞麓湖、星云湖、程海和异龙湖周围浅层地下水 NO_3^--N 污染分布较为均匀。对 8 个湖泊周围浅层地下水中 NO_3^--N 浓度超过 20mg/L 的样点统计发现，8 个湖泊周围浅层地下水的超标率从大到小依次为：洱海（61%）、杞麓湖（48%）、

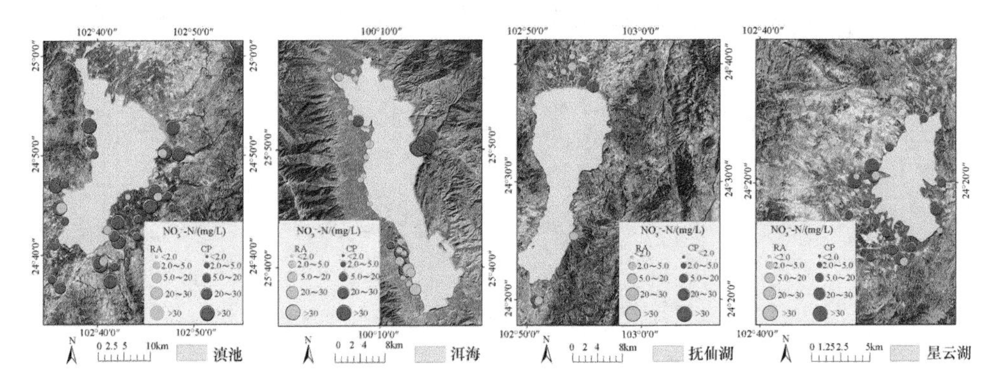

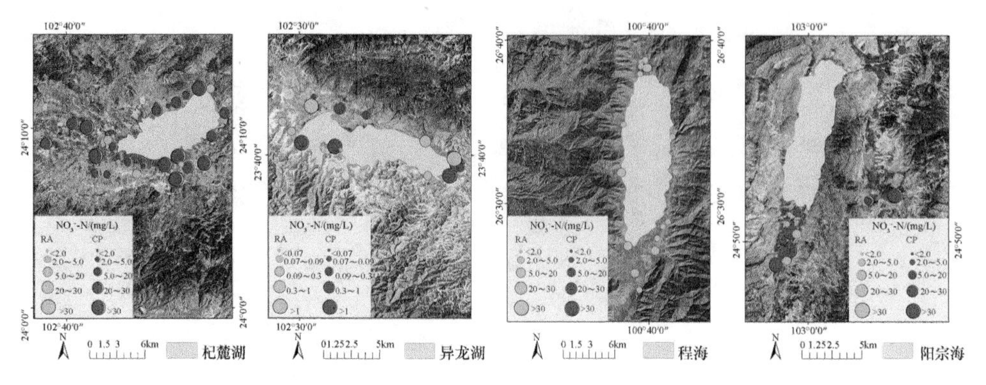

图 6-6　高原湖泊周围浅层地下水中 NO_3^--N 浓度空间分布

CP 和 RA 分别表示农田和居民区

滇池（45%）、星云湖（25%）、阳宗海（17%）、异龙湖（13%）、抚仙湖（6%）和程海（3%）。由此可见，洱海、杞麓湖和滇池周围浅层地下水受 NO_3^--N 污染较为严重。

4. 8 个高原湖区浅层地下水中有机氮浓度空间分布

图 6-7 显示了 8 个湖泊周围浅层地下水中有机氮（ON）空间分布特征。滇池和阳宗海周围浅层地下水 ON 污染主要分布在东南部和南部，洱海主要分布在西岸

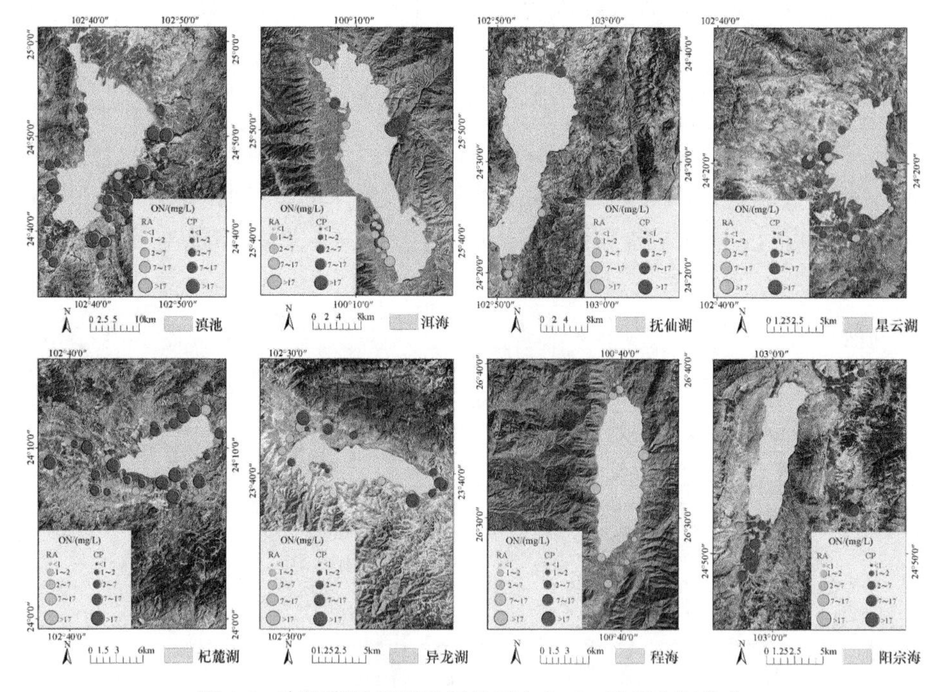

图 6-7　高原湖泊周围浅层地下水中 ON 浓度空间分布

CP 和 RA 分别表示农田和居民区

的下关镇和东岸的挖色镇，抚仙湖主要分布在北部，这些ON污染点位浓度较高的区域周围有大面积的集约化蔬菜和花卉种植，造成这些湖泊周围有机肥施用量高，且城镇密集、人口量大，生活污水等随意排放或灌网泄漏等，从而造成了多余的有机肥或生活污染经地表和雨水径流渗入至地下水中。杞麓湖、星云湖、程海和异龙湖周围浅层地下水ON污染分布较为均匀，这与蔬菜种植过程中的有机肥施用有关。

5. 8个高原湖区浅层地下水中氨态氮浓度空间分布

图6-8显示了8个湖泊周围浅层地下水中氨态氮（NH_4^+-N）空间分布特征。滇池和阳宗海周围浅层地下水NH_4^+-N污染主要分布在东、南部，洱海主要分布在西岸的下关镇和东岸的挖色镇，抚仙湖主要分布在北部，程海主要分布在北岸，杞麓湖、异龙湖和星云湖周围浅层地下水NH_4^+-N污染分布较为均匀。NH_4^+-N污染严重，主要与蔬菜种植过程中的化肥、粪肥施用及居民区粪污设施渗漏导致NH_4^+-N进入浅层地下水有关。根据《地下水质量标准》（GBT14848—2017）V类水质要求，对8个湖泊周围浅层地下水中NH_4^+-N浓度超过1.5mg/L的样点统计发现，8个湖泊周围浅层地下水的超标率从大到小依次为：抚仙湖（54%）、异龙湖（46%）、杞麓湖（27%）、星云湖（23%）、滇池（18%）、洱海（7%）、阳宗海（4%）和程海（1%）。由此可见，异龙湖、抚仙湖和杞麓湖周围浅层地下水受NH_4^+-N污染较为严重。

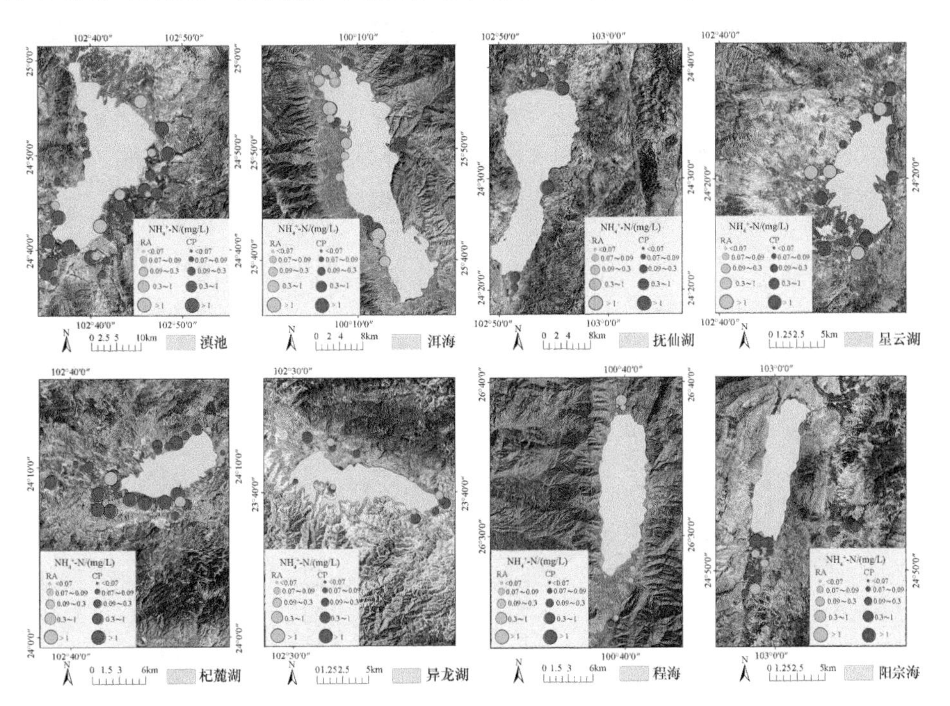

图6-8　高原湖泊周围浅层地下水中NH_4^+-N浓度空间分布

CP和RA分别表示农田和居民区

6. 高原湖区浅层地下水中氮浓度空间分布差异的因素

对 8 个湖泊周围浅层地下水中 TN、NO_3^--N、ON 和 NH_4^+-N 空间分布进行分析可发现，各形态氮空间分布呈现明显的区域异质性。滇池和阳宗海周围浅层地下水 TN、NO_3^--N、ON 和 NH_4^+-N 污染主要分布在东部和南部，洱海周围浅层地下水中各形态氮主要分布在东部和西部，抚仙湖周围浅层地下水中各形态氮主要分布在北部，杞麓湖、异龙湖、星云湖和程海周围地下水各形态氮分布较为均匀。浅层地下水中高浓度的氮分布区与水肥投入高的蔬菜和花卉等种植区以及人口较多的居民区吻合度高，主要是由于这些区域农田面积较大，蔬菜、花卉等高耗型作物大面积种植，复种指数高，导致盆地作物氮肥施用量高，当大量氮肥被施入土壤后，仅约 35%的氮肥被作物所吸收，大部分残留在土壤中，易随水流下渗至含水层，成为地下水中主要的氮素污染物。McLay 等（2001）的研究结果指出，较严重的地下水氮污染主要与化肥施用量较高的蔬菜种植有关，蔬菜种植区的地下水氮含量明显高于粮食作物种植区或城市区域。Zhang 等（2022）的研究表明土壤剖面结构的不同，造成了洱海东岸（第四纪风化物发育的红壤）和西岸（河湖相沉积发育的水稻土）同为蔬菜种植区浅层地下水 NO_3^--N 浓度的差异，洱海东岸农田区域浅层地下水 NO_3^--N 浓度平均值（26.39mg/L）显著高于洱海西岸（9.01mg/L）。抚仙湖周围浅层地下水 NO_3^--N 浓度低，主要是因为湖泊周围农田从 2017 年年底开始休耕，休耕 3 年后才逐步恢复种植蚕豆、烤烟和水稻等低需肥作物，对浅层地下水氮污染较小。程海周围由于地下水位深，较深的水位可达十几米，且取样点多为农村饮水井，所以，浅层地下水中 NO_3^--N 和 NH_4^+-N 浓度低。阳宗海南岸浅层地下水中氮浓度较高，主要与该区域蔬菜种植密切相关。

第三节　影响高原湖区浅层地下水氮浓度时空变化的因素

一、影响浅层地下水中氮浓度变化的因子筛选

1. 浅层地下水中各形态氮浓度与水环境因子的冗余分析

采用 RDA 分析了季节变化、土地利用对浅层地下水各形态氮浓度的影响。如图 6-9 所示，季节变化引起地下水各形态氮浓度与水环境因子的冗余分析结果表明，排序结果前两轴对总方差的解释率分别为 83.23%和 13.93%；土地利用变化引起地下水中各形态氮浓度与水环境因子的结果表明，排序结果前两轴解释率分别为 85.28%和 12.93%，土地利用类型引起的水环境因子对浅层地下水中各形态氮浓度变化较为明显，浅层地下水中各形态氮浓度很大程度上受土地利用变化的影响。雨季浅层地下水各形态氮浓度集中在第一排序轴附近，而旱季取样点比

较分散（图 6-9），居民区浅层地下水各形态氮浓度主要集中在第三象限，而农田浅层地下水各形态氮浓度在各象限均有分布（图 6-9）。浅层地下水中 EC、DO、ORP 和 T 是反映和影响浅层地下水中各形态氮浓度的关键性因子，而 pH 和 SWL 对浅层地下水各形态氮浓度影响较小。

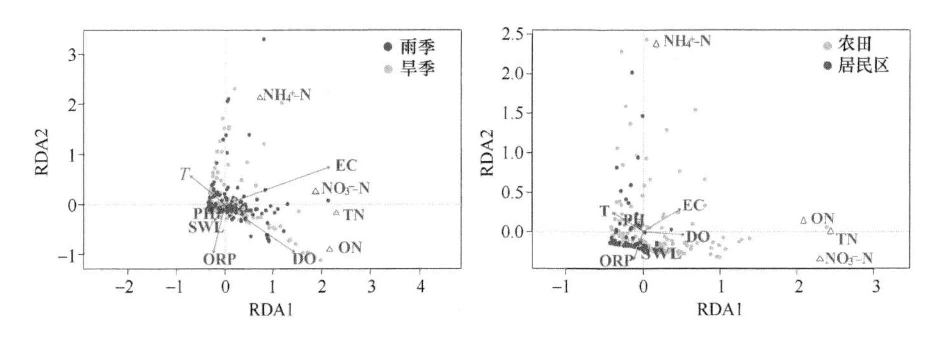

图 6-9　季节变化和土地利用下浅层地下水中各形态氮浓度与水环境因子的冗余分析

2. 浅层地下水中氮浓度与土壤因子的相关分析

土壤因子与地下水中各形态氮浓度的相关关系如图 6-10 所示。浅层地下水中 ON_W、NO_3^--N_W 和 TN_W 间呈显著正相关（P<0.01），土壤剖面中 NO_3^--N_S 与 pH_S 呈

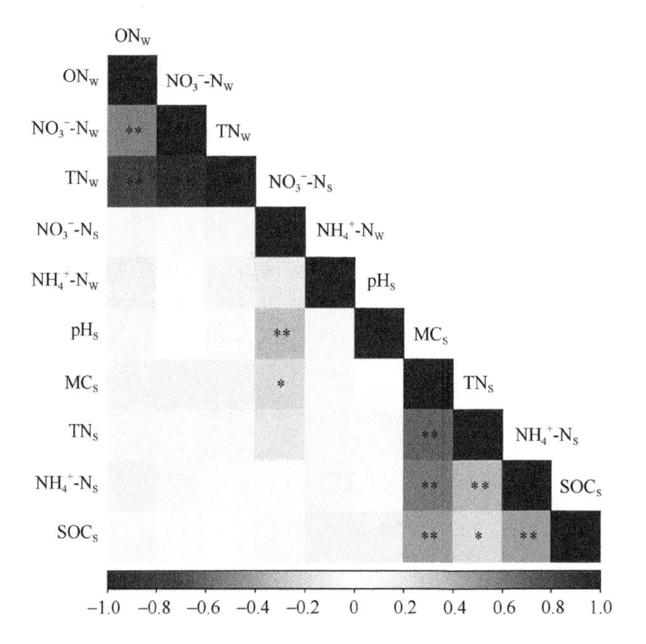

图 6-10　土壤因子与各形态氮浓度的相关性

土壤指标均为 0～90cm 土层的平均值，*表示在 0.05 水平显著差异，**表示在 0.01 水平显著差异，下标 s 表示土壤，下标 w 表示地下水

显著负相关（P<0.01），与土壤含水率（MC_s）呈显著正相关（P<0.05）。土壤有机碳（OC_s）与 NH_4^+-N_s、TNs 间，MC_s 与 TN_s、NH_4^+-N_s 间，TN_s 与 NH_4^+-N_s 间呈显著正相关（P<0.05）。由此可见，土壤因子间和地下水各形态氮间具有强烈的自相关性，但土壤因子与浅层地下水中各形态氮浓度的相关性较弱。

二、浅层地下水中氮浓度与关键因子的量化关系

图 6-9 的冗余分析和图 6-10 的相关分析表明，浅层地下水中的水环境指标是影响地下水各形态氮浓度的主要因素，而土壤剖面性质对地下水中各形态氮浓度相关性较弱。冗余分析结果表明，影响云南高原湖泊周围浅层地下水各形态氮浓度的关键因子是 EC、DO、ORP 和 T。线性回归方程解释了这些关键环境因子与浅层地下水中 TN、NO_3^--N 和 ON 的关系（图 6-11～图 6-13）。DO 和 EC 与 NO_3^--N、TN 和 ON 呈显著线性正相关关系，DO 和 EC 同各氮形态浓度变化有较强的一致性，除 ORP 与 NO_3^--N 呈线性正相关外，ORP 和 T 与 NO_3^--N、TN、ON 呈线性负相关关系。这表明地下水中 ORP 的增加会使 TN 和 ON 浓度下降，而 NO_3^--N 浓度会增加。

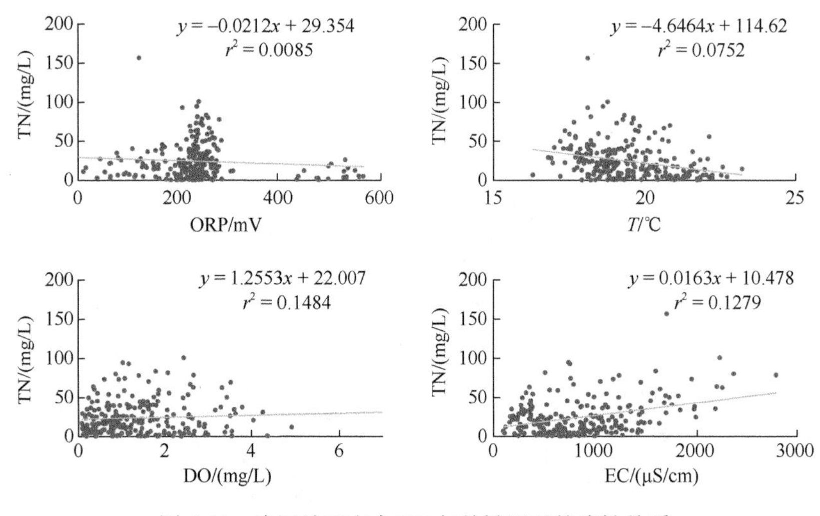

图 6-11 浅层地下水中 TN 与关键因子的线性关系

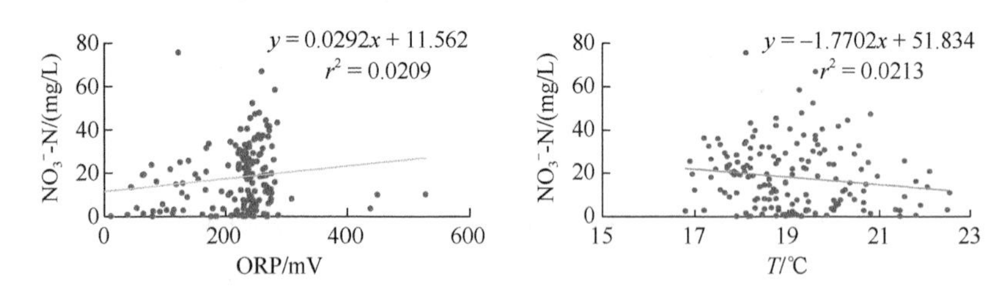

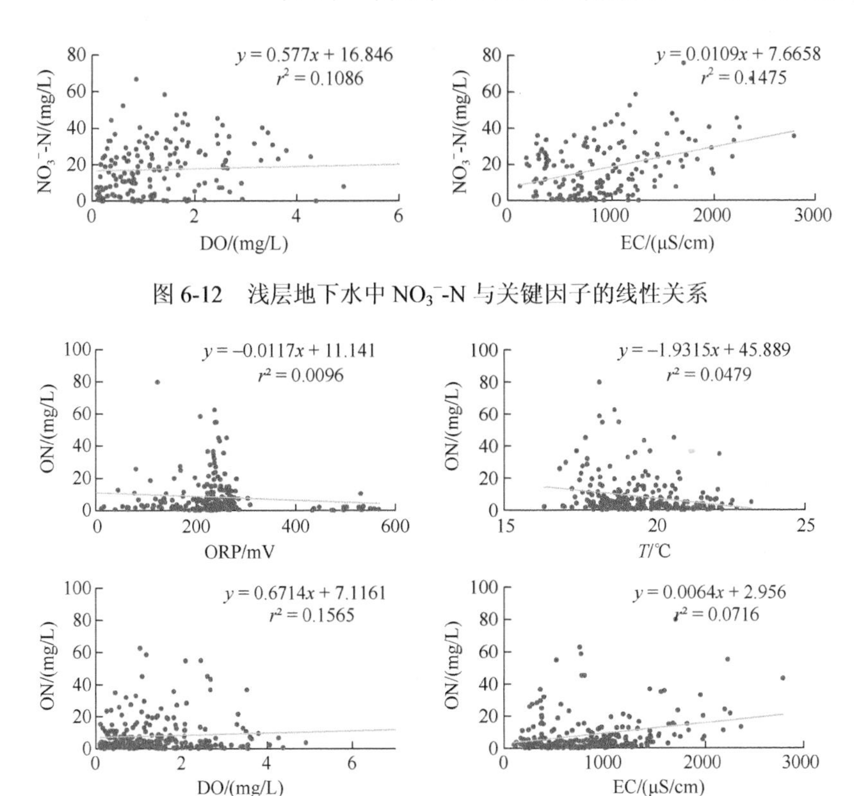

图 6-12　浅层地下水中 NO_3^--N 与关键因子的线性关系

图 6-13　浅层地下水中 ON 与关键因子的线性关系

三、影响浅层地下水中氮浓度变化的因子分析

影响浅层地下水中氮的空间差异的主要因素可分为两类：一类是氮的来源，决定着氮污染的发生位置；另一类是氮所处的周围环境，决定着土壤和地下水中氮的迁移转化及其富集能力。农田土壤剖面性质和氮累积影响着浅层地下水中各形态氮浓度。冗余分析和相关分析结果表明，浅层地下水中的水环境指标是影响地下水各形态氮浓度的主要因素，而土壤剖面性质对地下水中各形态氮浓度影响较小。影响云南高原湖泊周围浅层地下水各形态氮浓度的关键因子是 EC、DO、ORP 和 T。地下水中 DO 和 ORP 的增大，会促使地下水处于氧化环境，发生硝化反应，使地下水中 NO_3^--N、TN 和 ON 的浓度升高（Mayer et al.，2010）；相反，当 DO 和 ORP 降到一定水平以下且有足够的有效碳源时，会出现显著的反硝化作用，导致浅层地下水中 NO_3^--N、TN 和 ON 的衰减（Rivett et al.，2008）。地下水温度 T 与 NO_3^--N、TN、ON 呈显著负相关，随着温度的升高，饱和土-水界面的微生物活性增加，土壤和地下水中的氮转化增强，从而影响地下水中的各形态氮浓度，研究区浅层地下水温度为 15～25.5℃，平均值为 19.44℃，在反硝化反应中，

温度通常为 2～50℃，一般假设反应速率每增加 10℃，反应速率翻一倍（Rivett et al., 2008），随着温度的升高或降低，氮的反应速率将受到限制，从而影响浅层地下水中各形态氮浓度。

第四节　小　结

（1）云南 8 个高原湖泊周围浅层地下水中 TN、NO_3^--N、ON 和 NH_4^+-N 平均值分别为 24.35mg/L、15.15mg/L、8.41mg/L 和 0.79mg/L。NO_3^--N 是浅层地下水中主要的氮形态，占 TN 的质量分数为 57%～68%；其次是 ON，占 TN 的质量分数为 27%～38%。2020～2021 年，8 个湖泊 463 个采样点中有 32%的采样点 NO_3^--N 浓度超过 20mg/L，其中，洱海（61%）、杞麓湖（48%）和滇池（45%）的超标率最高，其次是星云湖（25%）、阳宗海（17%）、异龙湖（13%），最小为抚仙湖（6%）和程海（3%）。为防止高原湖泊周围浅层地下水氮污染进一步恶化，应调整种植结构，种植低水肥作物；合理施肥，降低施肥强度，提高氮肥利用效率；实施节水灌溉和水肥一体化技术，禁止大水漫灌，避开降水施肥，减少表层土壤氮淋溶至地下水。

（2）土地利用和季节变化影响着浅层地下水中各形态氮浓度及其组成。土地利用引起的浅层地下水各形态氮浓度变化差异更显著，地下水中的 DO、EC、ORP 和 T 显著反映或影响着浅层地下水中各形态氮浓度的变化，且 DO、EC 与 NO_3^--N、TN、ON 呈显著线性正相关，而土壤因子对浅层地下水中各形态氮浓度影响较小。

参考文献

蔡娜. 2019. 星云湖水质参数的时空变化及水位上涨期叶绿素α的响应[D]. 昆明：云南师范大学硕士学位论文.

蔡娜, 张虎才, 常凤琴, 等. 2017. 阳宗海水质参数季节性变化特征及趋势[J]. 地球科学前沿, 7(4): 500-512.

陈淼, 李小娟, 陈歆, 等. 2018. 不同施肥处理下热带土壤硝态氮累积特征及与土壤 pH 值、辣椒产量的关系[J]. 西南农业学报, 31(5): 1045-1050.

陈文芳, 杜尚海, 陈蕾, 等. 2017. 水源热泵影响下地下水温度主控因素关联度分析[J]. 水资源与水工程学报, 28(3): 158-162.

杜新强, 方敏, 冶雪艳. 2018. 地下水“三氮”污染来源及其识别方法研究进展[J]. 环境科学, 39(11): 5266-5275.

耿玉栋, 张千千, 孙继朝, 等. 2016. 不同土地利用方式和地下水埋深对水中硝态氮浓度分布的影响[J]. 环境污染与防治, 38(6): 63-68.

蒋京呈, 王晓丽, 蒋美玲, 等. 2016. 利用 CHEMSPEC 模拟计算 Np 和 Pu 在北山地下水中的种态分布及其在水合氧化铁上的吸附[J]. 中国科学(化学), 46(8): 816-822.
李岳坦, 李小雁, 崔步礼, 等. 2010. 青海湖流域及周边地区浅层地温对全球变化的响应[J]. 地球环境学报, 1(3): 219-225.
连心桥, 朱广伟, 杨文斌, 等. 2020. 强降雨对平原河网区入湖河道氮、磷影响[J]. 环境科学, 41(11): 4970-4980.
刘存强. 2018. 人民胜利渠灌区玉米生育期地下水氮污染及影响因素分析[D]. 郑州: 华北水利水电大学硕士学位论文.
刘佳, 易乃康, 熊永娇, 等. 2016. 人工湿地构型对水产养殖废水含氮污染物和抗生素去除影响[J]. 环境科学, 37(9): 3430-3437.
欧阳潇然. 2013. 气象场驱动下太湖水温及溶解氧的数值模拟研究[D]. 南京: 南京信息工程大学硕士学位论文.
潘田, 张幼宽. 2013. 太湖流域长兴县浅层地下水氮污染特征及影响因素研究[J]. 水文地质工程地质, 40(4): 7-12.
齐冉, 徐菲菲, 杨帆, 等. 2020. 木沥河流域氮素污染及其污染源解析[J]. 环境科学, 41(7): 3165-3174.
王佳音. 2012. 滇池大河流域氮磷含量时空变化特征及其地下水补给模拟分析[D]. 昆明: 昆明理工大学硕士学位论文.
王宁宁, 赵阳国, 孙文丽, 等. 2018. 溶解氧含量对人工湿地去除污染物效果的影响[J]. 中国海洋大学学报(自然科学版), 48(6): 24-30.
王庆锁, 顾颖, 孙东宝. 2014. 巢湖流域地下水硝态氮含量空间分布和季节变化格局[J]. 生态学报, 34(15): 4372-4379.
王仕琴, 檀康达, 郑文波, 等. 2021. 白洋淀流域浅层地下水硝酸盐分布及来源的区域分异特征[J]. 中国生态农业学报, 29(1): 230-240.
席海洋, 冯起, 司建华, 等. 2011. 额济纳盆地地下水时空变化特征[J]. 干旱区研究, 28(4): 592-601.
杨帆, 孟远夺, 姜义, 等. 2013 年我国种植业化肥施用状况分析[J]. 植物营养与肥料学报, 21(1): 217-225
杨岚鹏, 李娜, 张军. 2017. pH 对浅层地下水中"三氮"迁移转化的影响[J]. 中国农学通报, 33(30): 56-60.
袁宏颖, 杨树青, 张万锋, 等. 2022. 河套灌区浅层地下水 NO_3^--N 时空变化及驱动因素[J]. 环境科学, 43(4): 1898-1907.
张洁. 2015. 地下水中铁离子对三氮迁移转化的影响研究[D]. 抚州: 东华理工大学硕士学位论文.
张玉玺, 孙继朝, 陈玺, 等. 2011. 珠江三角洲浅层地下水 pH 值的分布及成因浅析[J]. 水文地质工程地质, 38(1): 16-21.
周琨. 2016. 变化环境下天津市地下水响应研究[D]. 郑州: 华北水利水电大学硕士学位论文.
Almasri M N, Kaluarachchi J J. 2004. Assessment and management of long-term nitrate pollution of ground water in agriculture-dominated watersheds[J]. Journal of Hydrology, 295(1-4): 225-245.
Benson V S, VanLeeuwen J A, Sanchez J, et al. 2006. Spatial analysis of land use impact on ground water nitrate concentrations[J]. Journal of Environmental Quality, 35(2): 421-432.
Boy-Roura M, Nolan B T, Menció A, et al. 2013. Regression model for aquifer vulnerability assessment of nitrate pollution in the Osona region (NE Spain)[J]. Journal of Hydrology, 505(15): 150-162.

Bryan N S, Alexander D D, Coughlin, J R, et al. 2012. Ingested nitrate and nitrite and stomach cancer risk: An updated review[J]. Food and Chemical Toxicology, 50(10): 3646-3665.

Chen A Q, Lei B K, Hu W L, et al. 2018. Temporal-spatial variations and influencing factors of nitrogen in the shallow groundwater of the nearshore vegetable field of Erhai Lake, China[J]. Environmental Science and Pollution Research, 25(5): 4858-4870.

Chen J, Qian H, Wu H. 2017. Nitrogen contamination in groundwater in an agricultural region along the New Silk Road, northwest China: distribution and factors controlling its fate[J]. Environmental Science and Pollution Research, 24(15): 13154-13167.

Chen S F, Wu W L, Hu K L, et al. 2010. The effects of land use change and irrigation water resource on nitrate contamination in shallow groundwater at county scale[J]. Ecological Complexity, 7(2): 131-138

Denk T R A, Mohn J, Decock C, et al. 2017. The nitrogen cycle: A review of isotope effects and isotope modeling approaches[J]. Soil Biology & Biochemistry, 105: 121-137.

Dich J, Järvinen R, Knekt P, et al. 1996. Dietary intakes of nitrate, nitrite and NDMA in the Finnish mobile clinic health examination survey[J]. Food Additives and Contaminants, 13(5): 541-552.

Gu B J, Ge Y, Chang S X, et al. 2013. Nitrate in groundwater of China: Sources and driving forces[J]. Global Environmental Change, 23(5): 1112-1121.

Guzman C D, Tilahun S A, Dagnew D C, et al. 2017. Spatio-temporal patterns of groundwater depths and soil nutrients in a small watershed in the ethiopian highlands: Topographic and land-use controls[J]. Journal of Hydrology, 555: 420-434.

Han D M, Currell M J, Cao G L. 2016. Deep challenges for China's war on water pollution[J]. Environmental Pollution, 218: 1222-1233.

He B N, He J T, Wang L, et al. 2019. Effect of hydrogeological conditions and surface loads on shallow groundwater nitrate pollution in the Shaying River Basin: Based on least squares surface fitting model[J]. Water Research, 163: 114880.

Huang J X, Xu J Y, Liu X Q, et al. 2011. Spatial distribution pattern analysis of groundwater nitrate nitrogen pollution in Shandong intensive farming regions of China using neural network method[J]. Mathematical and Computer Modelling, 54(3-4): 995-1004.

Hutchins M G, Abesser C, Prudhomme C, et al. 2018. Combined impacts of future land-use and climate stressors on water resources and quality in groundwater and surface waterbodies of the upper Thames River basin, UK[J]. Science of the Total Environment, 631-632: 962-986.

Lasagna M, De Luca D A, Franchino E, 2016. Nitrate contamination of groundwater in the western Po Plain (Italy): the effects of groundwater and surface water interactions[J]. Environmental Earth Sciences, 75(3): 240.

Liao L X, Green C T, Bekins B A, et al. 2012. Factors controlling nitrate fluxes in groundwater in agricultural areas[J]. Water Resources Research, 48(6): 18.

Manassaram D M, Backer L C, Messing R, et al. 2010. Nitrates in drinking water and methemoglobin levels in pregnancy: a longitudinal study[J]. Environmental Health, 9: 60.

Mayer P M, Groffman P M, Striz E A, et al. 2010. Nitrogen dynamics at the groundwater-surface sater interface of a degraded urban stream[J]. Journal of Environmental Quality, 39(3): 810-823.

McLay C D A, Dragten R, Sparling G, et al. 2001. Predicting groundwater nitrate concentrations in a region of mixed agricultural land use: A comparison of three approaches[J]. Environmental Pollution, 115(2): 191-204.

Niu B B, Wang H H, Loáiciga H A. Loáiciga, et al. 2017. Temporal variations of groundwater quality in the Western Jianghan Plain, China[J]. Science of the Total Environment, 578: 542-550.

Norrman J, Sparrenbom C J, Berg M, et al. 2015. Tracing sources of ammonium in reducing groundwater in a well field in Hanoi (Vietnam) by means of stable nitrogen isotope ($\delta^{15}N$) values[J]. Applied Geochemistry, 61: 248-258.

Rhymes J, Jones L, Wallace H, et al. 2016. Small changes in water levels and groundwater nutrients alter nitrogen and carbon processing in dune slack soils[J]. Soil Biology & Biochemistry, 99: 28-35.

Rivett M O, Buss S R, Morgan P, et al. 2008. Nitrate attenuation in groundwater: A review of biogeochemical controlling processes[J]. Water Research, 42(16): 4215-4232.

Shen S, Ma T, Du Y, et al. 2019. Temporal variations in groundwater nitrogen under intensive groundwater/surface-water interaction[J]. Hydrogeology Journal, 27(5): 1753-1766.

Stadler S, Talma A S, Tredoux G, et al. 2012. Identification of sources and infiltration regimes of nitrate in the semi-arid Kalahari: regional differences and implications for groundwater management[J]. Water SA, 38(2): 213-224.

Wang S Q, Zheng W B, Currell M, et al. 2017. Relationship between land-use and sources and fate of nitrate in groundwater in a typical recharge area of the North China Plain[J]. Science of the Total Environment, 609: 607-620.

Xin J, Liu Y, Chen F, et al. 2019. The missing nitrogen pieces: A critical review on the distribution, transformation, and budget of nitrogen in the vadose zone-groundwater system[J]. Water Research, 165: 114977.

Zhang D, Fan M P, Liu H B, et al. 2020. Effects of shallow groundwater table fluctuations on nitrogen in the groundwater and soil profile in the nearshore vegetable fields of Erhai Lake, southwest China[J]. Journal of Soils and Sediments, 20(1): 42-51.

Zhang D, Wang P L, Cui R Y, et al. 2022. Electrical conductivity and dissolved oxygen as predictors of nitrate concentrations in shallow groundwater in Erhai Lake region[J]. Science of the Total Environment, 802: 149879.

Zhang M, Zhi Y Y, Shi J C, et al. 2018. Apportionment and uncertainty analysis of nitrate sources based on the dual isotope approach and a Bayesian isotope mixing model at the watershed scale[J]. Science of the Total Environment, 639: 1175-1187.

Zhao S, Zhou N Q, Liu X Q. 2016. Occurrence and controls on transport and transformation of nitrogen in riparian zones of Dongting Lake, China[J]. Environmental Science and Pollution Research, 23(7): 6483-6496.

Zuo R, Chen X J, Li X B, et al. 2017. Distribution, genesis, and pollution risk of ammonium nitrogen in groundwater in an arid loess plain, Northwestern China[J]. Environmental Earth Sciences, 76(17): 629.

第七章　高原湖区浅层地下水氮浓度预测

第一节　引　　言

NO_3^--N 浓度是浅层地下水质的关键指标。近年来，地下水 NO_3^--N 浓度的预测逐渐成为了解 NO_3^--N 时空变化、提供地下水氮污染预警和有效管理地下水资源的重要手段。目前，在地下水 NO_3^--N 预测领域，主要应用的模型分为三类：过程模型、指标模型和统计模型。过程模型，如 SWAT 和 MODFLOW，通常基于复杂水文地质条件下的转化过程建立，此类模型的开发依赖于大量数据和计算，且预测精度通常低于统计模型（Koycegiz and Buyukyildiz，2019；Pradhan et al.，2020）。指标模型，如 DRASTIC、GOD 和 SINTACS，主要限制在于参数的权重依靠主观分配，而非数据支撑（Voutchkova et al.，2021；Busico et al.，2017；He et al.，2019）。近年来，随着机器学习（ML）方法的兴起，统计模型如支持向量机（SVM）、人工神经网络（ANN）、Boosting、OLS 和回归等模型展示了强大的预测能力，在地下水 NO_3^--N 浓度预测方面，全球范围内均有成功应用（Sajedi-Hosseini et al.，2018；Nolan et al.，2015；Islam et al.，2021；Koh et al.，2020）。机器学习模型的成功应用得益于其预测的高精度和稳健性，以及处理非线性问题的能力，且对预测因子的类型和数量没有任何限制。然而，该模型的潜在限制因素是依赖大量的预测变量和数据。

根据所使用的预测变量类型，地下水 NO_3^--N 机器学习预测模型主要分为两类。第一类称为外部模型，所采用的预测变量主要为外部预测变量，通常包括水文地质特征因子（如水化学特性、水力传导率、补给和排出量）、土地利用类型（如耕地、牧场、森林或草地）、外部投入（如肥料、降水和灌溉）、土壤状况和地形（Surdyk et al.，2021；Medici et al.，2021；Koh et al.，2020；Knoll et al.，2019；Rahmati et al.，2019）。第二类称为内部模型，主要使用地下水各种离子的浓度作为预测变量（Ortmeyer et al.，2021；Bui et al.，2020；Singha et al.，2021）。无论是外部或内部模型，地下水 NO_3^--N 的预测仍面临不少挑战。外部模型通常涉及大量的、复杂的预测变量类别，样本收集往往耗时且成本高昂（Tiyasha et al.，2020）。而对于内部模型，预测变量（地下水的阴离子、阳离子浓度等）本身的检测成本比 NO_3^--N 更高（Medici et al.，2021；Zhang et al.，2021）。此外，这两种类型均需要大量的预测变量，无论在数据收集还是应用范围方面，模型的实用性均较差。为了解决这些问题，需要一种实用且经济的方法，从而快速、准确地预测地下水中 NO_3^--N 的浓度。基于少量易获取指标和小型数据集构建预测模型通常是一种行之有效的方法。

在以往研究中，学者多关注不同土地利用类型下的地下水 NO_3^--N 浓度预测（如耕地、牧地、草地、森林、城市和农村地区），这增加了预测模型的复杂性（Messier et al.，2019；Knoll et al.，2019）。与其他土地利用类型相比，集约化农区（主要是农田和农村地区）的地下水 NO_3^--N 浓度受影响因素较为单一，主要受人为因素的影响（如肥料施用、灌溉和居民区分布）。这为使用较少预测变量和较小数据集来构建简约模型提供了有利条件。

本研究涉及的预测模型有别于时序预测和空间预测模型。时序预测需要在监测点持续高频采样，采样时间是主要预测变量（El Amri et al.，2022）。空间预测允许将在研究区域训练的模型应用于其他区域，以实现其他区域的预测（Messier et al.，2019）。本研究中的预测模型应用的主要场景是，使用实时获取的预测变量预测特定监测点（需安装 EC 探头）未来的 NO_3^--N 浓度。总之，本研究的目标是开发一种简洁预测模型，基于机器学习方法在集约化农区预测地下水中的 NO_3^--N 浓度。该模型特点包括：①基于易于获取的预测变量和小样本量开发；②可降低预测成本并提高模型应用的实用性和适用性；③在安装 EC 探头的监测点预测未来 NO_3^--N 浓度。

第二节　数据获取与模型建立方法

一、数据获取

1. 样品采集与分析检测

本研究于 2018～2021 年分别采集 225 个、551 个、224 个和 196 个地下水样品。其中，洱海、滇池、抚仙湖、星云湖、杞麓湖、异龙湖、阳宗海和程海周边区域分别采集 903 个、55 个、52 个、44 个、40 个、35 个、35 个和 32 个样品，其中约 3/4 的样品采自洱海区域。样品采集区域的主要含水层类型是松散岩石孔隙水。地下水样品采集自 277 个农田灌溉井和 127 个居民区饮用井，其中 59 口井（34 口灌溉井和 25 口饮用井）连续采样 9 个月，其余 345 口井连续采样 2 年，每年采样 1～4 次（4 月、5 月、8 月和 10 月）。详细的样品分布如图 7-1 所示。每个地下水样品由采样器在地下水面以下 50 cm 处采集。每个采样井的 200mL 样品被收集到聚乙烯瓶中，放置在恒温箱内，送回实验室后存放在 4℃的冰箱，待后续分析。样品采集后 1 周内进行检测。T、pH、EC、

DO 和 ORP 使用 YSI Pro Plus 水质仪（YSI Incorporated，美国）进行原位测量。浅层地下水水位使用钢卷尺测量。NO_3^--N 使用 Bran + Luebbe AA3 连续流分析仪进行分析。

根据不同的土壤和作物类型，从灌溉井周围的农田采集 120 个土壤剖面样品。土壤剖面深度 100 cm，分 0～30 cm、30～60 cm 和 60～100 cm 三层采样分层检测土壤质地、土壤硝态氮和土壤有机质后，取三层的平均值。土壤硝态氮使用 Bran + Luebbe AA3 连续流分析仪进行测量。

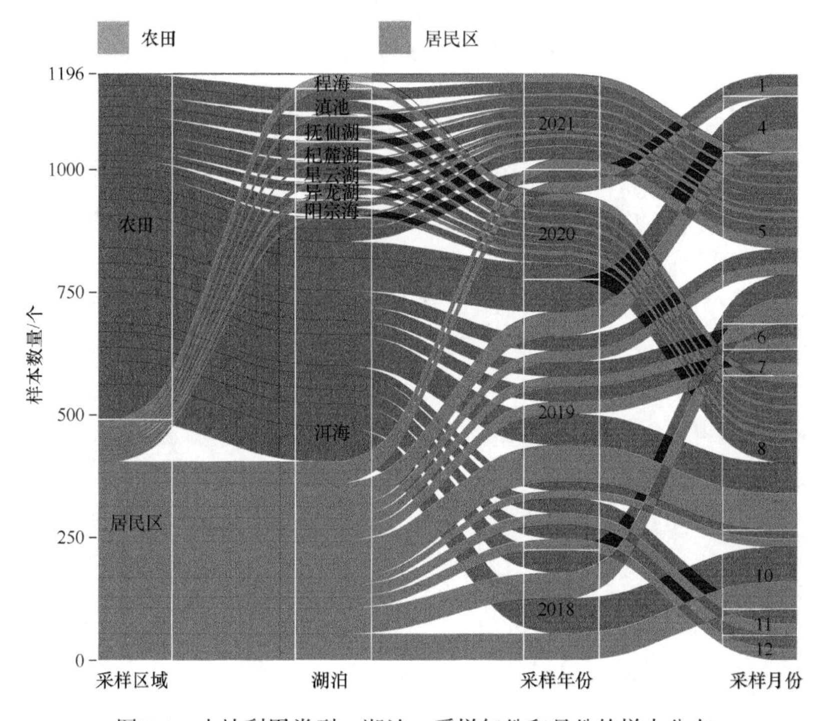

图 7-1　土地利用类型、湖泊、采样年份和月份的样本分布

土壤有机碳使用总有机碳分析仪（Multi N/C 3100，德国）进行测量。土壤质地使用基于 Stokes 定律的液体密度计法测定。氮肥用量由 2019 年至 2021 年间对每个种植区域的农户访谈获得。降水量数据从当地气象部门收集。最后，根据采样井的位置将土壤样品、氮肥用量与地下水样品匹配。此外，为了分析地下水主要离子和 EC 之间的关系以及各离子浓度对 NO_3^--N 预测模型的贡献，随机选取了 276 个水样品进行分析。使用冗余分析（RDA）来说明离子和 EC 对 NO_3^--N 的贡献。

2. 数据结构

本研究使用 1196 个样本进行模型训练和测试，每个样本含 13 个预测变量。

这些预测变量分为 4 类：地下水化学指标、土壤指标、外源氮输入指标和氮迁移驱动指标。地下水化学指标包括温度（T）、pH、电导率（EC）、溶解氧（DO）、氧化还原电位（ORP）和浅层地下水位（SWL，地下水面到地面的距离）。土壤指标包括土壤质地（黏粒、粉粒、砂粒）、土壤 NO_3^--N（SN）和土壤有机碳（SOC）。化学氮肥用量（NF）作为外源氮输入指标。同时，降水量（PPT）作为氮迁移驱动指标。地下水 NO_3^--N 与预测变量的相关系数矩阵如图 7-2 所示，浓度分布如图 7-3 所示。

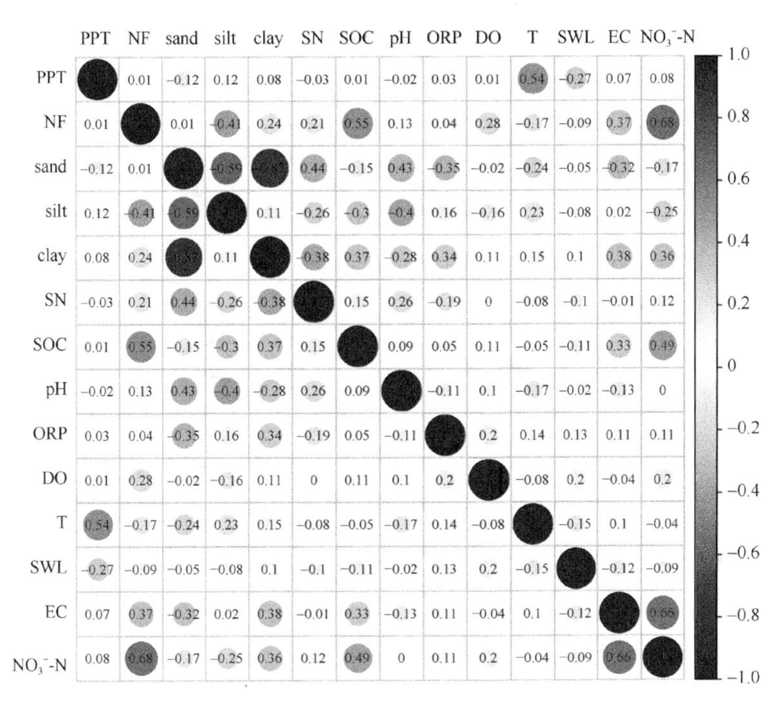

图 7-2　地下水 NO_3^--N 与预测变量的相关系数矩阵

PPT，降水量；NF，化学氮肥用量；sand，砂粒；silt，粉粒；clay，黏粒；SOC，土壤有机碳；DO，溶解氧；ORP，氧化还原电位；SWL，浅层地下水位；T，温度；EC，电导率；SN，土壤 NO_3^--N

二、模型建立方法

1. 模型建立流程

预测流程主要分四个步骤：①数据预处理；②筛选关键预测因子并构建不同变量集；③对不同变量集构建的模型进行评估；④对用不同数据量构建的模型进行评估。步骤②～④均使用 NN、RF 和 SVM 模型分别构建。

（1）数据预处理。首先，识别并去除零方差和多重共线性的预测因子；其次，为了减少数据冗余性，对所有预测因子进行归一化处理。

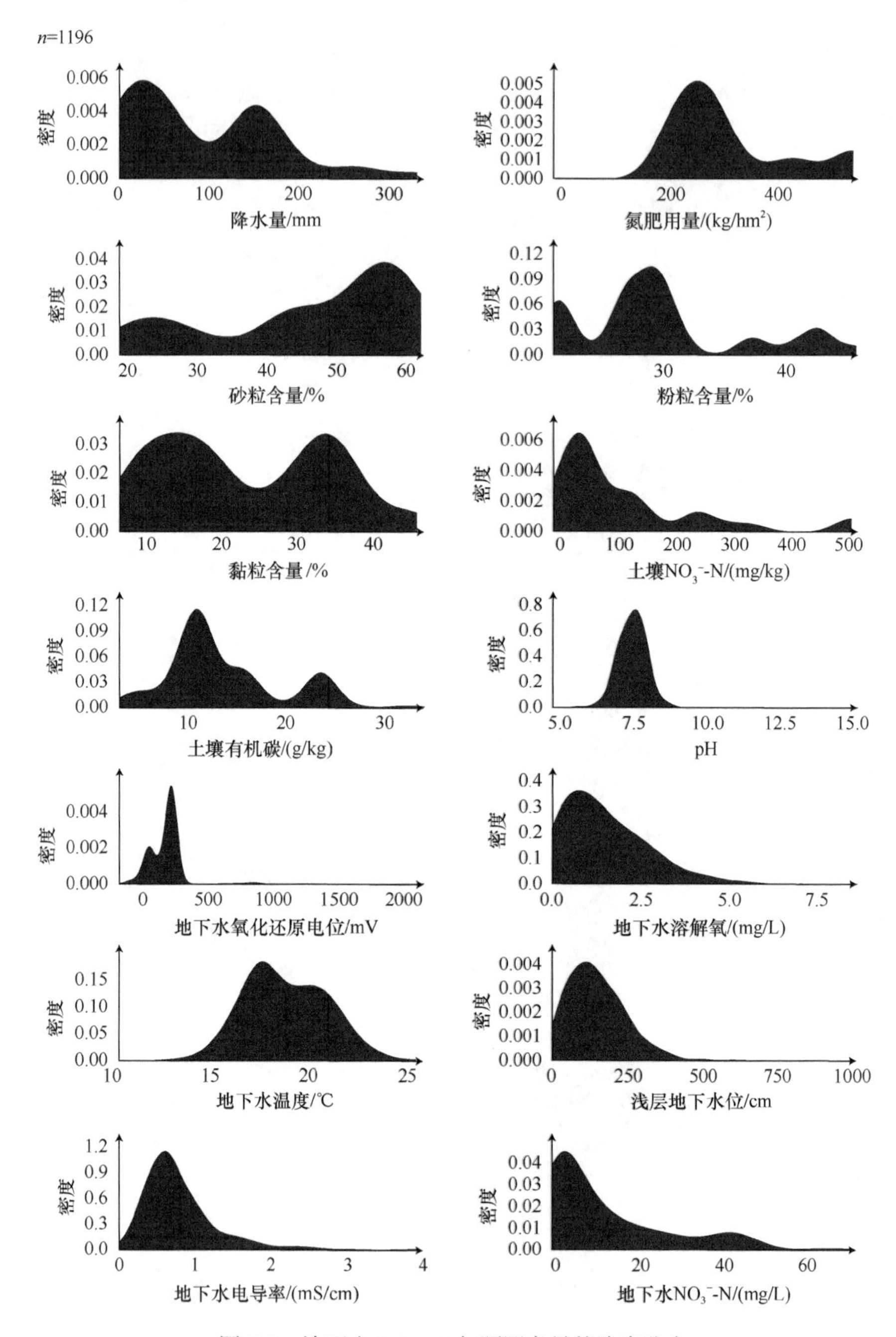

图 7-3　地下水 NO_3^--N 与预测变量的浓度分布

（2）特征选择。通过递归特征消除法（RFE）和重采样-外部验证法（REV）进行特征选择（http://topepo.github.io/caret）。RFE 算法是一种逆向选择法。首先，所有的预测因子被拟合到模型中，每个预测因子根据其对模型的重要性进行排序。其次，保留 i 个（从第 1 名到第 13 名不等）排名最靠前的预测因子，用于重新拟合模型。最后，通过测试数据集来评估重拟合模型，并在每次迭代中保留训练和测试数据集的评估结果（RMSE 和 r^2）。RFE 算法被封装在 REV 中。对于每个 REV 重采样迭代，采用以下步骤：①通过 10 折划分将数据划分为训练集和测试集；②使用所有预测因子在训练集上训练模型；③对测试集进行预测；④计算变量重要性并排名。

（3）基于不同变量集的模型评估，在建模结束时，每折所有变量子集的所有拟合模型都被保存。最终模型中选择的变量名称及统计结果（RMSE 和 r^2）被提取出来，以生成不同变量子集的性能曲线。鉴于这一步骤的主要目的是从所有的变量集中筛选出最小的变量集，而不是调整最佳预测模型，因此在上述程序中，每个预测模型都使用固定的参数。

（4）基于不同数据量的模型评估。根据最终选择的预测变量，构建基于不同数据量的模型。同样地，采用嵌套交叉验证方法评估模型性能，根据结果绘制学习曲线。首先，设定训练数据集起始大小为 50，并以 10 个样本的梯度增加至 990 个，所得数据集的大小为 50、60、70、990。其次，对于每个数据大小“n”，从整个数据集（1196）中随机选择 n 个样本，按 10 折分成训练集和测试集，进行建模、测试并筛选出最佳模型，得到训练集的模型指标。随后，从外部数据集（n 个样本外）中随机选择 200 个样本作为测试集来测试最佳模型，得到测试集的模型指标（CV RMSE，CV r^2，）。再次，将前面的步骤重复 20 次，并保留每次迭代结果。随后，用 20 次迭代的平均值和标准差来评估模型性能。最后，对每个数据大小重复前面的程序，形成 50～990 个样本数据集的模型性能学习曲线。基于不同数据规模的模型的评估方案如图 7-4 所示。

2. 预测模型选择

神经网络（NN）、随机森林（RF）和支持向量机（SVM）模型均在 R 软件中使用“caret”包进行部署。均方根误差（RMSE）用于选择最优模型，在所有模型的调整过程中使用最小值。对于 NN 模型，在所有步骤中均使用模型平均方法（应用 nnet 包中的 avnnet 函数）；参数 decay 在第一步的特征选择中设置为 0.1，在第二步的模型评估中设置为 0、0.01 和 0.1，在第三步模型评估中设置为 0.01；参数 size 在第一、第二、第三步中分别设置为 2、1～10 和 8。对于 RF 模型，使用 RMSE 作为目标函数来优化参数 mtry（即在每个分裂点随机选择的变量数）。在所有步骤中，参数 ntrees 和 maxnodes 均分别设为 1500 和 100。对于 SVM 模型，使用 kernlab 包的 svm 函数建模，参数 tunelength 设置为 10，并在所有过程中使用默认方法自动估计参数“sigma”和“cost”。

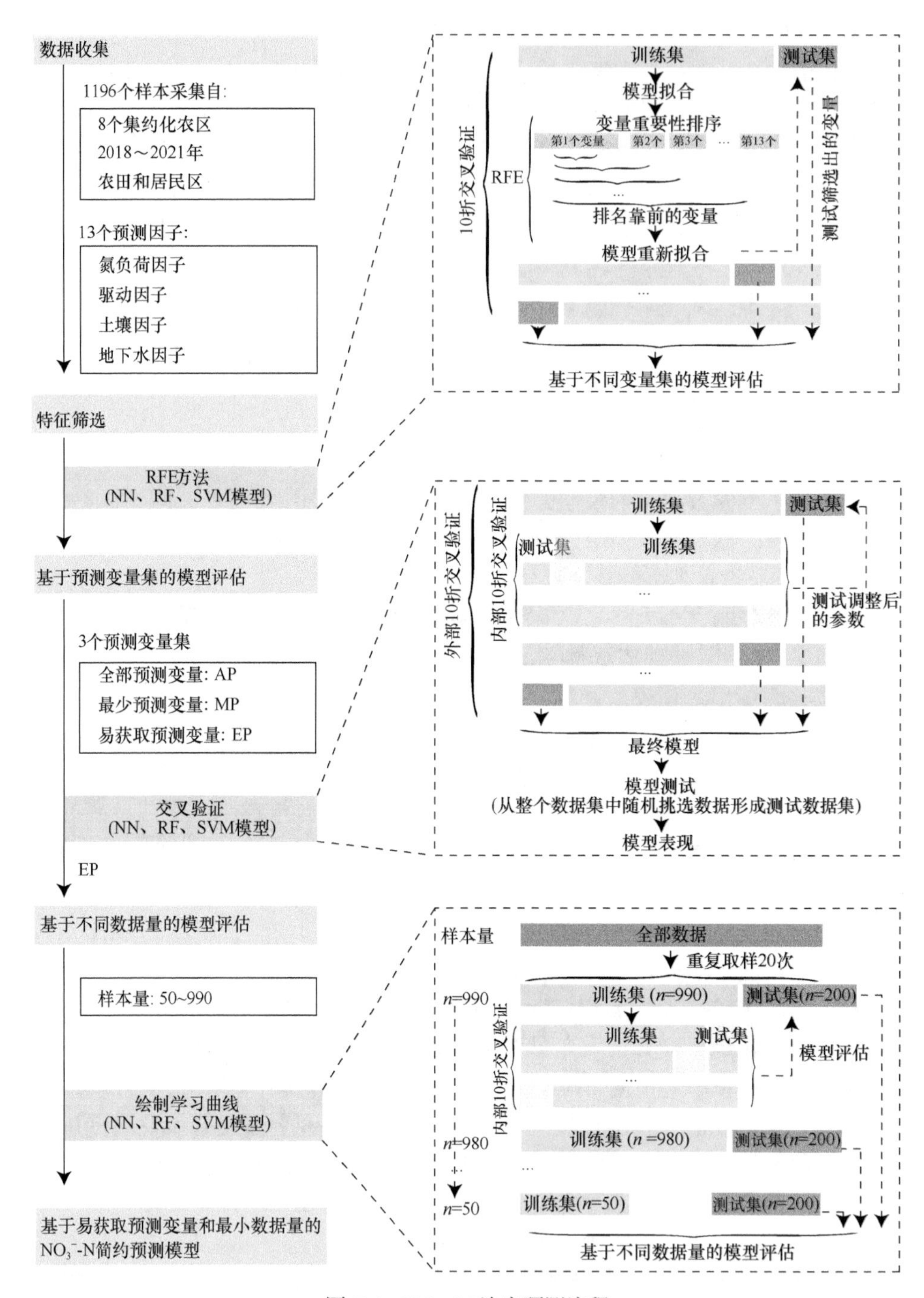

图 7-4　NO_3^--N 浓度预测流程

RF，随机森林；NN，神经网络；SVM，支持向量机；RFE，递归特征消除法；REV，重取样和外部验证；AP，所有预测因子；MP，最少预测因子；EP，易获取预测因子

3. 不确定性评估

使用分位数回归（quantile regression）方法对 RF 模型的预测进行评估（应用 R 语言的 quantregForest 包）。本研究中使用预测区间宽度和覆盖率作为评估指标。预测区间宽度根据 90%的概率计算，下、上分位数分别为 5%和 95%。对于某个水平 $0<\alpha<1$ 的分位预测，理论值与观测值的覆盖率为（$100\times\alpha$）%。在本案例研究中，分别在 1%、5%、10%、12%、50%、75%、90%、95%和 99%分位数计算观测值的覆盖率，并与理论值的覆盖率进行对比。

第三节　最优预测因子的筛选与评估

一、特征选择

图 7-5 展示了预测变量个数从 1 增加至 13 时 NN、RF 和 SVM 的模型表现。结果表明，当预测变量数量从 1 增加到 2 时，无论哪一种模型，模型的 r^2 值均大幅增加（NN，0.46～0.70；RF，0.41～0.73；SVM，0.46～0.73），RMSE 大幅减少（NN，11.17～8.19；RF，11.71～7.84；SVM，11.48～8.06）。随着变量数量从 2 增加到 13，r^2 提升曲线（NN，0.70～0.72；RF，0.73～0.80；SVM，0.73～0.77）和 RMSE 降低曲线（NN，从 8.19 减少到 8.09；RF，7.84～6.82；SVM，8.06～7.36）保持大致平稳。当预测变量数量为 13 个时，NN 和 SVM 模型下各预测变量重要性由高到低排序为电导率（EC）、化肥氮肥用量（NF）、土壤有机碳（SOC）、黏粒

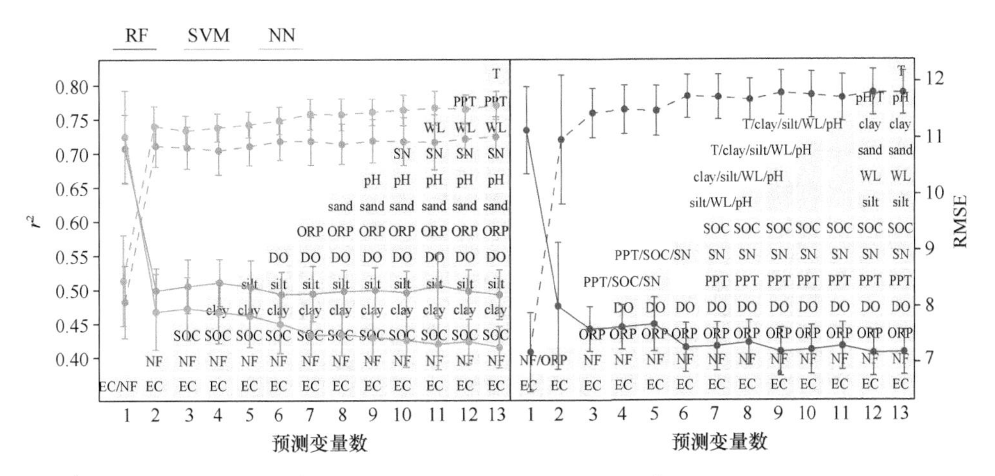

图 7-5　基于不同数量预测变量构建模型的 r^2 和 RMSE 值

均采用神经网络（NN）、随机森林（RF）和支持向量机（SVM）模型。模型构建中使用固定参数，详见“特征选择”步骤。所有预测因子的筛选均经过 10 折交叉验证，RF 模型中预测因子之间的符号“/”表示不同折的结果。实线对应 RMSE（右 y 轴），虚线对应 r^2（左 y 轴）

含量（clay）、粉粒含量（silt）、溶解氧（DO）、氧化还原电位（ORP）、砂粒含量（sand）、pH、土壤 NO_3^--N 含量（SN）、浅层地下水位（SWL）、降水量（PPT）和地下水温度（T）。而 RF 模型下预测变量的排序为 EC、NF、ORP、DO、PPT、SN、SOC、silt、SWL、sand、clay、pH 和 T。

二、基于变量集的模型评估

为了尽量减少预测变量的个数，在已筛选变量的基础上重新构建 3 个变量集，并重新建模。3 个变量集包括全部预测变量集（AP）、最少预测变量集（MP）和易获取预测变量集（EP）。训练过程包含参数优化，使用嵌套交叉验证法评估模型表现，预测结果如图 7-6 所示。结果表明，在 NN 模型下，基于 AP、MP 和 EP 构建的模型的 r^2 值分别为 0.71、0.68 和 0.70，RMSE 值分别为 8.21、8.35 和 8.25。同样地，RF 模型的 r^2 值分别为 0.80、0.75 和 0.81，RMSE 值分别为 6.74、7.63 和 6.68。SVM 模型的 r^2 值分别为 0.77、0.72 和 0.75，RMSE 值分别为 7.34、8.06 和 7.78。三个模型的指标均表现出相似的趋势：从 AP 到 MP，r^2 值降低；从 MP 到 EP，r^2 值增加；RMSE 呈相反的趋势。上述结果表明，使用 EP 构建的模型的预测能力优于使用 MP 构建的模型，即加入 PPT 预测变量后有所改进。不同模型和变量集下模型性能及参数详见表 7-1。

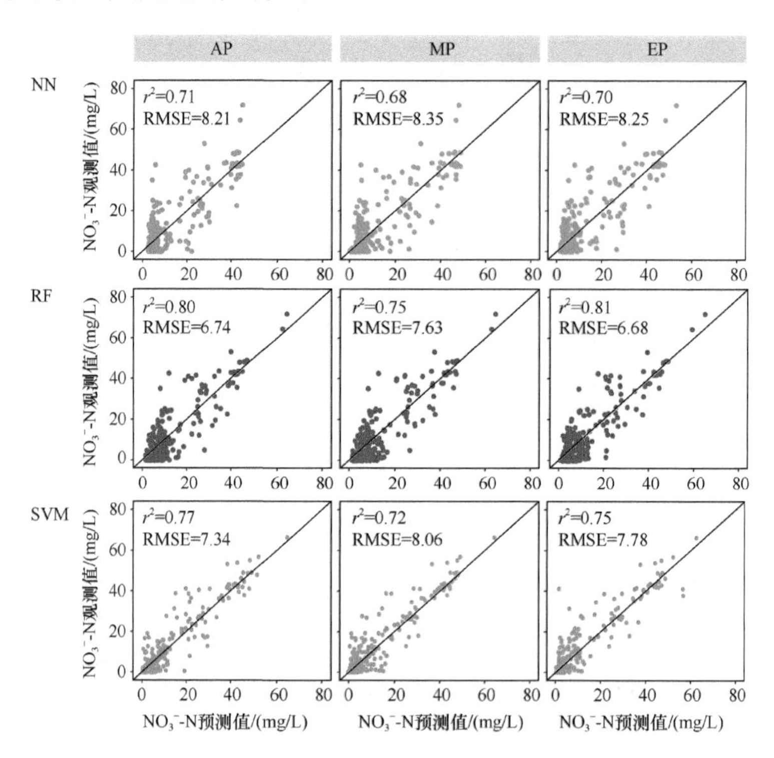

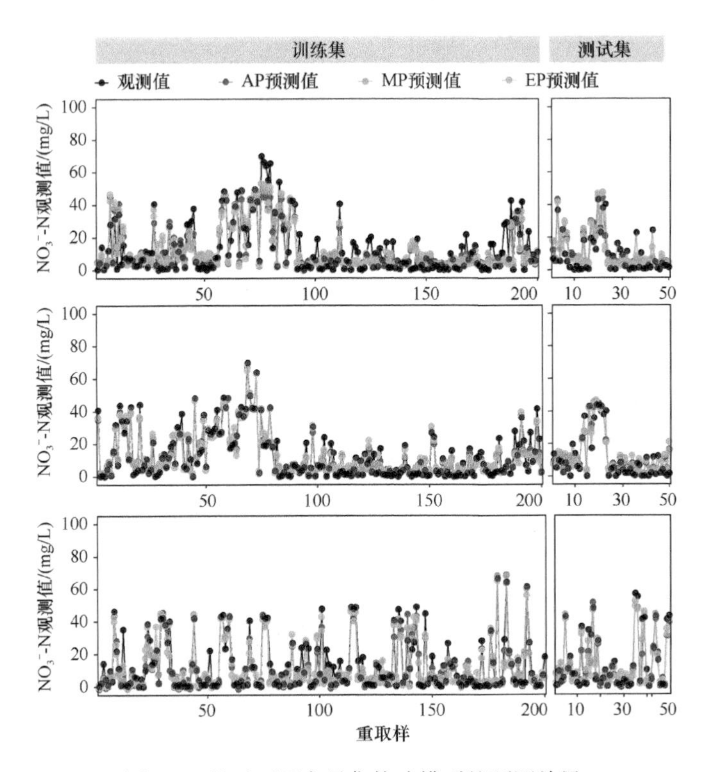

图 7-6　基于不同变量集构建模型的预测结果

使用神经网络（NN）、随机森林（RF）和支持向量机（SVM）模型。AP 包括全部 13 个预测因子，MP 包括 EC（电导率）和 NF（化学氮肥用量），EP 包括 EC、NF 和 PPT（降水量）。通过嵌套交叉验证（10×10 折）对参数进行调整。在整个数据集中随机选择测试集（20%的样本）对模型性能进行评估

表 7-1　基于不同变量集的模型性能和参数

变量集	折序	NN				RF			SVM			
		参数		指标		参数	指标		参数		指标	
		Decay	Size	RMSE	r^2	Mtry	RMSE	r^2	C	Sigma	RMSE	r^2
AP	1	0.01	9	8.27	0.70	7	6.81	0.79	2	0.07	7.42	0.77
	2	0.01	8	8.27	0.70	7	6.75	0.80	2	0.07	7.42	0.76
	3	0.01	7	8.21	0.71	7	6.77	0.79	2	0.07	7.43	0.75
	4	0.01	9	8.11	0.72	7	6.71	0.80	2	0.07	7.41	0.76
	5	0.01	10	8.14	0.71	7	6.79	0.80	2	0.07	7.38	0.76
	6	0.01	9	8.18	0.71	7	6.74	0.80	2	0.07	7.33	0.76
	7	0.01	7	8.26	0.70	13	6.70	0.80	2	0.07	7.45	0.76
	8	0.01	10	8.16	0.71	7	6.76	0.80	2	0.07	7.45	0.76
	9	0.01	5	8.25	0.70	7	6.76	0.80	4	0.07	7.38	0.75
	10	0.01	5	8.24	0.70	7	6.73	0.80	2	0.07	7.36	0.75
	Final	0.01	10	8.21	0.71	7	6.74	0.80	2	0.07	7.34	0.77

续表

变量集	折序	NN				RF			SVM			
		参数		指标		参数	指标		参数		指标	
		Decay	Size	RMSE	r^2	Mtry	RMSE	r^2	C	Sigma	RMSE	r^2
MP	1	0.01	6	8.26	0.70	2	7.59	0.75	4	2.91	8.16	0.72
	2	0.01	8	8.30	0.68	2	7.58	0.75	0.5	3.41	8.10	0.72
	3	0.01	7	8.31	0.68	2	7.67	0.74	4	3.41	7.95	0.74
	4	0.01	10	8.36	0.67	2	7.79	0.74	1	4.66	8.09	0.72
	5	0.01	9	8.29	0.68	2	7.66	0.75	0.5	3.15	8.15	0.72
	6	0.01	9	8.26	0.69	2	7.73	0.74	4	2.96	8.03	0.73
	7	0.01	7	8.34	0.67	2	7.81	0.74	1	2.00	7.89	0.73
	8	0.01	8	8.24	0.68	2	7.48	0.76	1	2.63	8.22	0.71
	9	0.01	10	8.27	0.66	2	7.62	0.74	1	3.50	7.96	0.74
	10	0.01	9	8.26	0.68	2	7.49	0.76	2	2.96	8.05	0.73
	Final	0.01	8	8.31	0.68	2	7.63	0.75	1	3.16	8.17	0.72
EP	1	0.01	10	8.23	0.70	2	6.74	0.80	8	0.85	8.06	0.72
	2	0.01	8	8.26	0.71	2	6.81	0.80	8	1.09	7.85	0.74
	3	0.01	7	8.27	0.70	2	6.75	0.80	16	1.08	7.73	0.75
	4	0.01	6	8.27	0.71	2	6.88	0.79	2	1.10	7.88	0.74
	5	0.01	8	8.22	0.69	2	6.64	0.81	8	1.16	8.02	0.73
	6	0.01	7	8.23	0.70	2	6.72	0.80	8	0.89	7.78	0.74
	7	0.01	8	8.21	0.71	2	6.88	0.79	16	1.06	7.62	0.75
	8	0.01	9	8.25	0.71	2	6.76	0.80	16	1.07	7.77	0.75
	9	0.01	8	8.26	0.69	2	6.91	0.79	64	0.82	7.67	0.75
	10	0.01	9	8.22	0.69	2	6.74	0.80	16	1.13	7.67	0.75
	Final	0.01	8	8.25	0.70	2	6.68	0.81	16	1.02	7.78	0.75

注：所有参数均通过嵌套交叉验证（10×10 折）调优筛选。

三、模型中各预测变量的意义

变量 EC 和 NF 是 NO_3^--N 模型的核心预测因子。图 7-7 展示了地下水各离子、EC、NF 与 NO_3^--N 的相互关系。从图中可以看出，Ca^{2+}、Mg^{2+}、SO_4^{2-}和 Cl^-与 EC、NO_3^--N 均分布在 y 轴的右侧，且在 x 轴上的载距相近，表明这些离子是 EC 预测 NO_3^--N 的主要贡献者。K^+和 HCO_3^-在 x 轴的载荷几乎为零，但在 y 轴的载荷与 EC 一致，且与 NO_3^--N 相反，揭示了 K^+和 HCO_3^-是 EC 预测 NO_3^--N 的不利因素。当 K^+和 HCO_3^-浓度较高时，地下水中的 NO_3^--N 不能完全由 EC 表征，在这种情况下，需要其他因子来校正此类错误。由图可知，NF 与 EC、各离子的相关性较弱，但与 NO_3^--N 的相关性更强，在 y 轴上的载荷与 K^+和 HCO_3^-恰好相反，可以弥补 EC 预测 NO_3^--N 的错误盲区。

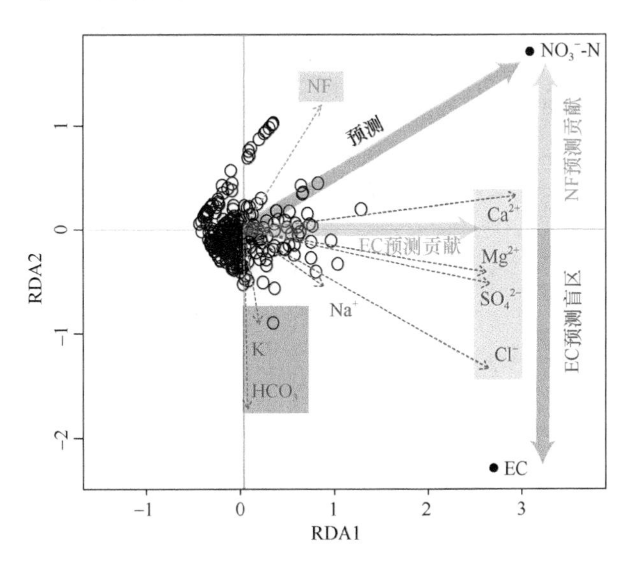

图 7-7　利用 EC、NF 预测 NO_3^--N 的冗余分析（RDA）图

横轴上的 Ca^{2+}、Mg^{2+}、SO_4^{2-}和 Cl^-解释了 EC 对预测 NO_3^--N 的贡献，而纵轴上的 K^+和 HCO_3^-解释了 EC 预测 NO_3^--N 的盲区。纵轴上的 NF 纠正了 EC 对 NO_3^--N 预测的偏差

基于预测变量 EC 和 NF 构建的模型表现了良好的预测性能（r^2：0.7～0.8；RMSE：7～8），而添加变量 PPT 可进一步提高预测结果（r^2> 0.8；RMSE：7）。在上述三个因素之外添加其他预测变量对模型改进作用不大。本文总结了以往利用机器学习预测地下水 NO_3^--N 的相关文献（表 7-2），结果表明，与外部模型相比，内部模型可以使用更少的预测变量类型和样本量以实现更好的预测性能。这是因为与外部模型相比，内部模型使用的预测变量与 NO_3^--N 之间的关系更直接，也更密切。同时，在外部模型中，土地利用类型、土壤性质和氮肥用量是 NO_3^--N 最重要的预测变量（Boy-Roura et al.，2013；Kim et al.，2019；Ouedraogo et al.，2019）。在这种情况下，结合内部、外部模型预测变量的各自优势，可以降低成本并提高准确性。本模型包括 4 个主要因素，即电导率、氮肥用量、降水量和土壤条件，其中氮肥用量代表地表氮负荷，电导率和土壤条件分别代表内部和外部的水文地质条件，降水量被视为驱动因子（将氮从土壤表面输送到地下水中）。

（1）地下水电导率（EC）。在以往研究中，尤其是利用机器学习方法预测地下水 NO_3^--N 的模型中，电导率很少被采纳为预测变量。然而，前期研究表明，电导率在地下水 NO_3^--N 预测中发挥着重要作用（Zhang et al.，2022）。电导率作为预测变量的一个优点是，它是地下水的内部化学特性，因此比外部预测变量（如导水率和含水层质地）与地下水 NO_3^--N 的关系更直接（Ortmeyer et al.，2021；Knoll et al.，2019）。事实上，许多使用地下水离子（如 K^+、Na^+、Ca^{2+}、Mg^{2+}、SO_4^{2-}和 Cl^-）来预测 NO_3^--N 的模型都取得了良好的预测结果（Islam et al.，2021；Singha et al.，2021）。电导率的另一个优点是它可以综合反映这些离子的水平。结果表明，Ca^{2+}、Mg^{2+}、SO_4^{2-}、Cl^-与 NO_3^--N 和电导率浓度呈正相关关系（图 7-7），这表明 EC 有替代多个地下水离子作为预测变量的潜力，这样可以降低 NO_3^--N 预测成本，同时可通过对 EC 的实时监测实现 NO_3^--N 的实时预测。

（2）化学氮肥用量（NF）。化肥氮的施用是地下水中 NO_3^--N 的主要来源，特别是在集约化农区。过量的氮肥输入导致土壤中氮的积累较高（Huang et al.，2018），并渗入地下水中（Perego et al.，2012）。因此，氮肥用量是预测地下水 NO_3^--N 的关键因子。然而，从土壤表面到地下水的氮迁移过程极其复杂，这种复杂性增加了使用氮肥施用来预测地下水 NO_3^--N 的不确定性。虽然电导率通过表征地下水中的离子浓度部分解释了 NO_3^--N，但一些离子（如 HCO_3^-和 K^+）可能起到负面作用。而 RDA 结果显示氮肥用量可以纠正由这些离子引起的误差，弥补 EC 与 NO_3^--N 之间的差距（图 7-7）。

（3）地下水溶解氧（DO）和氧化还原电位（ORP）。溶解氧和氧化还原电位是影响氮转化的关键因子。溶解氧和氧化还原电位水平较高，通常会促进硝化作用，从而提高地下水中的硝酸盐浓度（Mayer et al.，2010）；相反，较低水平的溶解氧和氧化还原电位会引起显著的反硝化作用，继而从浅层地下水中去除硝酸盐（Rivett et al.，2008）。在本研究中，二者在 RF 模型的特征重要性排名仅次于电导率和氮肥用量，可见它们在预测模型中的重要性较高，并与我们之前的研究结果一致（Zhang et al.，2022）。但是，图 7-5 的结果显示，将二者添加到模型后，对模型性能的提升有限。此外，野外溶解氧的监测有较大局限性，最广泛使用的电化学检测过程消耗氧气，基于这个原理的传感器必须定期校准和维护（Trivellin et al.，2018）。上述两个因素影响了地下水溶解氧和氧化还原电位在监测成本及效率方面的适用性。

（4）降水量（PPT）。降水是将土壤表面氮负荷与地下水氮联系起来的重要驱动因素（Khan et al.，2019）。研究表明，降水量增加会减少土壤 NO_3^--N 的累积并促进 NO_3^--N 的淋溶（Hess et al.，2020）。虽然降水量在模型中的作用不如电导率和氮肥用量显著，但它确实改善了模型性能，在模型中加入降水量后，NN、RF 和 SVM 的 r^2 分别从 0.68 提高到 0.70、从 0.75 提高到 0.81、从 0.72 提高到 0.75（图 7-6 中 MP 到 EP 的变化）。虽然降水量对地下水 NO_3^--N 的影响在理论上确实存在，但它们实际产生的效应仍然未知，这需要更详细的降水数据，包括降水事件的频率和强度（Congreves et al.，2016）。

表 7-2　地下水 NO_3^--N 的机器学习预测相关文献中使用的预测变量、数据量和预测效果统计表

序号	区域面积/km^2	区域类型	预测变量	预测变量数	数据量	模型	模型类型	r^2	参考文献
1	906	集约化农区	水质参数包括 pH、总溶解性固形物、总硬度、Ca^{2+}、Mg^{2+}、Na^+、K^+、HCO_3^-、Cl^-、SO_4^{2-}、NO_3^-、F^-和 PO_4^{3+}	13	226	RF、XGBoost、ANN	内部模型	0.88～0.93	Singha et al.，2021
2	47 201	涵盖不同区域类型	盐度，地下水位、pH、EC、As、HCO_3^-、F^-、Cl^-、SO_4^{2-}、PO_4^{2-}、Na^+、K^+、Mg^{2+}、Ca^{2+}	14	286	Boosting、Bagging、RF	内部模型	0.85～0.92	Islam et al.，2021
3	850	涵盖不同区域类型	水质参数包括 T、pH、EC、HCO_3^-、F^-、Cl^-、$SO4^{2-}$、Na^+、K^+、Mg^{2+}、Ca^{2+}	11	246	RF、random tree、M5P	内部模型	0.70～0.93	Bui et al.，2020
4	953	涵盖不同区域类型	地下水深度、导水率、含水层厚度、净补给量、与河流的距离、排水密度、土地利用类型、水井密度、与村庄的距离、土壤系数、表面坡度	11	274	BRT、KNN	外部模型	0.78～0.79	Motevalli et al.，2019
4	1 300	涵盖不同区域类型，包括农田、果园、森林、温室、城市、草原	海拔、坡度、降水量、地下水深度、土地利用类型	5	5 840	OLS、GWR	外部模型	0.12～0.61	Koh et al.，2020
6	2 465	涵盖不同区域类型	海拔、导水率、与河流的距离、土地利用类型	5	113	SVM、RF、KNN	外部模型	0.58～0.72	Rahmati et al.，2019
7	139 400	涵盖不同区域类型	地下水深度、土壤因子、土地利用类型、氮肥用量、坡度、地形湿润度指数	>50	22 059	CR、RF	外部模型	0.08～0.33	Messier et al.，2019
8	21 115	涵盖不同区域类型	土地利用类型、渗水率、地下水补给率、地下水补给量、土壤因子、田间持水率、表层土壤腐殖质含量	14	1 890	MLR、CART、RF、BRT	外部模型	0.35～0.53	Knoll et al.，2019
9	144 700	涵盖不同区域类型	地下水位、地理位置、土地利用类型、土壤因子、氮肥用量、气候因子	66	34 084	RF、OOB、RT、LR	外部模型	0.21～0.38	Wheeler et al.，2015
10	61 200	涵盖不同区域类型	土壤因素、土地利用类型、含水层特征、渗水通量	41	318	BRT、ANN、BN	外部模型	0.03～0.26	Nolan et al.，2015
11	1 260	集约化农区	氮负荷、含水层特征、排水性能、灌溉作物占比、反硝化作用	5	57	MLR	外部模型	0.75	Boy-Roura et al.，2013

注：每个模型的缩写描述如下：人工神经网络（ANN）、贝叶斯网络（BN）、提升回归树（BRT）、分类回归树（CART）、删减回归（CR）、地理加权回归（GWR）、K 邻近（KNN）、线性回归（LR）、多元线性回归（MLR）、普通最小二乘法（OLS）、回归树（RT）。

土壤是人为施肥、氮沉降等氮源进入地下水的介质；同时，它也是一个氮库，是地下水中氮的重要来源。土壤氮库大小直接影响地下水中氮的输入量，而土壤性质，包括质地和土壤有机碳，均影响着氮的吸附、解吸和生物转化，从而影响 NO_3^--N 的淋溶量（Isaza et al.，2020）。在土壤异质性较高的地区，即使在相同的氮输入和降水下，进入地下水的氮量也可能千差万别（Wick et al.，2012）。因此，在这些地区对地下水氮的预测需要考虑复杂的土壤因素。尽管集约化农区的土壤类型多样，但该区域同一化的管理措施减弱了土壤异质性对地下水 NO_3^--N 预测的影响，因此在一定程度上可以忽略土壤因素的作用，从而减少模型的预测因子，使模型更为简洁。

第四节　最优数据量的确定与评估

采用易获取变量集（EC、NF 和 PPT）来测试数据量大小对模型预测性能的影响。图 7-8 展示了样本量为 200、400、600 和 800 时训练集和测试集的 NO_3^--N 分布图，表明不同数据量下的 NO_3^--N 分布是一致的。图 7-9 展示了模型在 50～990 个观测数据集上的学习曲线。结果表明，无论何种模型（NN、RF、SVM），模型预测效果均随训练数据量的增加而增加。然而，预测效果的提升在数据集较小时更明显，而在数据集较大时收效甚微。交叉验证结果表明，随着数据量从 50 增加到 260（NN）、690（RF）、700（SVM），r^2 的提升范围分别为 0.58～0.70、0.64～0.80 和 0.51～0.73；而随着数据量从 260（NN）、690（RF）或 700（SVM）

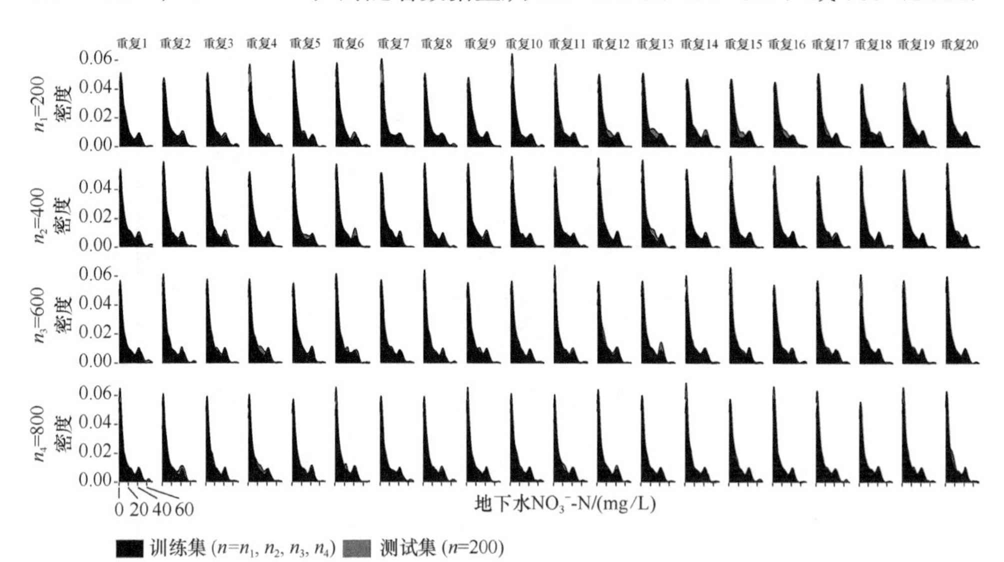

图 7-8　数据集大小分别为 200、400、600 和 800 时测试集和训练集的地下水 NO_3^--N 密度图

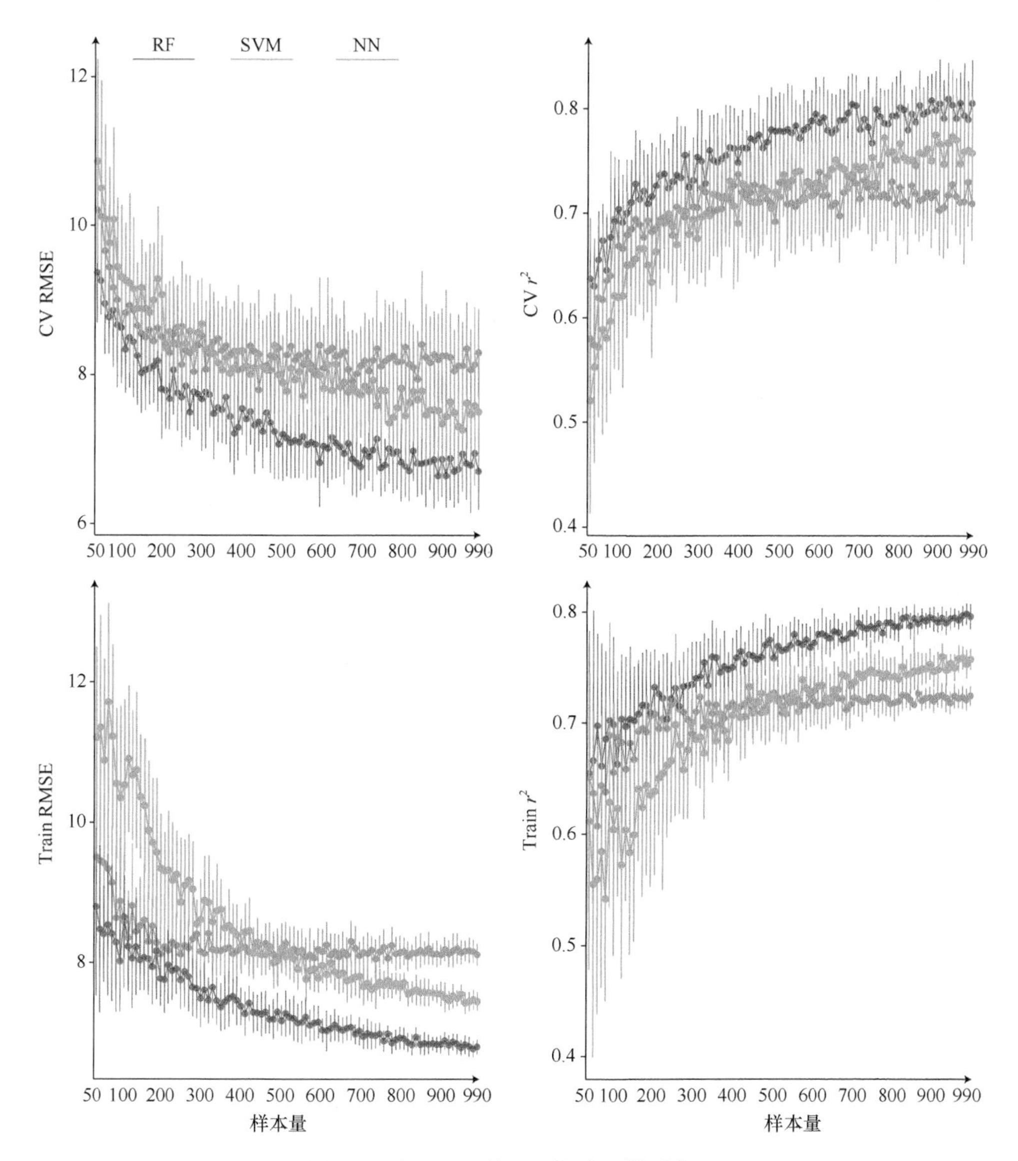

图 7-9　基于不同数据量构建的模型表现

所有模型均使用易获取变量（EC、NF 和 PPT），对于特定的数据量，训练集和测试集被独立地随机选择 20 次，每个训练集被分成 10 个内折。图中显示了 20 次重复的平均值和标准偏差。CV RMSE 和 CV r^2 代表基于测试集的 RMSE 和 r^2，Train RMSE 和 Train r^2 代表基于训练集的 RMSE 和 r^2

增加到 990，r^2 仅呈略微增长趋势，提升范围分别为 0.70～0.71、0.80～0.81 和 0.73～0.75。同样地，模型 RMSE 也表现出相似趋势。NN 模型的数据量为 50、260 和 990 时，RMSE 分别为 10.21、8.13 和 8.30；RF 模型数据数据量为 50、690 和 990 时，RMSE 分别为 9.37、6.87 和 6.70；SVM 模型数据量为 50、700 和 990 时，RMSE 分别为 11.01、7.88 和 7.78。上述结果表明，即使在相对较小的数据集（260 个、690

个或 700 个观测数据）中，NN、RF 和 SVM 模型也展示出较好的预测表现。此外，数据量较小时增加数据，可大幅提高模型表现，但数据量较大时提升效果有限。

由此可见，数据量大小是影响模型准确性的重要因素。对于模型预测，普遍认为数据量的增加会提高模型的性能（Zhang and Ling，2018）。但这并不适用于所有情况：如果包括了足够的重要特征作为目标的强预测因子，即使只有少量的数据观测，也可以获得良好的性能（Bailly et al.，2022）。根据回归理论，预测因子的数量越少，需要的数据量就越少，模型的准确性就越高（Chapelle et al.，2000）。因此，降低预测因子的数量可以降低样本量要求。例如，利用地下水化学元素预测氮浓度的模型通常包括约 10 个预测变量，需要相对较少的样本，大多数研究中的样本量为 300 个或更少，并且可以达到 0.8 或更高的 r^2 值（Ortmeyer et al.，2021；Bui et al.，2020；Singha et al.，2021）。相比之下，使用更广泛的因素作为预测因子的模型，例如，考虑水文特征、土地利用类型和土壤条件等因素，需要更大的训练样本量，通常超过 10 000 个观测值，但其 r^2 值却小于 0.5（表 7-2）。

目前，大多数预测地下水 NO_3^--N 的模型都基于广泛的预测因子收集和海量的训练数据集。然而，大量的预测因子和训练样本增加了预测成本，包括样本收集和检测成本，同时还存在模型过度拟合、不确定性高和训练时间过长等问题，这些因素均限制了模型的实用性和适用性。因此，选择较少的预测因子和相对较少的样本量来实现良好的预测性能是提高模型实用性的关键。本研究关注的研究区域（集约化农区），土地利用类型和农田管理措施较为一致，这种情况使得基于少量预测因子和较少样本量构建地下水 NO_3^--N 预测模型成为可能。

第五节　不同模型表现分析

模型评估结果表明，NN、RF 和 SVM 的预测性能相当。总体而言，在三个模型中，RF 预测表现相对最好，基于易获取变量（EC、NF 和 PPT）和较小数据量（690）的模型具有最高的 r^2 值（0.80）和最低的 RMSE 值（6.87）。前人研究表明，与提升回归树（BRT）、k 邻近（KNN）等模型相比，RF 的预测结果更准确，且由于它在分裂点上基于自举法（bootstrapping）随机选择预测变量（Breiman，2001），能够显著减少过拟合问题（Messier et al.，2019；Knoll et al.，2019）。然而，RF 可能会低估高值或高估低值，无法预测响应值范围之外的值，其不确定性也相对较高（Rahmati et al.，2019）。

本研究中 SVM 模型的预测性能良好，并且与 RF 模型相当。通过采用高灵敏度的参数（sigma），SVM 模型受小残差数据的影响较小（通常是低 NO_3^--N 值），但同时扩大了大残差数据对模型的影响。此外，SVM 模型将残差的绝对值而不是平方作为对模型的贡献，这种方法减少了较好观测值对模型的影响，同时限制了大离群值对回归方程的负面影响。因此，SVM 算法比 RF 算法更适用于地下水 NO_3^--N 预测，特别是在集约化农区。本研究中，在各监测点之间的 NO_3^--N 浓度差异很大，范围在 0～72.03mg/L，平均值为 12.92mg/L，标准偏差为 15.17mg/L。此外，远高于平均值的样本占总数的比例也相对较高（NO_3^--N>30 mg/L 的样本占总数的 15%以上）。在这种情况下，控制这部分数据对模型的影响可以增加模型的稳定性。

NN 模型的表现不如 RF 和 SVM，可能是由于 NN 更易过度拟合而无法在训练所用的数据集之外进行外推（Nafouanti et al.，2021）。此外，这类模型需要更多的参数，因为 NN 中的隐藏神经元、预测变量、响应变量都有多个线性和非线性组合（Anders and Korn，1999）。本研究中使用了模型平均方法和权重衰减方法来减少模型不稳定性及控制过拟合，但优化效果可能有限。

通常由于不同模型的算法、与数据结构的匹配度、对数据量的要求等均存在差异，基于相同数据构建的模型会产生完全不同的预测结果（Rahmati et al.，2019）。然而，在已报道的 NO_3^--N 预测研究中，不同模型也呈现了相似的预测结果（Ortmeyer et al.，2021；Knoll et al.，2019），正如本研究所观察到的，这表明在 NO_3^--N 预测中，不同机器学习模型之间的差异不大（图 7-10）。此外，在集约化农区，影响 NO_3^--N 浓度的因素也相对较少，如气候、位置、土地利用和土壤类型，而使用较少预测变量也更易在不同模型之间表现出相似的性能。因此，上述发现还表明，在集约农区构建 NO_3^--N 预测模型时，预测结果对模型类型的鲁棒性较高。

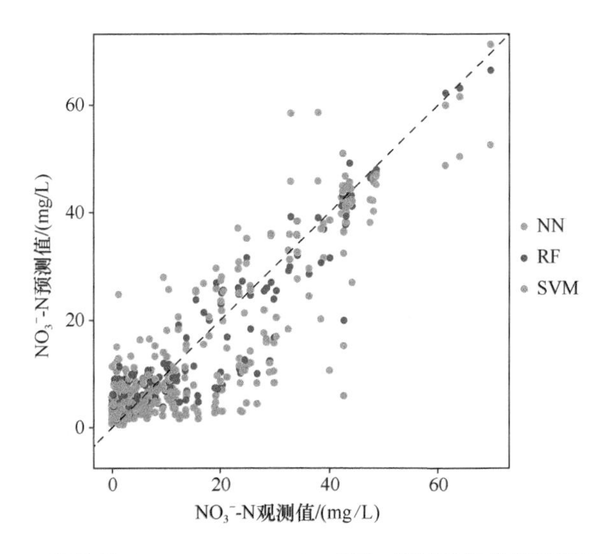

图 7-10　三种模型（NN、RF、SVM）对同一测试数据集的预测结果比较

第六节　预测模型不确定性评价

机器学习模型的不确定性主要来源于两类，包括认知不确定性（epistemic uncertainty）和随机不确定性（aleatoric uncertainty）。前者主要是指来源于预测变量选择和模型参数的不确定性，而后者主要是指来源于数据集本身误差。一般而言，在使用预测模型时，认知不确定性更为重要。由于本研究中使用的三种模型具有相似的预测效果，表明认知不确定性可能主要来自于使用的预测变量，而非模型类型及参数。

在本研究中，使用分位数回归量化 RF 模型的认知不确定性。图 7-11A 展示了 90%（5%～95%）概率下的预测区间覆盖率。由图可知，观测值的覆盖率非常接近理论值，表明 RF 在不同分位的预测均有良好的表现。此外，图 7-11B 结果表明，模型预测区间的长度随着 NO_3^--N 浓度的增加而减小，说明不同 NO_3^--N 浓度下的预测不确定性存在差异，原因可能在于，NO_3^--N 较低的地下水可能对应较高的氮肥用量和电导率（例如，当地下水中其他离子的浓度较高时），造成预测误差；较高的 NO_3^--N 必定对应较高的氮肥用量和电导率，预测误差相对较小。因此，低浓度 NO_3^--N 预测的较大不确定性可能是由于预测变量较少使得预测信息覆盖不足造成的，即仅依赖氮肥用量、电导率和降水量无法完全准确地预测 NO_3^--N。通过添加其他预测变量，如本研究中未被选入模型的地下水温度、pH、DO、ORP、SWL、SN 和 SOC 等，可以降低不确定性。但是，考虑到模型的简洁性和实用性，弃用这些因子也是合理且可接受的。

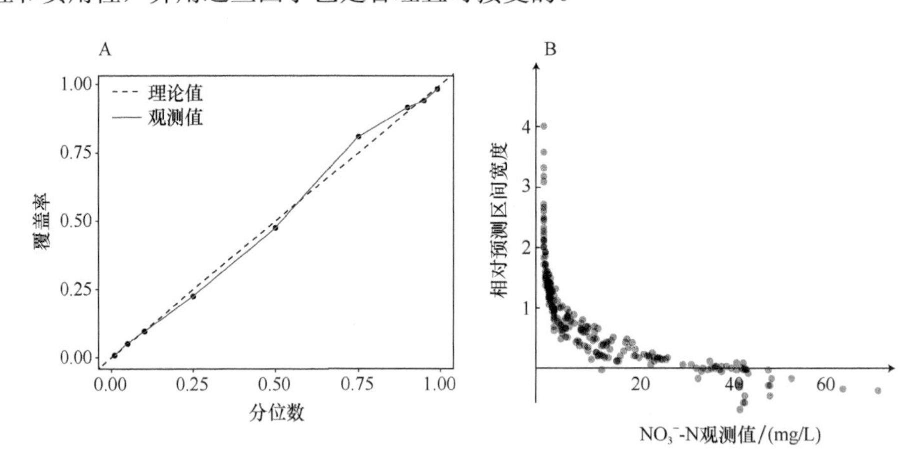

图 7-11　随机森林（RF）模型 90%（5%～95%）概率下的预测区间覆盖率（A）和相对预测区间宽度（B）

上述结果来自于随机森林模型的分位回归模拟及预测。红色实线为观测值，黑色虚线为理论值

相对预测区间宽度=Lg（预测区间宽度/观测值）

第七节　小　　结

当地下水中的硝酸盐超标时，可能对人类健康构成威胁。然而，地下水硝态氮的监测既费时又昂贵，为了提高其监测效率、降低监测成本，研究人员开发了一种基于易获取预测变量和小型数据集的预测模型，采用了随机森林（RF）、神经网络（NN）和支持向量机（SVM）算法。该模型构建的数据集包括1196个样本，这些样本均来自于密集农业区，每个样本含13个变量信息。模型使用r^2和RMSE（均方根误差）来评估模型的精度，并重点评估最小数量的预测变量和低数据量下的模型表现。结果表明，即使只使用少量易获得的预测变量（电导率EC、化学氮肥用量NF和降水量PPT）和小型数据集（260～700个观测值），利用RF、NN和SVM三种算法构建的模型均表现出较好的预测精度，r^2和RMSE值分别为0.70～0.80和6.87～8.13。在这些预测模型中，地下水电导率作为核心预测变量，是与NO_3^--N浓度直接相关的内部因子；化学氮肥用量是影响地下水NO_3^--N的载荷因子，用于补充EC在NO_3^--N预测中的盲区；降水量（PPT）由于其易于获取的性质而被引入模型以提高预测性能。本研究中应用的最终预测变量同时包含了内部和外部预测变量，兼顾了内部预测变量的高预测精度和外部预测变量的易获取性，提高了模型在地下水NO_3^--N预测中的实用性和适用性优势。该模型为实现集约化农业浅层地下水NO_3^--N的在线监测提供了技术支撑。

本章研究结果表明，基于最少的变量和小型数据集的预测模型在构建成本、实用性和适用性方面具有巨大的优势。所有预测因子的数据采集都通过低成本实时监测和调查实现，而预测因子的实时获取使得NO_3^--N的实时预测成为可能。对于密集农业区的地下水NO_3^--N预测，建议至少使用500个观测值（考虑测试样本，包括NO_3^--N、EC、NF和PPT数据）来建立基础模型。可通过添加其他易于获取的指标以提高模型性能，并以最小的成本实现实际生产参考预测。然而，该模型在其他集约化农区的适用性还需要进一步验证。

参考文献

Anders U, Korn O. 1999. Model selection in neural networks[J]. Neural Networks, 12(2): 309-323.

Bailly A, Blanc C, Francis É, et al. 2022. Effects of dataset size and interactions on the prediction performance of logistic regression and deep learning models[J]. Computer Methods and Programs in Biomedicine, 213: 106504.

Boy-Roura M, Nolan B T, Menció A, et al. 2013. Regression model for aquifer vulnerability assessment of nitrate pollution in the Osona region (NE Spain) [J]. Journal of Hydrology, 505: 150-162.

Breiman L. 2001. Random forests[J]. Machine Learning, 45(1): 5-32.

Bui DT, Khosravi K, Karimi M, et al. 2020. Enhancing nitrate and strontium concentration prediction in groundwater by using new data mining algorithm[J]. Science of the Total Environment, 715: 136836.

Busico G, Kazakis N, Colombani N, et al. 2017. Modified SINTACS method for groundwater vulnerability and pollution risk assessment in highly anthropized regions based on NO_3^- and SO_4^{2-} concentrations[J]. Science of the Total Environment, 609: 1512-1523.

Chapelle O, Vapnik V, Bengio Y. 2000. Model selection for small sample regression[J]. Machine Learning, 48: 9-23.

Chen A Q, Lei B K, Hu W L, et al. 2018. Temporal-spatial variations and influencing factors of nitrogen in the shallow groundwater of the nearshore vegetable field of Erhai Lake, China[J]. Environmental Science and Pollution Research, 25(5): 4858-4870.

Congreves K A, Dutta B, Grant B B, et al. 2016. How does climate variability influence nitrogen loss in temperate agroecosystems under contrasting management systems?[J]. Agriculture, Ecosystems & Environment, 227: 33-41.

El Amri A, M'nassri S, Nasri N, et al. 2022. Nitrate concentration analysis and prediction in a shallow aquifer in central-eastern Tunisia using artificial neural network and time series modelling[J]. Environmental Science and Pollution Research, 29: 43300-43318.

He B N, He J T, Wang L, et al. 2019. Effect of hydrogeological conditions and surface loads on shallow groundwater nitrate pollution in the Shaying River Basin: Based on least squares surface fitting model[J]. Water Research, 163: 114880.

Hess L J T, Hinckley E L S, Robertson G P, et al. 2020. Rainfall intensification increases nitrate leaching from tilled but not no-till cropping systems in the U.S. Midwest[J]. Agriculture, Ecosystems and Environment, 290: 106747

Huang P, Zhang J B, Zhu A N, et al. 2018. Nitrate accumulation and leaching potential reduced by coupled water and nitrogen management in the Huang-Huai-Hai Plain[J]. Science of the Total Environment, 610-611: 1020-1028.

Isaza D F G, Cramp R L, Franklin C E. 2020. Living in polluted waters: A meta-analysis of the effects of nitrate and interactions with other environmental stressors on freshwater taxa[J]. Environmental Pollution, 261: 114091.

Islam A R M T, Pal S C, Chowdhuri I, et al. 2021. Application of novel framework approach for prediction of nitrate concentration susceptibility in coastal multi-aquifers, Bangladesh[J]. Science of the Total Environment, 801: 149811.

Khan S N, Yasmeen T, Riaz M, et al. 2019. Spatio-temporal variations of shallow and deep well groundwater nitrate concentrations along the Indus River floodplain aquifer in Pakistan[J]. Environmental Pollution, 253: 384-392.

Kim H R, Yu S, Oh J, et al. 2019. Assessment of nitrogen application limits in agro-livestock farming areas using quantile regression between nitrogen loadings and groundwater nitrate levels[J]. Agriculture, Ecosystems & Environment, 286: 106660.

Knoll L, Breuer L, Bach M. 2019. Large scale prediction of groundwater nitrate concentrations from spatial data using machine learning[J]. Science of the Total Environment, 668: 1317-1327.

Koh E H, Lee E, Lee K K. 2020. Application of geographically weighted regression models to predict spatial characteristics of nitrate contamination: implications for an effective groundwater management strategy[J]. Journal of Environmental Management, 268: 110646.

Koycegiz C, Buyukyildiz M. 2019. Calibration of SWAT and two data-driven models for a data-scarce mountainous headwater in semi-arid Konya Closed Basin[J]. Water, 11(1): 147.

Mayer P M, Groffman P M, Striz E A, et al. 2010. Nitrogen dynamics at the groundwater-surface

water interface of a degraded urban stream[J]. Journal of Environmental Quality, 39(3): 810-823.
Medici G, Baják P, West L J, et al. 2021. DOC and nitrate fluxes from farmland; impact on a dolostone aquifer KCZ[J]. Journal of Hydrology, 595: 125658.
Messier K P, Wheeler D C, Flory A R, et al. 2019. Modeling groundwater nitrate exposure in private wells of North Carolina for the Agricultural Health Study[J]. Science of the Total Environment, 655: 512-519.
Motevalli A, Naghibi S A, Hashemi H, et al. 2019. Inverse method using boosted regression tree and k-nearest neighbor to quantify effects of point and non-point source nitrate pollution in groundwater[J]. Journal of Cleaner Production, 228: 1248-1263.
Nafouanti M B, Li J X, Mustapha N A, et al. 2021. Prediction on the fluoride contamination in groundwater at the Datong Basin, Northern China: Comparison of random forest, logistic regression and artificial neural network[J]. Applied Geochemistry, 132: 105054
Nolan B T, Fienen M N, Lorenz D L. 2015. A statistical learning framework for groundwater nitrate models of the Central Valley, California, USA[J]. Journal of Hydrology, 531: 902-911.
Ortmeyer F, Mas-Pla J, Wohnlich S, et al. 2021. Forecasting nitrate evolution in an alluvial aquifer under distinct environmental and climate change scenarios (Lower Rhine Embayment, Germany)[J]. Science of the Total Environment, 768: 144463.
Ouedraogo I, Defourny P, Vanclooster M. 2019. Application of random forest regression and comparison of its performance to multiple linear regression in modeling groundwater nitrate concentration at the African continent scale[J]. Hydrogeology Journal, 27(3): 1081-1098.
Perego A, Basile A, Bonfante A, et al. 2012. Nitrate leaching under maize cropping systems in Po Valley (Italy)[J]. Agriculture, Ecosystems & Environment, 147: 57-65.
Pradhan P, Tingsanchali T, Shrestha S. 2020. Evaluation of soil and water assessment tool and artificial neural network models for hydrologic simulation in different climatic regions of Asia [J]. Science of the Total Environment, 701: 134308.
Rahmati O, Choubin B, Fathabadi A, et al. 2019. Predicting uncertainty of machine learning models for modelling nitrate pollution of groundwater using quantile regression and UNEEC methods[J]. Science of the total Environment, 688: 855-866.
Rivett M O, Buss S R, Morgan P, et al. 2008. Nitrate attenuation in groundwater: A review of biogeochemical controlling processes[J]. Water Research, 42(16): 4215-4232.
Sajedi-Hosseini F, Malekian A, Choubin B, et al. 2018. A novel machine learning-based approach for the risk assessment of nitrate groundwater contamination[J]. Science of the Total Environment, 644: 954-962.
Singha S, Pasupuleti S, Singha S S, et al. 2021. Prediction of groundwater quality using efficient machine learning technique[J]. Chemosphere, 276: 130265.
Surdyk N, Gutierrez A, Baran N, et al. 2021. A lumped model to simulate nitrate concentration evolution in groundwater at catchment scale[J]. Journal of Hydrology, 596: 125696.
Tiyasha, Tung T M, Yaseen Z M. 2020. A survey on river water quality modelling using artificial intelligence models: 2000–2020[J]. Journal of Hydrology, 585: 124670.
Trivellin N, Barbisan D, Badocco D, et al. 2018. Study and development of a fluorescence based sensor system for monitoring oxygen in wine production: the WOW project[J]. Sensors, 18 (4): 1130.
Voutchkova D D, Schullehner J, Rasmussen P, et al, 2021. A high-resolution nitrate vulnerability assessment of sandy aquifers (DRASTIC-N)[J]. Journal of Environmental Management, 277: 111330.
Wheeler D C, Nolan B T, Flory A R, et al. 2015. Modeling groundwater nitrate concentrations in

private wells in Iowa[J]. Science of the Total Environment, 536: 481-488.
Wick K, Heumesser C, Schmid E. 2012. Groundwater nitrate contamination: factors and indicators[J]. Journal of Environmental Management, 111: 178-186.
Zhang D, Wang P L, Cui R Y, et al. 2022. Electrical conductivity and dissolved oxygen as predictors of nitrate concentrations in shallow groundwater in Erhai Lake region[J]. Science of the Total Environment, 802: 149879.
Zhang Q Y, Qian H, Xu P P, et al. 2021. Effect of hydrogeological conditions on groundwater nitrate pollution and human health risk assessment of nitrate in Jiaokou Irrigation District[J]. Journal of Cleaner Production, 298: 126783.
Zhang Y, Ling C. 2018. A strategy to apply machine learning to small datasets in materials science [J]. npj Computational Materials, 4: 25.

第八章　高原湖区浅层地下水中硝酸盐的来源与贡献

第一节　引　　言

作为全球最大、分布最广的高质量淡水资源库，地下水被广泛用于日常生活、农业和工业生产，分别占这些用途中用水量的 36%、42%和 27%（Döll et al.，2012）。在中国，70%的饮用水供应来自地下水（Qiu，2011）。然而，由于地下水污染，加剧了全球水资源的危机，已成为全球广泛关注的环境问题（Han et al.，2016；Ma et al.，2020）。例如，生态环境保护部发布的《2020 年中国生态环境状况公报》中指出，在中国地下水质量监测网络系统中，10 171 个监测井的地下水样品分别有 68.8%和 17.6%的水质为Ⅳ类和Ⅴ类，然而，地下水中氮（N）浓度的增加已成为地下水污染的罪魁祸首之一。在所有氮形式中，占比最高的硝酸盐（NO_3^-）是导致人类健康问题（如高铁血红蛋白血症）和地表水生态系统退化（如富营养化）的重要因素之一（Fan and Steinberg，1996；Wells et al.，2018）。

点源和面源污染是地下水 NO_3^-污染的主要来源（Yi et al.，2020），其中，面源污染主要包括土壤氮（SN）、化学氮肥（NF）和大气沉降（AD）（Xuan and Toor，2022；Yang and Toor，2016），而点源污染主要包括污水处理厂达标排放的污水、家庭生活污水、工业废水排放、养殖场和市政垃圾填埋场的渗滤液、污水收集灌网泄漏以及化粪池排放物等（Pastén-Zapata et al.，2014）。此外，地下水中 NO_3^-浓度和来源也受到多种氮转化的影响（Denk et al.，2017），例如，更高的 NH_4^+-N 浓度可以促进硝化作用并通过同化作用抑制 NO_3^-的去除，导致 NO_3^-在城市化河流中积累（Xuan et al.，2020）。在集约化农区过度使用 NF 通常被认为是地下水 NO_3^-的主要来源（Kaushal et al.，2011），而在城镇化密集分布区域，生活污水和工业废水也被认为是地下水 NO_3^-的主要污染源（Peters et al.，2020）。然而，许多研究也表明，粪肥和污水（M&S）、土壤氮（SN）是农业区域地下水 NO_3^-污染的主要贡献者（Ji et al.，2017；Kou et al.，2021），这意味着快速的城市化发展和集约化农业活动的加强正在改变地下水 N 污染物的来源和贡献（Liu et al.，2019）。因此，了解地下水中潜在的 N 来源及其转化过程，并定量估计不同来源的分配比例，对于控制和减少地下水中不同 N 的来源及地下水 NO_3^-污染治理至关重要。

地下水水源是大多数湖泊和河流依赖的补给源，地下水与地表水的相互补排在两者的交互带区域时常发生（Vystavna et al.，2021），因此，地下水中污染物随地下径流迁移至湖泊、河流，是湖泊、河流中污染物来源的重要途径之一（Hu et al.，2019）。虽然地下水中 N 浓度及来源强烈决定了湖泊和河流中 N 污染的程度，但有效控制湖泊和河流周围的地下水 N 浓度对于保护河流、湖泊等地表水质量至关重要。然而，地下水中 N 的来源和转化过程及其对地下水的贡献受到多种自然和人为因素的共同驱动，如土地利用（Wang et al.，2017；Zhang et al.，2020）、降水量（Wang et al.，2020b；Yue et al.，2020）、农业活动（Kim et al.，2021；Kou et al.，2021）、径流（Xuan et al.，2022）、季节变化（Cui et al.，2020；Peters et al.，2020）和水文化学性质（Castaldo et al.，2021），这些驱动因素对于阐明和验证地下水中 N 的来源及转化过程提出了许多挑战，特别是在混合土地利用区域的湖泊流域中，高度复杂的水文系统和人类活动进一步增加了地下水中 N 的行为过程及来源分配的不确定性。

NO_3^--N 是地下水中氮的主要形式，占比高达 70%以上，NO_3^-的来源在很大程度上反映了地下水中的 N 来源。以往确定水环境中 NO_3^-主要来源的方法较多，将土地利用类型与水化学组成（如阴离子和阳离子）进行关联是确定 NO_3^-来源和 N 循环过程的传统方法（Kim et al.，2019），但该方法得到的结果精度不高，无法准确定量评估地下水 NO_3^-来源的贡献。不同的 NO_3^-来源显示出独特的同位素特征，因此，NO_3^-稳定同位素（$\delta^{15}N$-NO_3^-和 $\delta^{18}O$-NO_3^-）方法成为近二十年来定量确定 NO_3^-氮来源的一种高效、准确的替代或补充工具（Xue et al.，2009），这种方法已成功用于识别地下水和地表水中 N 的来源及生物地球化学过程。同时，因 NO_3^-稳定同位素方法具有对辅助信息的要求较少、结果精度高、操作简单、可以直接识别 NO_3^-来源等多方面优点，已被越来越多的学者广泛应用（Ji et al.，2022）。运用 NO_3^-稳定同位素（$\delta^{15}N$-NO_3^-和 $\delta^{18}O$-NO_3^-）方法确定水环境中 NO_3^-来源的相关研究表明，在 M&S 中的 $\delta^{15}N$-NO_3^-和 AD 中的 $\delta^{18}O$-NO_3^-值最高，矿物肥料具有最低的 $\delta^{15}N$-NO_3^-值，其次是 SN（Zhang et al.，2020），这些信息对于追踪水环境中 NO_3^-的来源非常有用。然而，单独使用 NO_3^-双重同位素方法并不总是能够提供准确的来源信息并量化来源的贡献，因为不同来源的 NO_3^-同位素会重叠（例如，NF 与 SN、SN 与 M&S），多个 NO_3^-来源混合以及生物地球化学循环过程中的 NO_3^-同位素分馏等因素，会进一步干扰 NO_3^-来源及其定量化的准确判定（Wang et al.，2017；Xue et al.，2009）。因此，许多研究者尝试使用 NO_3^-同位素结合其他同位素（如 $\delta^{34}S$-SO_4^{2-}、$\delta^{11}B$）、水文化学数据（如 Cl^-、Na^+）、环境参数（如溶解氧 DO）和多元统计分析（如冗余分析）来识别 NO_3^-来源和转化过程（He et al.，2022；Ren et al.，2022）。值得一提的是，贝叶斯稳定同位素混合模型（SIAR）最近已成功用于提供 NO_3^-来源分配的定量信息，它克服了线性同位素混合模型的限制（不超过三个来源），可以评估三个以上 NO_3^-来源的贡献（Jani and Toor，2018；Ren et al.，2022）。

云南 8 个高原湖泊流域存在复杂的水文系统和高强度的人类活动，村庄、城镇密集，人口密度大，农业生产发达，集约化种植程度高。地下水、降水和地表水是重要的湖水补给来源，而高原湖泊周围的村庄和农田分散且相互环绕，因此，高原湖泊流域是典型的混合土地利用区域。特别是，降水、河水、地下水和湖水在季节变化中经常相互补排，导致该地区地下水 N 污染非常严重，平均 TN 和 NO_3^--N 浓度分别达到 24.35mg/L 和 15.15mg/L（李桂芳等，2022），这对湖泊水质安全构成严重威胁。然而，很少有研究关注云南 8 个高原湖泊流域地下水中 N 的来源、转化和贡献，而是盲目地将湖泊和地下水中的 N 污染完全归因于农业生产中化肥的过度使用，这容易忽略地下水中真正潜在的主导 N 来源，导致湖泊流域水污染治理效果不佳。鉴于上述考虑，本研究收集了 8 个高原湖区农田和居民区的灌溉井及生活用水井中浅层地下水样品，并测定了浅层地下水中物理化学参数和 NO_3^-氮氧同位素，主要目标是：①确定 NO_3^-来源和 N 的循环过程；②量化不同 NO_3^-来源的贡献比例；③揭示导致浅层地下水 N 浓度变化的因素并提出控制地下水N污染的建议。本研究结果可为控制高原湖区浅层地下水和湖泊水中N污染，以及高原湖泊流域混合土地利用下有效的N管理策略提供有价值的信息。

第二节　样品采集与理化指标测定

一、浅层地下水取样

研究区为滇池、洱海、抚仙湖、星云湖、杞麓湖、异龙湖、程海、阳宗海 8 个云南高原湖泊周边的农田和居民区，选择雨季（RS）的 8 月和旱季（DS）的 4 月作为典型代表月份进行地下水采样。2020 年 8 月和 2021 年 4 月，在 8 个高原湖泊流域各采集 238 个浅层地下水样品（表 8-1），其中，8 月采集的 238 个样品中，有 163 个来自农田 CA、75 个来自居民区 RA；4 月采集的 238 个样品中，有 164 个来自农田 CA，74 个来自居民区 RA。

表 8-1　8 个高原湖区浅层地下水样品量分配

类型	洱海	阳宗海	异龙湖	星云湖	杞麓湖	程海	滇池	抚仙湖	总计/个
农田	68	38	30	42	44	2	61	42	327
居民区	50	6	19	10	7	33	12	12	149
旱季	59	21	25	26	25	18	37	27	238
雨季	59	23	24	26	26	17	36	27	238
总计/个	118	44	49	52	51	35	73	54	476

样品采样过程中，使用 500mL 水样采集器（有机玻璃水样采集器，中国裕恒）

从距离地下水表面约 50cm 处收集地下水样，并收集 100mL 地下水样存储在塑料瓶中进行 N 形态分析。再从 476 个地下水样品中选择 343 个样品，包括 174 个 DS 样品（107 个来自 CA、67 个来自 RA）和 169 个 RS 样品（107 个来自 CA、62 个来自 RA），经过 0.45μm 滤膜过滤后保存在 100mL 塑料瓶中进行 NO_3^-同位素和化学离子分析。所有地下水样品存放在带有冰袋的保温箱中，立即转移到实验室 4℃的冰箱中存储，并在一周内进行分析测试。8 个高原湖泊流域雨、旱季采集的 476 个地下水样品理化参数见表 8-2。

表 8-2　浅层地下水中理化参数的描述性统计

指标	分类	*n*	Min.	25%Q	中位数	75%Q	Max.	平均数	SD	C.V/%
pH	DS	238	4.78	6.93	7.18	7.40	8.72	7.15	0.46	6.43
	RS	238	4.80	6.87	7.13	7.45	8.61	7.14	0.47	6.62
	CA	327	4.78	6.91	7.18	7.43	8.72	7.16	0.46	6.42
	RA	149	5.55	6.88	7.11	7.39	8.08	7.11	0.48	6.73
ORP /mV	DS	238	−178.9	198.5	230.7	267.3	310.0	209.9	89.3	42.6
	RS	238	−144.7	200.4	224.9	259.5	905.0	254.2	162.5	63.9
	CA	327	−172.7	197.3	228.1	265.9	656.0	215.8	87.9	40.7
	RA	149	−178.9	201.2	224.9	260.1	905.0	267.2	193.6	42.5
DO/（mg/L）	DS	238	0.05	0.68	1.48	2.36	8.68	2.56	1.37	60.61
	RS	238	0.04	0.45	1.02	1.93	7.23	1.57	1.29	82.17
	CA	327	0.04	0.25	0.88	1.92	8.68	1.30	1.34	102.58
	RA	149	0.06	0.61	1.46	2.20	5.60	1.66	1.29	77.37
T/℃	DS	238	15.1	17.0	17.7	19.0	22.0	18.0	1.5	8.2
	RS	238	16.9	20.0	20.9	21.9	25.5	21.0	1.4	6.6
	CA	327	15.1	17.5	19.4	20.8	25.5	19.2	2.0	10.4
	RA	149	15.5	18.4	20.4	21.7	25.0	20.1	2.1	10.4
地下水位/cm	DS	238	15.00	90.00	160.00	230.00	980.00	185.32	147.66	79.68
	RS	238	3.00	40.00	85.00	158.75	941.00	138.56	172.18	124.26
	CA	327	3.00	40.00	90.00	150.00	380.00	110.11	84.50	76.74
	RA	149	20.00	138.75	220.00	310.00	980.00	274.52	221.98	80.86
EC/（μS/cm）	DS	238	87.9	613.7	854.0	1165.5	2907.0	957.8	498.6	52.1
	RS	238	48.9	614.1	890.0	1238.6	3960.0	967.0	537.4	55.6
	CA	327	87.9	675.0	968.0	1310.0	3960.0	1065.9	533.8	50.1
	RA	149	48.9	464.8	687.5	985.0	2596.0	737.0	379.4	51.5
NH_4^+-N/（mg/L）	DS	238	0.01	0.05	0.09	0.50	12.47	0.79	1.80	229.11
	RS	238	0.04	0.08	0.11	0.29	19.53	0.68	1.97	289.51
	CA	327	0.01	0.07	0.12	0.61	19.53	0.85	2.10	246.05
	RA	149	0.01	0.06	0.08	0.13	9.11	0.48	1.29	271.02

续表

指标	分类	*n*	Min.	25%Q	中位数	75%Q	Max.	平均数	SD	C.V/%
NO_3^--N/(mg/L)	DS	238	0.01	0.98	6.31	19.22	44.24	12.37	13.95	112.75
	RS	238	0.02	2.31	7.66	26.65	107.02	15.71	18.11	115.26
	CA	327	0.01	1.78	11.3	30.62	107.02	17.58	18.00	102.39
	RA	149	0.01	1.31	3.60	9.16	36.52	6.41	6.94	108.27
TN/(mg/L)	DS	238	0.21	3.84	10.32	24.62	149.29	21.17	27.59	130.32
	RS	238	0.16	4.74	12.56	34.34	165.25	23.05	26.40	114.50
	CA	327	0.21	5.47	16.70	41.38	165.25	27.95	30.40	108.76
	RA	149	0.16	2.80	6.79	14.69	43.81	9.54	8.78	92.09
TDN/(mg/L)	DS	238	0.19	3.43	9.70	21.74	136.05	18.51	23.69	127.99
	RS	238	0.14	4.08	12.14	29.47	146.88	20.35	23.52	115.58
	CA	327	0.19	3.93	13.64	35.05	146.88	23.50	26.33	112.05
	RA	149	0.14	2.92	6.85	14.55	33.10	9.03	7.65	84.70
DON/(mg/L)	DS	238	0.01	0.32	1.07	3.73	91.73	5.31	12.37	233.05
	RS	238	0.02	0.58	1.83	4.88	47.98	4.14	6.72	162.37
	CA	327	0.02	0.54	1.77	5.12	91.73	5.89	11.46	194.41
	RA	149	0.02	0.26	0.83	2.24	9.82	1.73	2.21	127.73
PON/(mg/L)	DS	238	0.02	0.18	0.87	2.27	27.31	2.37	4.35	183.12
	RS	238	0.01	0.28	0.83	2.55	20.24	2.23	3.38	151.61
	CA	327	0.02	0.28	1.02	3.11	27.31	2.69	4.16	154.36
	RA	149	0.01	0.15	0.48	1.21	22.15	1.30	2.89	221.71
K^+/(mg/L)	DS	174	0.43	2.61	7.12	14.86	116.95	13.34	18.08	135.50
	RS	169	0.45	3.09	6.36	17.85	116.95	14.48	19.75	136.41
	CA	214	0.43	2.52	5.26	11.38	70.44	9.00	10.34	114.97
	RA	129	0.61	3.39	13.52	30.61	116.95	21.97	25.79	117.35
Na^+/(mg/L)	DS	174	2.58	16.50	29.94	55.08	1100.02	77.21	160.06	207.32
	RS	169	2.11	13.14	25.65	48.45	870.55	43.24	86.63	200.35
	CA	214	2.67	13.09	26.30	53.15	1100.02	72.99	165.60	226.89
	RA	129	2.11	18.19	29.61	51.07	449.85	48.10	59.32	123.32
Ca^{2+}/(mg/L)	DS	174	4.02	31.58	44.55	67.51	365.85	60.67	50.46	83.17
	RS	169	8.59	34.06	44.55	76.68	285.04	62.44	47.41	75.94
	CA	214	5.54	35.79	55.51	100.83	365.85	76.05	55.74	73.29
	RA	129	4.02	25.38	36.22	44.02	90.24	36.32	16.23	44.69
Mg^{2+}/(mg/L)	DS	174	2.96	19.81	34.20	51.71	148.36	38.94	25.49	65.45
	RS	169	2.33	23.68	41.18	52.83	144.87	41.76	24.89	59.61
	CA	214	2.96	28.81	43.28	62.10	148.36	47.63	26.82	56.31
	RA	129	2.33	14.81	23.41	37.66	79.31	27.12	15.34	56.58

续表

指标	分类	*n*	Min.	25%Q	中位数	75%Q	Max.	平均数	SD	C.V/%
HCO_3^-/（mg/L）	DS	174	12.00	172.58	220.89	276.01	473.72	230.15	86.23	37.47
	RS	169	8.95	176.35	233.91	288.83	473.72	236.64	91.39	38.62
	CA	214	8.95	179.50	218.76	270.83	467.82	228.89	77.85	34.01
	RA	129	29.70	163.33	230.76	300.02	473.72	239.25	103.58	43.29
Cl^-/（mg/L）	DS	174	2.04	30.44	49.50	104.05	589.67	88.88	96.85	108.97
	RS	169	3.07	31.16	49.70	96.75	449.47	80.95	83.57	103.24
	CA	214	3.64	33.87	56.40	122.02	589.67	96.98	98.11	101.17
	RA	129	2.04	25.83	41.03	78.00	413.99	64.99	72.23	111.15
SO_4^{2-}/（mg/L）	DS	174	0.46	55.98	81.85	192.40	870.51	145.26	150.42	103.55
	RS	169	2.92	58.38	114.71	218.16	814.92	159.97	153.21	95.77
	CA	214	0.46	72.61	126.42	281.00	870.51	194.50	170.88	87.85
	RA	129	3.66	32.92	63.36	106.87	304.70	76.97	60.14	78.14
$\delta^{15}N$/‰	DS	174	−11.99	3.81	9.31	15.82	43.21	10.34	9.76	94.38
	RS	169	−12.78	1.64	5.04	9.02	42.84	5.40	6.19	114.60
	CA	214	−12.78	1.59	5.55	10.83	43.21	6.86	8.71	127.03
	RA	129	−10.89	4.04	7.83	14.63	34.54	9.66	8.02	83.05
$\delta^{18}O$/‰	DS	174	−24.61	0.76	5.98	10.04	81.60	5.38	9.40	174.60
	RS	169	−27.62	−5.00	2.40	8.46	27.78	1.77	9.85	557.68
	CA	214	−27.62	−1.03	4.46	10.06	27.78	4.17	8.84	212.14
	RA	129	−24.61	−3.69	2.91	8.31	81.60	2.66	11.14	418.37

注：*n* 为样品量，SD 为标准差，Q 为分位数，C.V 为变异系数，CA 为农田，RA 为居民区，DS 为旱季，RS 为雨季。

二、浅层地下水样理化参数和同位素分析

使用手持式多参数水质监测设备（YSI ProPlus，Xylem，美国）现场监测地下水中 pH、温度（T）、氧化还原电位（ORP）、电导率（EC）和溶解氧（DO），并用钢卷尺测量地下水位。采用碱性过硫酸钾-紫外分光光度法测定过滤和未过滤的地下水样品中的溶解性总氮（TDN）和总氮（TN），并使用连续流分析仪（AA3，Seal，德国）检测水中的 NO_3^--N 和 NH_4^+-N。颗粒态有机氮（PON）是 TN 与 TDN 的差值，溶解有机氮（DON）是 TDN 与无机氮（NO_3^--N + NH_4^+-N）的差值。阴离子（Cl^-、SO_4^{2-}）使用离子色谱法（Dionex ICS-5000，Thermo Fisher，美国）测量，HCO_3^-使用容量滴定法测量；阳离子（K^+、Na^+、Ca^{2+}和 Mg^{2+}）通过电感耦合等离子体发射光谱法分析（iCAP 7600，Thermo Fisher，美国）。

$\delta^{15}N\text{-}NO_3^-$和 $\delta^{18}O\text{-}NO_3^-$采用反硝化细菌法和同位素比质谱仪（MAT-253，Finnigan，德国）进行测定（Casciotti et al.，2002）。该测定方法的原理是：使用缺乏 N_2O 还原酶活性的反硝化细菌将 NO_3^-转化成 N_2O，然后把经过分离纯化的 N_2O 通入同位素比值质谱仪中，从而得出硝酸盐中 $\delta^{15}N\text{-}NO_3^-$和 $\delta^{18}O\text{-}NO_3^-$值，使用四个国际标准（USGS32、USGS34、USGS35 和 IAEAN3）对获得的同位素值进行校正，所测得 $\delta^{15}N\text{-}NO_3^-$标准偏差低于 0.2‰，$\delta^{18}O\text{-}NO_3^-$标准偏差低于 0.4‰。同位素比率以 δ 值和千分之一（‰）相对于空气和海水维也纳标准（V-SMOW）表示：

$$\delta\,(‰) = [(R_1/R_2) - 1] \times 1000$$

式中，R_2 和 R_1 分别为标准品和样品中 $\delta^{15}N\text{-}NO_3^-$的 $^{15}N/^{14}N$ 比率或是 $\delta^{18}O\text{-}NO_3^-$的 $^{18}O/^{16}O$ 比率。

三、浅层地下水中硝酸盐来源、去向和贡献计算

本研究考虑了四种可能的 NO_3^-来源，包括降水氮 AD、化学肥料氮 NF、土壤氮 SN、粪肥与污水氮 M&S。每个 NO_3^-来源的 $\delta^{15}N\text{-}NO_3^-$和 $\delta^{18}O\text{-}NO_3^-$的同位素端元值从表 8-3 中获得，并与地下水中的 $\delta^{15}N\text{-}NO_3^-$和 $\delta^{18}O\text{-}NO_3^-$进行比较，以确定 NO_3^-来源。利用 NO_3^-同位素来识别生物地球化学循环过程（如硝化和反硝化），通过水化学参数和 NO_3^-同位素的组合，确定 NO_3^-的主要来源和去向。

表 8-3　不同来源 NO_3^-同位素典型值范围（$\delta^{15}N\text{-}NO_3^-$和 $\delta^{18}O\text{-}NO_3^-$）

来源	$\delta^{15}N\text{-}NO_3^-$/‰	$\delta^{18}O\text{-}NO_3^-$/‰	文献
大气沉降	–15～+15	+23～+80	Jani and Toor，2018
硝态氮肥	–5～+5	+17～+25	Kendall et al.，2007
铵态氮肥	–10～+5	–15～+15	Wang et al.，2021
土壤氮	+2～+8	–15～+15	Yang and Toor，2016
粪肥和污水	0～+25	–15～+15	Yang and Toor，2017
硝化作用		–6.23～+9.97	Zhang et al.，2020

注：使用公式 $\delta^{18}O\text{-}NO_3^- = 1/3\ \delta^{18}O\text{-}O_2 + 2/3\ \delta^{18}O\text{-}H_2O$，计算表 8-3 中 $\delta^{18}O\text{-}NO_3^-$的典型值范围。

稳定同位素混合模型（SIAR）是基于 R 软件包和 R 4.1.0 平台进行不同来源贡献率的计算，该模型如下：

$$X_{ij} = \sum_{k=1}^{k} p_k \left(S_{jk} + C_{jk}\right) + \varepsilon_{jk}$$

$$S_{jk} \sim N(\mu_{jk},\ \omega^2_{jk})$$

$$C_{jk} \sim N(\lambda_{jk},\ \tau^2_{jk})$$

$$\varepsilon_{jk} \sim N(0,\ \sigma^2_j)$$

式中，X_{ij} 为样品 i 同位素 j 的值（$i=1, 2, 3, \cdots, N$； $j=1, 2, 3, \cdots, J$）；p_k 为 NO_3^- 来源 k 的贡献率（$k=1, 2, 3, \cdots, K$）；S_{jk} 为 NO_3^- 来源 k 同位素 j 的值，其均值为 μ_{jk}，标准方差为 ω^2_{jk}；C_{jk} 为 NO_3^- 来源 k 同位素 j 所占的分馏系数，服从平均值为 λ_{jk}，方差为 τ^2_{jk} 的正态分布；ε_{jk} 为残差，表示不同样品间未能确定的变量，其平均值为 0，标准方差为 σ^2_j。在 SIAR 模型中使用的 AD、NF、M&S 和 SN 的 $\delta^{15}N-NO_3^-$ 和 $\delta^{18}O-NO_3^-$ 的典型端元值见表 8-4（Wang et al.，2020a；Yin et al.，2020）。

表 8-4　SIAR 模型中使用的不同潜在 NO_3^- 来源的端元值（$\delta^{15}N-NO_3^-$ 和 $\delta^{18}O-NO_3^-$）

来源	$\delta^{15}N-NO_3^-$/‰	$\delta^{18}O-NO_3^-$/‰
大气沉降氮 AD	–4.62±2.73	+43.65±16.33
粪肥和污水氮 M&S（Wang et al.，2020）	+15.70±6.30	+3.50±2.30
土壤氮 SN（Wang et al.，2020）	+6.20±2.20	–0.10±4.40
化肥氮 NF（Yin et al.，2020）	+3.10±2.00	+9.00±6.80

第三节　浅层地下水中硝酸盐的氮氧同位素分布特征

一、浅层地下水中主要离子组成

大多数地下水样品中阴离子以 HCO_3^- 为主，阳离子以 Ca^{2+} 为主（图 8-1）。浅层地下水水化学类型比较复杂，主要水化学类型是 $Ca^{2+} + Mg^{2+} - HCO_3^-$，在旱季 DS、居民区 RS 和农田 CA 中第二个主要的水化学类型是 $Ca^{2+} + Mg^{2+} - Cl^- + SO_4^{2-}$，但在雨季 RA 中是 $Na^+ + K^+ - HCO_3^-$ 类型，这表明土地利用是主要水化学

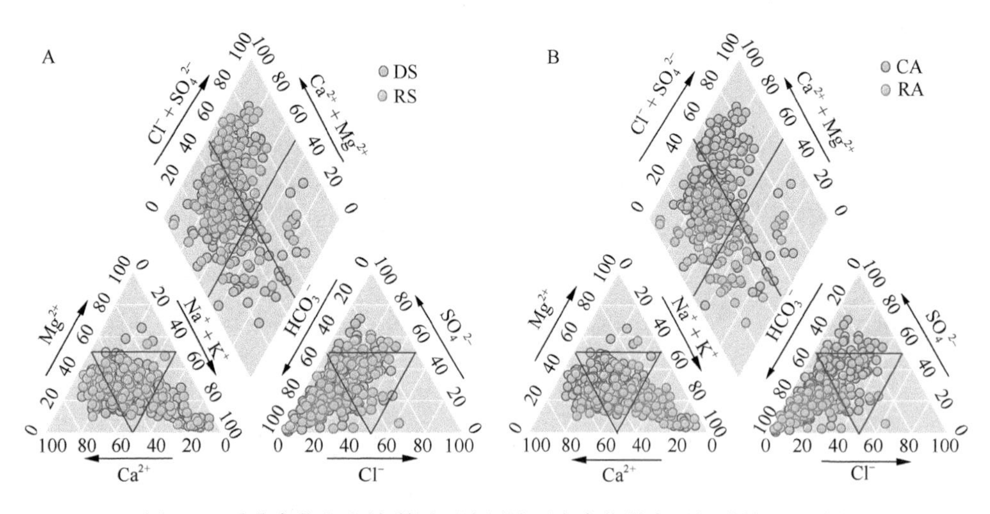

图 8-1　季节变化和土地利用下浅层地下水中化学离子组成的 Piper 图

类型差异的重要原因，而且地下水受到农业活动、人类活动和肥料使用的影响较大（Zhang et al.，2020）。此外，地下水中观察到 $Na^+ + K^+ - Cl^- + SO_4^{2-}$类型，表明地下水受到生活污水和化肥使用的影响（Richards et al.，2016；Xue et al.，2009）。

二、浅层地下水中氮的构成

季节变化和土地利用方式影响浅层地下水中各形态 N 的浓度（图 8-2，表 8-2），雨季 RS 和农田 CA 的浅层地下水中的 TN、NO_3^--N、NH_4^+-N、DON 和 PON 浓度分别为 23.05mg/L、15.71mg/L、0.68mg/L、4.14mg/L、2.23mg/L 和 27.47mg/L、16.54mg/L、0.95mg/L、5.89mg/L、2.69mg/L。与雨季 RS 浅层地下水中 N 浓度相比，旱季 DS 浅层地下水中 TN 和 NO_3^--N 浓度分别下降了 8%和 21%，而 NH_4^+-N、DON 和 PON 浓度分别增加了 15%、28%和 6%。与农田 CA 浅层地下水中 N 浓度相比，居民区 RA 中 TN、NO_3^--N、NH_4^+-N、DON 和 PON 浓度分别下降了 65%、61%、48%、70%和 52%。RS 和 CA 中地下水中 NO_3^--N 浓度水平显著高于 DS 和 RA（P<0.05）。重要的是，农田 CA 浅层地下水中每种 N 形态浓度（P<0.05）都高于居民区 RA 中的氮浓度。NO_3^--N 是地下水中最主要的 N 形态，占 TN 的 61%，45%的地下水样品中 NO_3^--N 浓度超过了 WHO 的最大污染限值（10mg/L）。

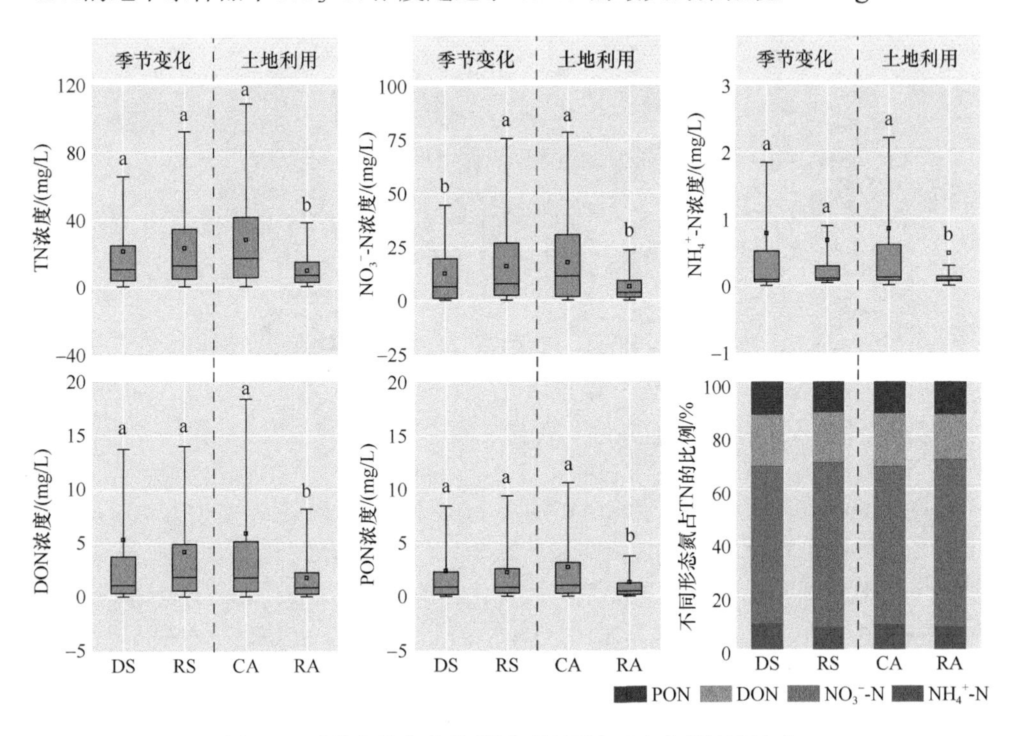

图 8-2　季节变化和土地利用下浅层地下水中氮浓度构成

三、浅层地下水中硝酸盐同位素组成

图 8-3 显示，旱季 DS 和居民区 RA 浅层地下水中 $\delta^{15}N\text{-}NO_3^-$ 值的范围分别为 –11.99‰～43.21‰和–10.98‰～34.54‰，平均值分别为 10.34‰和 9.66‰。与雨季 RS（–12.78‰～42.84‰，平均值为 5.40‰）和农田 CA（–12.78‰～43.21‰，平均值为 6.86‰）相比，旱季 DS 和居民区 RA 浅层地下水中 $\delta^{15}N\text{-}NO_3^-$ 值较高。旱季 DS 浅层地下水中 $\delta^{18}O\text{-}NO_3^-$ 值范围为–24.61‰～81.60‰（平均值为 5.38‰），农田 CA 浅层地下水中 $\delta^{18}O\text{-}NO_3^-$ 值范围为–27.62‰～27.78‰（平均值为 4.17‰），而在雨季 RS（–27.62‰～27.78‰，平均值为 1.77‰）和居民区 RA（–24.61‰～81.60‰，平均值为 2.66‰）浅层地下水中 $\delta^{18}O\text{-}NO_3^-$ 值相对较低。

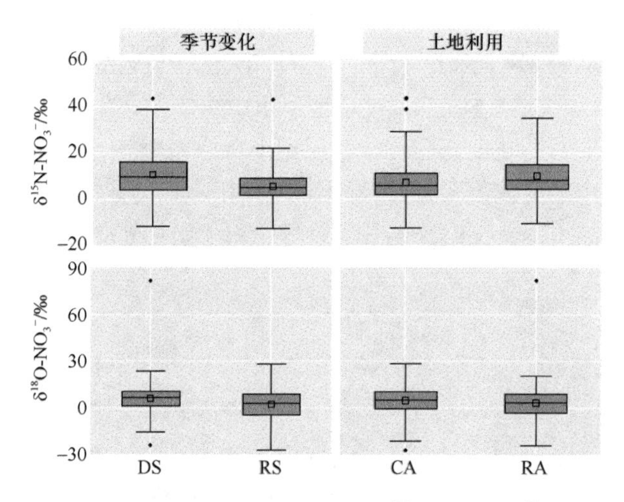

图 8-3 季节变化和土地利用下浅层地下水中 $\delta^{15}N\text{-}NO_3^-$ 和 $\delta^{18}O\text{-}NO_3^-$ 同位素值

第四节 浅层地下水中硝酸盐的来源与贡献

一、浅层地下水中硝酸盐的来源与贡献

利用 NO_3^- 同位素交错图和 SIAR 模型，分别确定了浅层地下水中 NO_3^- 的来源，并量化了不同来源对 NO_3^- 的比例贡献（图 8-4）。研究结果表明，地下水 NO_3^- 的来源及其贡献随季节变化和土地利用方式变化而改变，这在以往的研究中也被报道（Cui et al.，2020；Wang et al.，2017；Xuan et al.，2022）。浅层地下水中 $\delta^{15}N\text{-}NO_3^-$ 的值域范围为–12.78‰～43.21‰，$\delta^{18}O\text{-}NO_3^-$ 的值域范围为–27.62‰～81.60‰，表明高原湖区浅层地下水中存在多个 NO_3^- 来源和混合的氮源输入。图 8-4 表明浅层地下水中 $\delta^{15}N\text{-}NO_3^-$ 和 $\delta^{18}O\text{-}NO_3^-$ 组成显示了 NO_3^- 主要来源于 SN、M&S 和 NF 多种

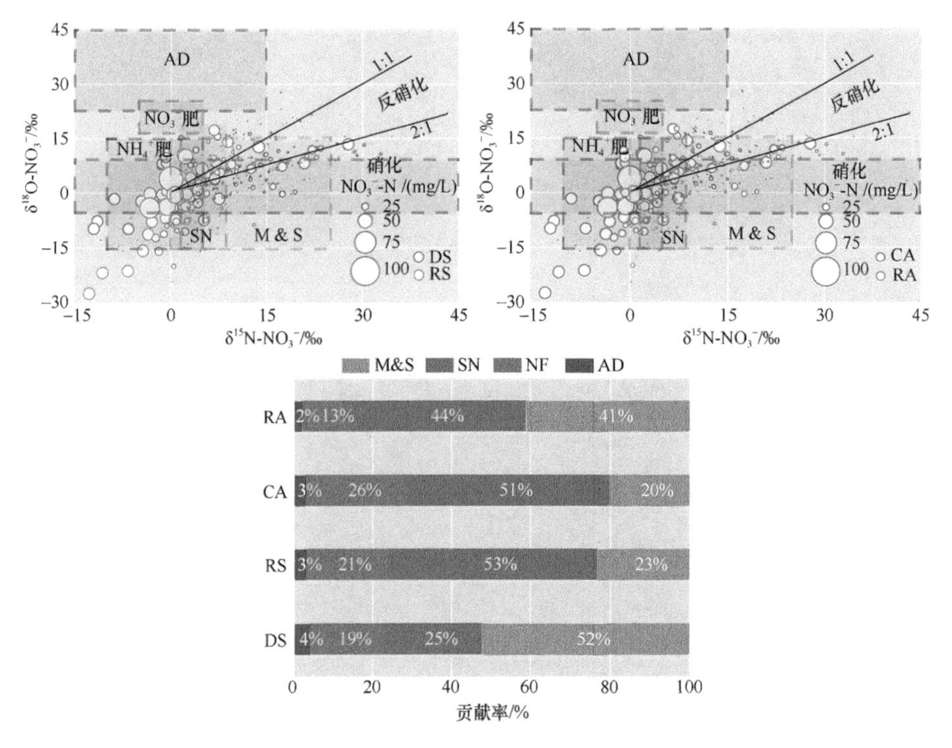

图 8-4　浅层地下水中硝酸盐的来源及贡献

混合氮源，并且大多数地下水样品分布在 SN 和 M&S 的值域范围内，这表明 SN、M&S 是地下水中潜在的主要 NO_3^-来源。水化学参数也是确定地下水 NO_3^-污染主要来源的有效指标（He et al.，2022），例如，Cl^-和 Na^+的来源主要有生活污水、人和动物排泄物、工业废水等人为污染源，是证明人类活动引起的地下水 NO_3^-污染的有效指标（Kim et al.，2019；Wang et al.，2021）；K^+主要来自种植过程中施用的钾肥（Zhang et al.，2020）。使用 $\delta^{15}N-NO_3^-$和 NO_3^-/Cl^-、NO_3^-/Cl^-和 Cl^-散点动态变化（图 8-5），可以定性描述旱季 DS 和雨季 RS、农田 CA 和居民区 RA 浅层地下水中 NO_3^-来源的比例贡献；而使用 NO_3^-/Na^+与 Na^+的散点动态变化（图 8-6），可以定性描述旱季 DS 和雨季 RS、农田 CA 和居民区 RA 浅层地下水中来自 M&S 对 NO_3^-的比例贡献。一般来说，高 Cl^-浓度主要来自 M&S，高 NO_3^-/Cl^-比值是由农业生产活动引起的（Li et al.，2019；Liu et al.，2006），旱季 DS、雨季 RS 和居民区 RA 中较低的 NO_3^-/Cl^-和较高的 Cl^-浓度表明，M&S 可能对地下水中的 NO_3^-贡献更显著，而在农田 CA 区域地下水 NO_3^-的来源中，NF 可能比 M&S 占比更大（图 8-5）。此外，旱季 DS、雨季 RS 和农田 CA 中 $Ca^{2+} + Mg^{2+} - Cl^- + SO_4^{2-}$类型是地下水中第二主要的水化学类型（图 8-1），表明地下水已受到粪肥和化粪池污水泄漏等造成的污染（Kim et al.，2021；Min et al.，2002），而居民区 RA 地下水中第二水化学类

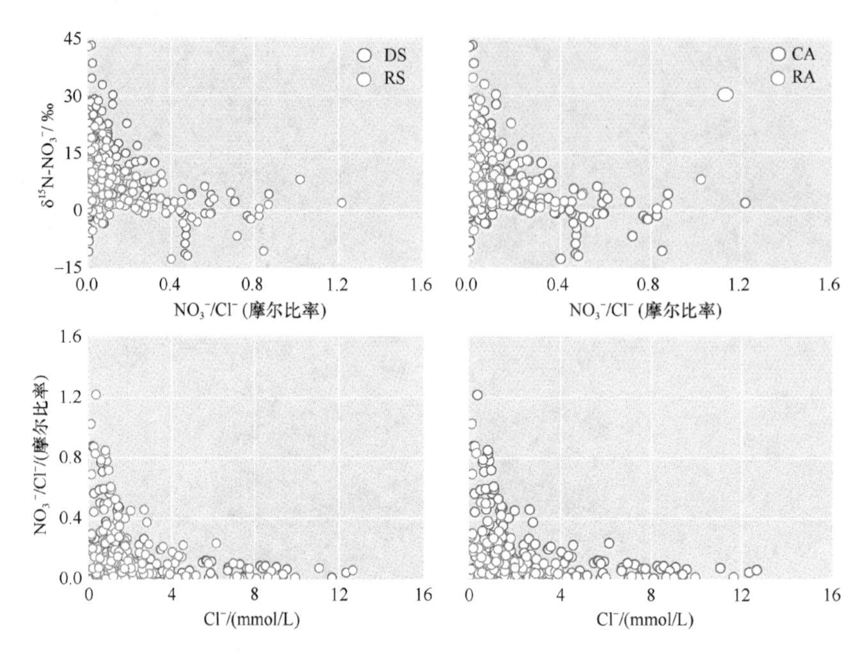

图 8-5　浅层地下水中 $\delta^{15}N-NO_3^-$和 NO_3^-/Cl^-、NO_3^-/Cl^-和 Cl^-的散点图

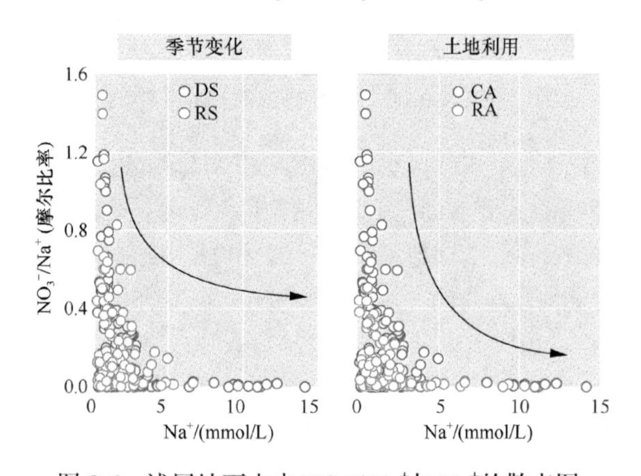

图 8-6　浅层地下水中 NO_3^-/Na^+与 Na^+的散点图

型以 Na^+ - HCO_3^-类型为主，并且具有相对较低的 NO_3^-/Na^+比值和较高的 Na^+浓度（图 8-1，图 8-6），这表明地下水受到生活污水排放影响较大，而不是粪肥污染（Yang et al.，2019；2020）。值得注意的是，雨季 RS、农田 CA 和居民区 RA 中 55%、47%和 44%的地下水样品，其 $\delta^{15}N-NO_3^-$值分别分布在 SN 值域范围内（0‰～8‰，图 8-4），大多数地下水样品显示出较低的 NO_3^-/Cl^-比值，这表明 SN 是地下水中最大的 NO_3^-贡献者（Xue et al.，2009；Jin et al.，2018）。除了 SN、M&S 和 NF 来源外，NO_3^-来源还可能来自大气沉降 AD，包括降水中的 NO_3^--N 和 NH_4^+-N。然而，降水

中 NH_4^+-N 浓度较低，甚至低于检测限（Ren et al.，2022；Zhan et al.，2017），而 NO_3^--N 浓度也较低，通常直接进入地表水和土壤，只有1%的地下水样，其 $\delta^{18}O$-NO_3^- 落在 AD 的值域范围内，因此 AD 不太可能对地下水贡献更多的 NO_3^-。

利用 SIAR 模型进一步定量估算了不同的潜在氮源对地下水 NO_3^-污染的比例贡献（图 8-4），结果表明，在雨季 RS 和农田 CA 中，SN 对地下水中的 NO_3^-贡献最高，分别占 53%和 51%，其次是 M&S（分别为 23%和 20%）和 NF（分别为 21%和 26%）。而在旱季 DS 中，地下水中最大的 NO_3^-贡献者是 M&S（52%）、SN（25%）和 NF（19%）。值得注意的是，居民区 RA 中的 NO_3^-来源主要由 SN（44%）和 M&S（41%）主导，而 NF 仅占 13%。没有地下水样品落入 AD 值域范围内（图 8-4），只有 2%～4%的地下水 NO_3^-来源归因于 AD。

二、浅层地下水中氮的转化过程

本研究结果表明，旱季 DS 和农田 CA 中 $\delta^{15}N$-NO_3^-和 $\delta^{18}O$-NO_3^-值相对较高，比雨季 RS 和居民区 RA 地下水中氮氧同位素值高，表明不同季节变化和土地利用方式下主导的氮素生物地球化学过程不同（Yue et al.，2020）。以往研究也表明，不同 NO_3^-来源的初始同位素值可以被多种 N 循环过程（如硝化和反硝化）所改变（Yang and Toor，2016），而 NO_3^-同位素方法是揭示地下水中主导的 N 转化过程的有效方法（Hu et al.，2019）。一般来说，NO_3^-在厌氧环境中主要通过反硝化作用将 NO_3^--N 还原成为气态 N（Kuypers et al.，2018），在反硝化过程中，异养微生物首选使用轻组同位素（即 ^{14}N 和 ^{16}O），导致残留的 NO_3^-中重组同位素 $\delta^{15}N$-NO_3^-和 $\delta^{18}O$-NO_3^-同时富集，并降低 NO_3^-浓度（Denk et al.，2017；Nikolenko et al.，2018），而残留的 $\delta^{15}N$-NO_3^-和 $\delta^{18}O$-NO_3^-比值在反硝化或同化过程中范围从 2∶1 到 1∶1（Böttcher et al.，1990；Yue et al.，2020）。本研究发现，在雨季 RS（斜率=0.98，r^2=0.46，P<0.001）、农田 CA（斜率=0.65，r^2=0.41，P<0.001）和居民区 RA（斜率=0.60，r^2=0.28，P<0.001）地下水中，$\delta^{15}N$-NO_3^-和 $\delta^{18}O$-NO_3^-之间的斜率在反硝化值域范围内（图 8-7），同时在雨季 RS、农田 CA 和居民区 RA 地下水中发现了 $\delta^{15}N$-NO_3^-与 $\ln(NO_3^-)$ 之间呈显著负相关关系（斜率分别为–1.18、–0.61 和–0.50）（图 8-8）。这些结果表明，在雨季 RS、农田 CA 和居民区 RA 地下水中，反硝化可能是水中主导的 N 转化过程。此外，缺氧或低氧环境也有利于反硝化作用的发生（Archana et al.，2018；Ren et al.，2022），而雨季 RS、农田 CA 和居民区 RA 地下水中 DO 浓度（<2mg/L）与预期的反硝化需要的厌氧或低氧环境一致（表 8-2）（Rivett et al.，2008）。

微生物硝化是多种硝化细菌将铵态氮氧化为 NO_3^-的多步反应过程（Denk et al.，2017；Ji et al.，2017），硝化过程中新产生的 $\delta^{18}O$-NO_3^-值可以由大气中的一个氧和水中的两个氧来确定，通过方程式 $\delta^{18}O\text{-}NO_3^- = 2/3\ \delta^{18}O\text{-}H_2O + 1/3\ \delta^{18}O\text{-}O_2$（Xue et al.，2009），可以估算出微生物硝化过程中理论 $\delta^{18}O\text{-}NO_3^-$值域范围。本研究中估算的 $\delta^{18}O\text{-}NO_3^-$值范围为–6.23‰～9.97‰（表 8-3），大于 67%的地下水 $\delta^{18}O\text{-}NO_3^-$值在旱季 DS 中落在硝化作用的值域范围内（图 8-4）。同时，研究观察到旱季 DS 地下水中相对较高的 DO（2.56mg/L）水平（图 8-8），高于有利于发生反硝化作用的条件（<2mg/L），这些结果表明旱季 DS 地下水中存在硝化作用，并且是主导

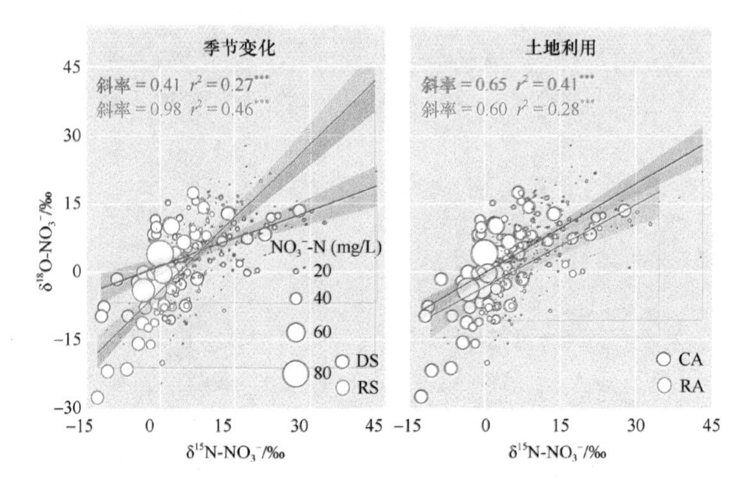

图 8-7 浅层地下水 $\delta^{15}N\text{-}NO_3^-$或 $\delta^{18}O\text{-}NO_3^-$与 NO_3^-浓度关系

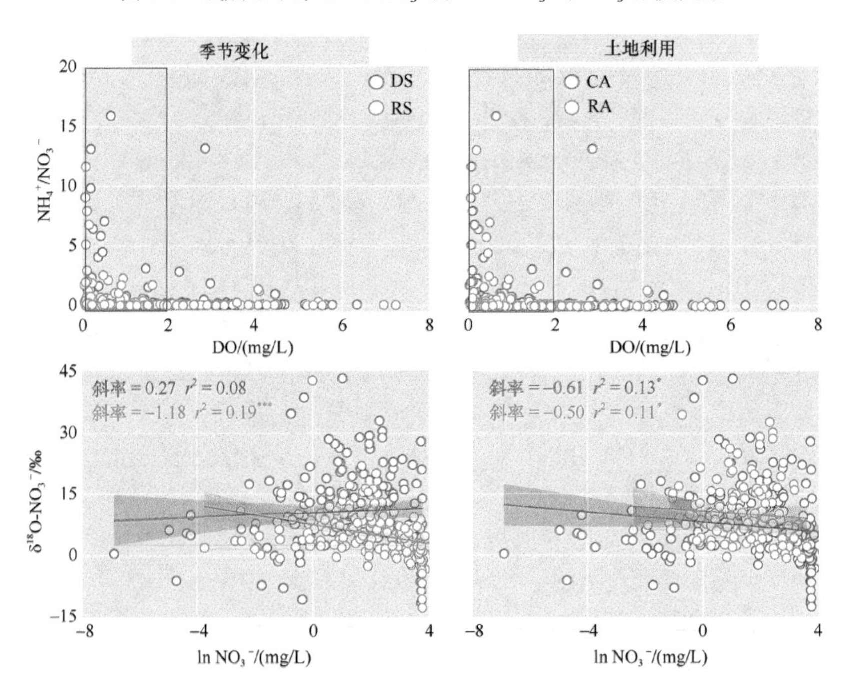

图 8-8 浅层地下水中 NH_4^+/NO_3^-和 DO、$\delta^{15}N\text{-}NO_3^-$和 $\ln NO_3^-$的关系

的 N 循环过程（Husic et al.，2020；Ren et al.，2022）。值得注意的是，在旱季 DS 部分地下水样品中，$\delta^{18}O-NO_3^-$值超出或低于硝化作用的预期理论值范围，且发现 DO 浓度较低，这表明旱季 DS 地下水中可能发生部分反硝化。在雨季 RS、农田 CA 和居民区 RA 某些地下水样品中，由于好氧条件，不能排除局部区域也会发生部分硝化作用。

第五节　影响浅层地下水硝酸盐来源与贡献的因素

一、土地利用与季节变化对浅层地下水中硝酸盐来源的影响

旱季 DS 和居民区 RA 地下水中 $\delta^{15}N-NO_3^-$值高于雨季 RS 和农田 CA，旱季 DS 和居民区 CA 地下水中 $\delta^{18}O-NO_3^-$值相对富集，这与我们之前的研究结果一致（Cui et al.，2020）。以往许多研究发现，土地利用和季节变化在很大程度上决定了 NO_3^-同位素分馏特征（Nejatijahromi et al.，2019；Pastén-Zapata et al.，2014；Xuan et al.，2022）。一般来说，居民区 RA 地下水中较高的 $\delta^{15}N-NO_3^-$，主要归因于生活污水和畜禽粪便的排放，以及人口密度较高和垃圾填埋场渗滤液泄漏等（Ji et al.，2022；Choi，2017）。相比之下，农田 CA 地下水中观察到较低的 $\delta^{15}N-NO_3^-$值，主要是因为 SN 和 NF 是主要的 NO_3^-来源（Ji et al.，2022；Xuan et al.，2022）。而旱季 DS 地下水中 NO_3^-同位素富集可能是由于这一时期化肥 N 消耗增加和畜禽粪便挥发增强（Pastén-Zapata et al.，2014），以及高温下垃圾填埋场、化粪池和家庭垃圾收集场的渗滤液蒸发等因素，但这些污染物在雨季 RS 期间又会被雨水冲刷和稀释。然而，$\delta^{18}O-NO_3^-$值主要受微生物硝化作用的影响，而不是 N 的来源、土地利用和季节变化（Barnes and Raymond，2010；Xuan et al.，2022）。

我们的研究结果发现，NO_3^-是地下水中主要的 N 形式，占比高达 60%以上（图 8-2），对地下水质量和人类健康构成了严重威胁。以往的研究表明，地下水中 N 的来源和动态受季节变化和土地利用的影响（Husic et al.，2021；Wang et al.，2017；Xuan et al.，2022）。降水是驱动旱季 DS 和雨季 RS 地下水中 N 源和浓度变化的关键驱动力，直接决定 N 的来源和损失，以及传输路径的长度和过程（Srivastava et al.，2020；Yang et al.，2021）。由于缺乏足够的雨水补给，旱季 DS 地下水位下降，长时间干旱后，地表水与地下水失去了水力联系，因此，来自土壤和化肥中的 N 在土层中积累和存储，大大降低了地下水中 N 的浓度，导致旱季 DS 地下水中 N 浓度低于雨季 RS（图 8-2）。因此，旱季 DS 地下水中 NO_3^--N 来源可能被 M&S 主导，主要是因为生活污水和废水排放、污水收集管道泄漏和化粪池渗滤液流出不会受到季节变化的影响（Pastén-Zapata et al.，2014），这也是 M&S 成为居民区 RA 地下水中 NO_3^-最大贡献者的原因。然而，一旦雨季土壤重新湿润，并且地下

水位再次上升，积累在土壤中的土壤氮和化肥氮就可以通过淋溶或水-土解吸作用，进入地下水中，促进了土壤中氮素的损失，并加剧了生活污水和渗滤液流入地下水的情况，导致地下水 N 浓度升高，并增加了 SN 和 NF 对地下水 NO_3^-的贡献（图 8-2，图 8-4）。同时，我们的研究也表明，地下水位波动是不可忽视的土壤氮损失途径（Chen et al.，2022；Cui et al.，2022）。特别是在农田 CA 中，频繁的地下水位波动、农业灌溉以及暴雨都会加速土壤中累积的氮向地下水中迁移（Min et al.，2002）。因此，在农田 CA 中，SN 是地下水中最大的 NO_3^-贡献者，并且仍然对居民区 RA 地下水中 NO_3^-有更高的贡献。我们的研究结果表明，在居民区 RA，M&S 是地下水中 NO_3^-的重要贡献者，这可以归因于密集的村庄和人口分布，促进了 M&S 的产生和排放，而污水管网和化粪池设施在居民区 RA 中不完善或相对缺乏，或者设施存在渗漏等。此外，我们发现农田 CA 中 NF 对地下水 NO_3^--N 浓度的贡献率要比居民区 RA 高得多（图 8-4），这主要是由于强烈的农业集约化活动，如高的化肥施用量。8 个高原湖泊流域种植多种作物，其轮作模式、种植方法、水肥施用强度等差异较大，导致化学 N 肥施用量差异较大。设施蔬菜和花卉的年施氮量远高于大田作物和露天蔬菜。我们之前的研究结果也表明，由于不同农业集约化种植强度的差异，使得不同农业区域浅层地下水中 NO_3^--N 浓度表现为：设施农业区>集约农业区>耕作休耕区（Cui et al.，2023）。虽然在居民区 RA 中 SN 和 NF 对地下水 NO_3^-的贡献分别为 44%和 13%，而在农田 CA 中 M&S 对地下水 NO_3^-的贡献为 20%，这表明农田 CA 和居民区 RA 地下水中都存在混合 N 污染源，这可以解释为散布在农田周围的村庄促进了农田 CA 和居民区 RA 地下水之间 N 的流动。

然而，尽管 NO_3^-的来源贡献和浓度随季节变化及土地利用改变而变化，但 SN 和 M&S 仍然是高原湖区浅层地下水中最大的 NO_3^-贡献者，这表明点源和面源的混合 N 污染同时存在于浅层地下水中。由此可见，控制浅层地下水中 NO_3^-污染面临着新的挑战，特别是 SN，由于降水和地下水位波动的强烈影响，土壤中累积的氮对地下水污染的影响难以控制。以前的研究表明，地下水是一个可观的湖泊补给水源（Vystavna et al.，2021），从高海拔山区到高原湖盆湖岸线上，地下水中 NO_3^-浓度持续增加（Wang et al.，2020a）。因此，浅层地下水中的 N 通过地下径流输入湖泊可能是造成研究区湖泊水质恶化的主要因素之一。

二、基于同位素方法确定浅层地下水中硝酸盐来源的不确定性

不同 NO_3^-来源的初始同位素组成可能会因多种途径的 N 循环过程（如反硝化、硝化和氨挥发），以及复杂的同位素分馏、来自农业和人类活动的多种 NO_3^-来源的混合而发生改变（Kellman，2005；Xue et al.，2009），导致对浅层地下水

中 NO_3^-来源的识别存在偏差。此外，NO_3^-污染源的同位素端元特征值非常敏感，并且与 SIAR 模型估计的 NO_3^-来源分配密切相关（Ji et al.，2022）；然而，由于土地利用、季节变化和同位素分馏等因素，造成了利用 NO_3^-氮氧同位素组成来判断 NO_3^-来源时存在较大的时空变异，这些因素导致我们研究高原湖区浅层地下水 NO_3^-来源的识别和贡献度时存在不同程度的不确定性（Ji et al.，2022）。因此，有必要获得准确的 NO_3^-污染源同位素端元特征值，并将同位素分馏因子引入 SIAR 模型，以减少模型的不确定性，并提高不同来源分配的准确性。

三、浅层地下水中硝酸盐来源与贡献的环境应用

我们的研究结果表明，高原湖区浅层地下水中 NO_3^-的最大贡献来自 SN 和 M&S。针对农田土壤中累积的氮素，围绕着农田土壤氮素如何“控增量、去存量”采取一系列技术措施。“控增量”方面，在保证作物目标产量基础上优化氮肥施用量，或配合施用缓控释肥、硝化抑制剂型肥料等新型肥料替代传统尿素肥料，或使用喷灌、滴管等节水灌溉技术替代传统的大水漫灌，或采用水肥一体化技术，或使用低耗型作物替代高耗型作物种植，实现种植结构调整，这些措施都是围绕着“控增量”从源头上控制水、氮投入。“去存量”方面，通过浅、深根系作物的搭配种植，实现作物对土壤剖面不同深度养分的差异化吸收，不仅提高了氮素利用效率，还能减少剖面土壤氮素累积；或在耕层与犁底层界面铺设一定厚度的秸秆或生物碳材料，构建土壤氮素淋失的生物阻隔层，阻控表层氮素向深层土壤中淋失；或在深层土壤剖面中采取原位生物脱氮技术，强化土壤中氮的反硝化、厌氧氨氧化或硝酸盐异化成铵过程，减少深层土壤剖面中的氮储量。单纯采用上述单项或组合技术还远远不够，还需要采取空间管控措施，根据距离河湖目标水体的远近和环境敏感程度，划定不同类型的生产功能区和生态功能区，种植结构调整和划定一定宽度的农田缓冲带，是有效防治区域性农田氮素流失的空间管控措施。

针对粪肥和污水，应在农村居民区建立和改进污水管网、化粪池收集与处理设施，并实现有效的家庭污水灌网收集和就近就地分散或集中处理；针对畜禽养殖，畜禽粪污实行干湿分离和固液分集，粪便要进行避雨存储，养殖区域要进行雨污分流，减少污水产生量。

第六节　小　　结

结合 NO_3^-稳定同位素、水化学数据、环境参数和 SIAR 模型，追踪了高原湖区浅层地下水 N 的来源和转化过程，并考虑了季节变化和土地利用的影响。结果

表明，雨季 RS 和农田 CA 地下水中各形态 N 浓度高于旱季 DS 和居民区 RA，这表明雨季 RS 和农田 CA 分别是控制 N 流失的关键期和关键区。雨季 RS、农田 CA 和居民区 RA 浅层地下水中 NO_3^-污染源主要是 SN，分别贡献了 NO_3^-的 53%、51%和 44%，其次是 M&S（分别为 23%、20%和 41%）和 NF（分别为 21%、26%和 13%）。在旱季 DS 浅层地下水中，M&S 是地下水中 NO_3^-的主要来源（占比为 52%），其次是 SN（25%）和 NF（19%）。在雨季 RS、农田 CA 和居民区 RA 浅层地下水中，反硝化是主要的 N 转化过程，而硝化主要发生在旱季 DS 的地下水中。混合土地利用和季节变化改变了 NO_3^-来源分配和地下水中 N 浓度，导致多重 N 源的混合污染。然而，在高原湖区地下水中，SN 和 M&S 是 NO_3^-的最大贡献者，这对浅层地下水 NO_3^-污染控制构成了重大挑战。因此，加快污水收集管网和污水处理设施建设及科学管理土壤氮，是改善高原湖区浅层地下水质量的关键。

参 考 文 献

李桂芳, 杨恒, 叶远行, 等. 2022. 高原湖泊周边浅层地下水：氮素时空分布及驱动因素[J]. 环境科学, 43(6), 3027-3036.

Archana A, Thibodeau B, Geeraert N, et al. 2018. Nitrogen sources and cycling revealed by dual isotopes of nitrate in a complex urbanized environment[J]. Water Research, 142: 459-470.

Barnes R T, Raymond P A. 2010. Land-use controls on sources and processing of nitrate in small watersheds: insights from dual isotopic analysis[J]. Ecological Applications: a Publication of the Ecological Society of America, 20(7): 1961-1978.

Böttcher J, Strebel O, Voerkelius S, et al. 1990. Using isotope fractionation of nitrate-nitrogen and nitrate-oxygen for evaluation of microbial denitrification in a sandy aquifer[J]. Journal of Hydrology, 114(3-4): 413-424.

Casciotti K L, Sigman D M, Galanter Hastings M, et al. 2002. Measurement of the oxygen isotopic composition of nitrate in seawater and fresh water using the denitrifier method[J]. Analytical Chemistry, 74: 4905-4912.

Castaldo G, Visser A, Fogg G E, et al. 2021. Effect of groundwater age and recharge source on nitrate concentrations in domestic wells in the San Joaquin Valley[J]. Environmental Science &Technology, 55(4): 2265-2275.

Chen A Q, Zhang D, Wang H Y, et al. 2022. Shallow groundwater fluctuation: An ignored soil N loss pathway from cropland[J]. Science of the Total Environment, 828: 154554.

Choi W J, Kwak J H, Lim S S, et al. 2017. Synthetic fertilizer and livestock manure differently affect $\delta^{15}N$ in the agricultural landscape: a review[J]. Agriculture Ecosystems & Environment, 237: 1-15.

Cui R Y, Fu B, Mao K M, et al. 2020. Identification of the sources and fate of NO_3^--N in Shallow groundwater around a plateau lake in southwest China using NO_3^- isotopes ($\delta^{15}N$ and $\delta^{18}O$) and a Bayesian model[J]. Journal of Environmental Management, 270: 110897.

Cui R Y, Zhang D, Liu G C, et al. 2022. Shift of lakeshore cropland to buffer zones greatly reduced nitrogen loss from the soil profile caused by the interaction of lake water and shallow groundwater[J]. Science of the Total Environment, 803: 150093.

Cui R Y, Zhang D, Wang H Y, et al. 2023. Shifts in the sources and fates of nitrate in shallow groundwater caused by agricultural intensification intensity: Revealed by hydrochemistry, stable isotopic composition and source contribution[J]. Agriculture Ecosystems & Environment, 345: 108337.

Denk T R A, Mohn J, Decock C, et al. 2017. The nitrogen cycle: A review of isotope effects and isotope modeling approaches[J]. Soil Biology & Biochemistry, 105: 121-137.

Döll P, Hoffmann-Dobrev H, Portmann F T, et al. 2012. Impact of water withdrawals from groundwater and surface water on continental water storage variations[J]. Journal of Geodynamics, 59-60: 143-156.

Fan A M, Steinberg V E. 1996. Health implications of nitrite and nitrate in drinking water: an update on methemoglobinemia occurrence and reproductive and developmental toxicity[J]. Regulatory Toxicology Pharmacology, 23(1): 35-43.

Han D M, Currell M J, Cao G L. 2016. Deep challenges for China's war on water pollution[J]. Environmental Pollution, 218: 1222-1233.

He S, Li P Y, Su F M, et al. 2022. Identification and apportionment of shallow groundwater nitrate pollution in Weining Plain, northwest China, using hydrochemical indices, nitrate stable isotopes, and the new Bayesian stable isotope mixing model (MixSIAR)[J]. Environmental Pollution, 298: 118852.

Hu M P, Liu Y M, Zhang Y F, et al. 2019. Coupling stable isotopes and water chemistry to assess the role of hydrological and biogeochemical processes on riverine nitrogen sources[J]. Water Research, 150: 418-430.

Husic A, Fox J, Adams E, et al. 2020. Quantification of nitrate fate in a karst conduit using stable isotopes and numerical modeling[J]. Water Research, 170: 115348.

Husic A, Fox J, Al Aamery N, et al. 2021. Seasonality of recharge drives spatial and temporal nitrate removal in a karst conduit as evidenced by nitrogen isotope modeling[J]. Journal of Geophysical Research: Biogeosciences, 126(10): e2021JG006454.

Jani J, Toor G S. 2018. Composition, sources, and bioavailability of nitrogen in a longitudinal gradient from freshwater to estuarine waters[J]. Water Research, 137: 344-354.

Ji X L, Shu L L, Chen W L, et al. 2022. Nitrate pollution source apportionment, uncertainty and sensitivity analysis across a rural-urban river network based on $\delta^{15}N/\delta^{18}O\text{-}NO_3^-$ isotopes and SIAR modeling[J]. Journal of Hazardous Materials, 438: 129480.

Ji X L, Xie R T, Hao Y, et al. 2017. Quantitative identification of nitrate pollution sources and uncertainty analysis based on dual isotope approach in an agricultural watershed[J]. Environmental Pollution, 229: 586-594.

Kaushal S S, Groffman P M, Band L E, et al. 2011. Tracking nonpoint source nitrogen pollution in human-impacted watersheds[J]. Environmental Science &Technology, 45(19): 8225-8232.

Kellman L M. 2005. A study of tile drain nitrate-$\delta^{15}N$ values as a tool for assessing nitrate sources in an agricultural region[J]. Nutrient Cycling in Agroecosystems, 71(2): 131-137.

Kendall C, Elliott E M, Wankel S D. 2007. Tracing anthropogenic inputs of nitrogen to ecosystems, Chapter 12. In: Michener R H, Lajtha K eds. Stable isotopes in ecology and environmental science[M]. Oxford: Blackwell Publishing: 375-449.

Kim H R, Yu S, Oh J, et al. 2019. Nitrate contamination and subsequent hydrogeochemical processes of shallow groundwater in agro-livestock farming districts in South Korea[J]. Agriculture Ecosystems & Environment, 273: 50-61.

Kim S H, Kim H R, Yu S, et al. 2021. Shift of nitrate sources in groundwater due to intensive livestock farming on Jeju Island, South Korea: With emphasis on legacy effects on water management[J]. Water Research, 191: 116814.

Kou X Y, Ding J J, Li Y Z, et al. 2021. Tracing nitrate sources in the groundwater of an intensive agricultural region[J]. Agricultural Water Management, 250: 106826.

Kuypers M M M, Marchant H K, Kartal B. 2018. The microbial nitrogen-cycling network[J]. Nature Reviews Microbiology, 16(5): 263-276.

Li C, Li S L, Yue F J, et al. 2019. Identification of sources and transformations of nitrate in the Xijiang River using nitrate isotopes and Bayesian model[J]. Science of the Total Environment, 646: 801-810.

Liu C Q, Li S L, Lang Y C, et al. 2006. Using δ^{15}N- and δ^{18}O-values to identify nitrate sources in karst ground water, Guiyang, southwest China[J]. Environmental Science &Technology, 40(22): 6928-6933.

Liu X L, Wang Y, Li Y, et al. 2019. Multi-scaled response of groundwater nitrate contamination to integrated anthropogenic activities in a rapidly urbanizing agricultural catchment[J]. Environmental Science and Pollution Research, 26(34): 34931-34942.

Ma T, Sun S, Fu G T, et al. 2020. Pollution exacerbates China's water scarcity and its regional inequality[J]. Nature Communications, 11: 650.

Min J H, Yun S T, Kim K, et al. 2002. Nitrate contamination of alluvial ground waters in the Nakdong River basin, Korea[J]. Geosciences Journal, 6(1): 35-46.

Nejatijahromi Z, Nassery H R, Hosono T, et al. 2019. Groundwater nitrate contamination in an area using urban wastewaters for agricultural irrigation under arid climate condition, southeast of Tehran, Iran[J]. Agricultural Water Management, 221: 397-414.

Nikolenko O, Jurado A, Borges A V, et al. 2018. Isotopic composition of nitrogen species in groundwater under agricultural areas: A review[J]. Science of the Total Environment, 621: 1415-1432.

Pastén-Zapata E, Ledesma-Ruiz R, Harter T, et al. 2014. Assessment of sources and fate of nitrate in shallow groundwater of an agricultural area by using a multi-tracer approach[J]. Science of the Total Environment, 470-471: 855-864.

Peters M, Guo Q J, Strauss H, et al. 2020.Seasonal effects on contamination characteristics of tap water from rural Beijing: A multiple isotope approach[J]. Journal of Hydrology, 588: 125037.

Qiu J. 2011. China to spend billions cleaning up groundwater[J]. Science, 334: 745.

Richards S, Paterson E, Withers P J A, et al. 2016. Septic tank discharges as multi-pollutant hotspots in catchments[J]. Science of the Total Environment, 542: 854-863.

Rivett M O, Buss S R, Morgan P, et al. 2008. Nitrate attenuation in groundwater: a review of biogeochemical controlling processes[J]. Water Research, 42(16): 4215-4232.

Ren K, Pan X D, Yuan D X, et al. 2022. Nitrate sources and nitrogen dynamics in a karst aquifer with mixed nitrogen inputs (Southwest China): Revealed by multiple stable isotopic and hydro-chemical proxies[J]. Water Research, 210: 118000.

Srivastava R K, Panda R K, Chakraborty A. 2020. Quantification of nitrogen transformation and leaching response to agronomic management for maize crop under rainfed and irrigated condition[J]. Environmental Pollution, 265(Pt A): 114866.

Vystavna Y, Harjung A, Monteiro L R, et al. 2021. Stable isotopes in global lakes integrate catchment and climatic controls on evaporation[J]. Nature Communications, 12: 7224.

Wang S Q, Zheng W B, Currell M, et al. 2017. Relationship between land-use and sources and fate of nitrate in groundwater in a typical recharge area of the North China Plain[J]. Science of the Total Environment, 609: 607-620.

Wang Y J, Peng J F, Cao X F, et al. 2020a. Isotopic and chemical evidence for nitrate sources and transformation processes in a plateau lake basin in Southwest China[J]. Science of the Total

Environment, 711: 134856.

Wang Z J, Yue F J, Lu J, et al. 2020b. New insight into the response and transport of nitrate in karst groundwater to rainfall events[J]. Science of the Total Environment, 818: 151727.

Wang S Q, Zheng W B, Currell M, et al. 2017. Relationship between land-use and sources and fate of nitrate in groundwater in a typical recharge area of the North China Plain[J]. Science of the Total Environment, 609: 607-620.

Wang H L, Yang Q C, Ma H Y, et al. 2021. Chemical compositions evolution of groundwater and its pollution characterization due to agricultural activities in Yinchuan Plain, northwest China[J]. Environmental Research, 200: 111449.

Wells N S, Kappelmeyer U, knöller K. 2018. Anoxic nitrogen cycling in a hydrocarbon and ammonium contaminated aquifer[J]. Water Research, 142: 373-382.

Xuan Y X, Tang C Y, Cao Y J. 2020. Mechanisms of nitrate accumulation in highly urbanized rivers: Evidence from multi-isotopes in the Pearl River Delta, China[J]. Journal of Hydrology, 587: 124924.

Xuan Y X, Liu G L, Zhang Y Z, et al. 2022. Factor affecting nitrate in a mixed land-use watershed of southern China based on dual nitrate isotopes, sources or transformations?[J]. Journal of Hydrology, 604: 127220.

Xue D M, Botte J, De Baets B, et al. 2009. Present limitations and future prospects of stable isotope methods for nitrate source identification in surface-and groundwater[J]. Water Research, 43(5): 1159-1170.

Yang L H, Li J Z, Zhou K K, et al. 2021. The effects of surface pollution on urban river water quality under rainfall events in Wuqing district Tianjin, China[J]. Journal of Cleaner Production, 293(15): 126136.

Yang P H, Li Y, Groves C, et al. 2019. Coupled hydrogeochemical evaluation of a vulnerable karst aquifer impacted by septic effluent in a protected natural area[J]. Science of the Total Environment, 658(25): 1475-1484.

Yang P H, Wang Y Y, Wu X Y, et al. 2020. Nitrate sources and biogeochemical processes in karst underground rivers impacted by different anthropogenic input characteristics[J]. Environmental Pollution, 265(Pt B): 114835.

Yang Y Y, Toor G S. 2016. $\delta^{15}N$ and $\delta^{18}O$ reveal the sources of nitrate-nitrogen in urban residential stormwater runoff[J]. Environmental Science & Technology, 50(6): 2881-2889.

Yang Y Y, Toor G S. 2017. Sources and mechanisms of nitrate and orthophosphate transport in urban stormwater runoff from residential catchments[J]. Water Research, 112: 176-184.

Yi Q T, Zhang Y, Xie K, et al. 2020. Tracking nitrogen pollution sources in plain watersheds by combining high-frequency water quality monitoring with tracing dual nitrate isotopes[J]. Journal of Hydrology, 581: 124439.

Yue F J, Li S L, Waldron S, et al. 2020. Rainfall and conduit drainage combine to accelerate nitrate loss from a karst agroecosystem: Insights from stable isotope tracing and high-frequency nitrate sensing[J]. Water Research, 186: 116388.

Zhang H, Xu Y, Cheng S Q, et al. 2020. Application of the dual-isotope approach and Bayesian isotope mixing model to identify nitrate in groundwater of a multiple land-use area in Chengdu Plain, China[J]. Science of the Total Environment, 717: 137134.

Zhan X Y, Bo Y, Zhou F, et al. 2017. Evidence for the importance of atmospheric nitrogen deposition to eutrophic lake Dianchi, China[J]. Environmental Science &Technology, 51(12): 6699-6708.

第九章　高原湖区农田土壤累积氮素减蓄技术

第一节　农田土壤累积氮素减蓄技术概述

一、肥料“外源氮”减量技术

农田土壤氮素累积量高，环境风险较大，特别是在水环境敏感区的河流、湖泊周边的农田区域。农田土壤氮素累积随种植类型的差异而不同，氮素累积量较高的农田土壤主要分布在蔬菜地和果园，且随着种植年限增加而升高。研究表明，设施蔬菜在 0～4m 的 NO_3^--N 累积量和累积速率分别为 244～504kg/hm^2、16～62kg/（hm^2·a）。露地蔬菜地相对较低，NO_3^--N 积累量和累积速率分别为 217～264kg/hm^2、10～26kg/（hm^2·a）（Bai et al.，2021）。果园 0～4m 土壤的 NO_3^--N 平均累积量高达 3288kg/hm^2，而稻田和麦田土壤 NO_3^--N 累积量较低，果园 NO_3^--N 累积量是大田作物的 16 倍（Gao et al.，2019）。麦田和稻田 0～2m 土壤 NO_3^--N 累积量为 33.25～242.32kg/hm^2（茹淑华等，2015），农田 0～3m 土壤 NO_3^--N 累积量最高达 632kg/hm^2（Wu et al.，2019）。总之，农田土壤氮素累积量较高，且易发生淋溶损失，淋溶量一般为 56～104kg/（hm^2·a）。此外，有研究表明，土壤 NO_3^--N 累积量随土层的加深而显著增加（郭路航等，2022），但也有研究表明土壤 NO_3^--N 累积量随土层加深呈先降后增的趋势（潘飞飞等，2022），这可能是由于作物种类、施氮量、灌溉量、种植制度、土壤剖面理化性质不同等原因导致土壤 NO_3^--N 累积特性的差异。但土壤氮素累积量随着作物栽培年限的增加呈逐渐上升趋势，土壤氮盈余量与氮累积之间总体上呈指数关系，土壤氮累积在氮素输入上存在滞后效应。更重要的是，植物难以利用深层土壤积累的氮，最终会成为地表水、地下水环境中氮素的主要来源之一，环境风险高。

深层土壤氮素累积受施氮量、土壤碳氮比、氮输入速率、灌溉、作物类型、土层特性等因素影响。在施氮量影响下，土壤氮累积量随着施氮量的增加而迅速增加，约为氮输入量的 2/3，即氮输入量远超过作物的需求量，会增加土壤氮累积量和 NO_3^--N 的淋失风险，造成重大经济损失和环境危害（Carey et al.，2017；王士军等，2023；Dupas et al.，2020）。因此，土壤累积氮素减蓄措施主要通过控制“外源”氮素输入、去除“内源”氮素存量两种途径，以实现土壤累积氮素的减蓄，主要包括减少氮肥施用、增加土壤有机碳、降低氮素淋溶量、改变种植模式和原位氮素的生物去除技术等措施。

目前已有大量研究集中在保证作物目标产量基础上，优化养分管理措施，如氮肥施用减量、有机-无机肥配施、配施抑制剂肥料及缓/控释肥等，或改变灌溉方式或种植制度来减少外源投入，实现土壤累积氮素的减量。

1. 减量施氮

减少氮肥施用量，可以直接减少氮素输入土壤中的总量，在满足作物生长所需养分的同时，减少土壤氮素盈余，进而降低土壤氮素累积。尽管每年输入农田的氮约 40%在作物收获时被移除，但 60%左右的输入氮量仍残留在土壤中，这种土壤遗留氮的再次释放又可能污染水、大气环境。研究表明，土壤 NO_3^--N 含量和累积量随着氮肥施用量的增加而增加。与施氮量 180kg/hm^2 相比，施氮量为 210kg/hm^2 和 240kg/hm^2 处理的 0～60cm 土壤 NO_3^--N 累积量分别增加了 30.5%～31.6%和 41.6%～51.6%（Liu et al.，2021）；而与施氮量 360kg/hm^2 相比，施氮量为 120kg/hm^2、240kg/hm^2 的 0～100cm 土壤 NO_3^--N 含量分别显著降低了 32%～72%、0%～33%（郭丽等，2018）。刘沥阳等（2020）研究表明，与高量施氮相比，低量厩肥配施化肥处理收获期 0～100cm 土壤的 NO_3^--N 累积量显著降低了 58.2%～79.2%，说明施氮量高于一定阈值时会超过作物生长需用量，从而造成氮素在土壤中累积。因此，减量施氮对减少土壤氮素累积具有显著效果，至于在保障不减产的条件下，减量多少效果最佳，仍需要根据种植作物、作物生长状况、地力条件等进一步调整。另外，适当增加磷肥的施用能加速作物对土壤 NO_3^--N 的吸收，进而减少深层土壤氮素累积量（王汝丹等，2021）。因此，除以上措施外，还可以考虑研究和监测增施磷肥对土壤氮素累积量的影响。

2. 有机-无机肥配施

合理配施有机肥，可以有效地调控土壤氮素平衡，减少氮素累积。有机-无机肥配施并减少化肥氮施入，适宜增加土壤碳源，促进土壤氮素矿化，提高氮素利用效率，有利于减少外源氮素输入，增加土壤氮素输出，进而降低土壤剖面氮素累积量和 NO_3^--N 的淋溶风险。土壤中氮含量随着有机肥替代比例的增加而逐渐降低，有机肥替代量为 25%～50%时可以获得较高的产量，并显著减少 NO_3^--N 累积和淋溶（Geng et al.，2019；王超林等，2019）。有机-无机肥配施在 0～40cm 土壤氮含量减少了 2.04%～69.03%（徐大兵等，2018）。40%尿素配施有机肥处理土壤氮素残留量和氮素损失量分别降低 22.0%、30.1%，同时氮肥生产效率、农学效率和表观利用率分别显著提高 50.2%、72.4%和 19.5%（Shu et al.，2021），但也有研究表明 30%尿素配施牛粪效果最佳（李敏等，2019），这可能是因为有机肥类型、作物种类、土壤类型和管理模式等不同，导致得出效果最佳的有机-无机肥配比有所差异。还有研究表明，减量化肥加秸秆还田下 40～80cm 土壤氮储量显著降低，其他层次无明显变化（陈春兰等，2021）。因此，关于有机肥类型、有机-无机肥配施比例对农田不同层次土壤累积氮素的减蓄效果还需进一步研究。

3. 硝化抑制剂调控

添加脲酶和硝化抑制剂不仅能减缓尿素的水解速度，有效抑制 NH_4^+-N 生成（图 9-1），还可以通过影响土壤氨氧化细菌、硝化细菌活性减弱硝化作用的强度，使土壤氮素长时间以 NH_4^+-N 形式存在，提高氮素有效性和氮肥利用率，降低土壤 NO_3^--N 含量和流失量（周旋等，2019；Cui et al.，2022；Liu et al.，2022）。蔬菜地添加硝化抑制剂后，土壤氮素残留显著降低 52.7%～72.4%（Liu et al.，2021），番茄地 0～100cm 土层的 NO_3^--N 累积量下降了 14.3%～15.7%（Yin et al.，2018）。随着新型材料的不断挖掘，抑制剂的种类也在不断拓展，且添加不同类型的硝化抑制剂效果也不一定相同。臧祎娜等（2018）通过研究不同种类硝化抑制剂表明，添加双氰胺、2-氯-6-（三氯甲基）吡啶均明显降低了土壤中 NO_3^--N 含量，但后者效果最佳。此外，添加单个或多种硝化抑制剂的效果也不相同。赖睿特等（2020）研究表明，土壤氮素累积量从大到小依次为氢醌、双氰胺+氢醌、双氰胺。赵伟鹏等（2021）通过配施脲酶和硝化抑制剂对作物氮利用和土壤氮盈余的研究表明，与常规施氮相比，配施脲酶和硝化抑制剂效果最佳，氮素盈余量显著降低 15.1%～17.8%，但其氮素盈余率仍维持在 35.5%～37.1%，且 0～100cm 土壤剖面的 NO_3^--N 累积量反而显著增加 215.1%～275.2%。因此，不同种类、单个或多种抑制剂对土壤剖面 NO_3^--N 累积量的影响仍需要进一步研究。

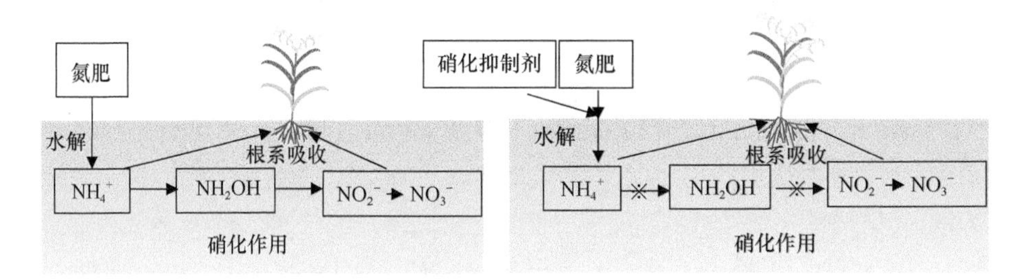

图 9-1 添加抑制剂对土壤氮素累积的影响

※表示硝化抑制剂的作用点

4. 缓/控释肥

缓/控释肥是一种新型的低碳经济肥料，通过自身养分的缓慢释放，在氮素一次性输入以减少劳力成本的同时，还能够协调肥料氮素释放与作物养分吸收，实现土壤供氮与作物需氮之间的平衡，提高作物吸收土壤中氮素的能力，进而降低土壤氮素累积量（金容等，2018；冯朋博等，2020）。研究表明，施用控释尿素 0～3m 土层中 NO_3^--N 残留量下降 17.89%～34.96%，控释尿素配施比约 50%最佳（刘晶等，2022）。施用控/释尿素并添加硝化抑制剂也能起到类似效果，可使更多的土壤 NO_3^--N 留在 0～40cm 的土壤根层，有利于作物根系吸收，使深层土壤氮素累积量显著降低 44.2%～106.4%（周翔等，2019），与 Zhao 等（2017）的结论类似。

合理确定施肥种类和施肥量，可以有效地调控土壤氮素平衡，减少土壤氮素累积和损失。外源氮输入是土壤 NO_3^--N 的主要来源之一，但是氮肥的配施措施繁多，不同氮肥种类、用量结合不同的施用方式，使得土壤 NO_3^--N 的累积量截然不同。单施尿素、有机-无机肥配合施用是经常使用的施肥方式，添加脲酶/硝化抑制剂和配施缓/控释肥虽已有许多研究，仍需根据不同作物、土壤类型、使用方式确定合理的施用量。

5. 低耗型作物替代种植技术

土壤氮素累积主要是因为氮素输入量高、作物吸收效率低而导致。低耗、高效型作物不仅对氮素需要量较少，而且可以直接减少氮肥的施用量，提高作物对氮素的吸收量，进而降低土壤氮素累积量。种植氮高效利用品种，土壤氮素累积量减少了 20.5%～24.5%，土壤 NO_3^--N 含量显著降低了 21.28%～48.72%，且氮低效利用品种的表观损失率是氮高效利用品种的 1.45～2.89 倍（张仁和等，2017；屈佳伟等，2018）。氮高效利用小麦品种种植后，氮素吸收量提高 60.21%～84.65%（张恒等，2022），土壤氮素积累速率下降 28.8%～66.0%（李瑞珂等，2018）。同样地，蔬菜、果树等土壤氮累积量高的农田，通过种植结构调整（如种植蔬菜改种大田作物），或通过种植结构和轮作制度的改变（如高耗与低耗作物的年际、年内轮作以及低耗高耗型作物的间作等措施），从源头上进行氮肥减量，也能显著降低土壤中氮素的累积量。

二、节水减渗技术

土壤氮累积、淋溶和迁移除受施肥量和土壤物理性状影响外，还受灌溉水量和方式的影响，漫灌会导致深层土壤 NO_3^--N 累积量增加，而适当灌溉不仅会增加土壤的含氧量、减弱硝化作用，还可以保持根系活力，刺激根系深入土壤，提高土壤酶活性，增加作物对深层土壤氮素的吸收，降低土壤氮素累积（图 9-2）。由此可见，在当前重点关注减氮管理措施的同时，改变灌溉方式不失为一种减少氮素累积和淋失的有效途径。目前，节水灌溉模式主要为喷灌、滴灌和水肥一体化。

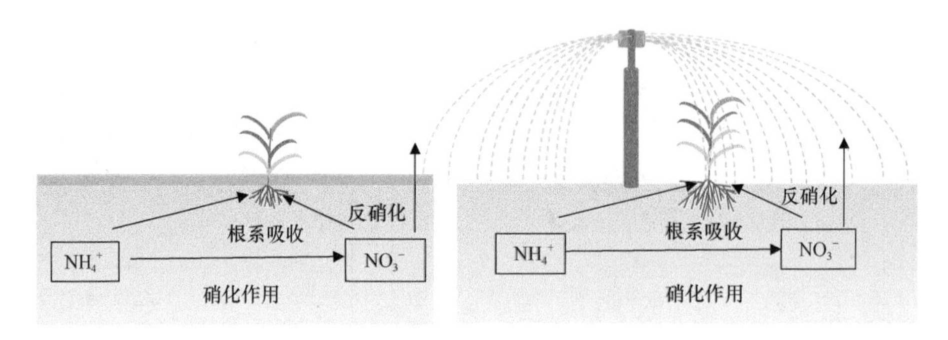

图 9-2 不同灌溉模式对土壤氮素累积影响

1. 节水灌溉技术

优化畦灌可以显著提高作物氮素吸收、降低土壤 NO_3^--N 残留量和淋溶量。土壤 NO_3^--N 含量随着喷灌、施氮频次的增加显著降低，尤其是施氮量为 240kg/hm^2、灌水量为 4575m^3/hm^2 条件下，滴灌 3 次的效果最显著，耕层土壤 NO_3^--N 含量可维持在 100～150mg/kg 的较低水平（雷豪杰等，2021；张绍武等，2019；Yan et al.，2022）。节水灌溉下农田土壤 NO_3^--N 含量降低 21.53%～54.26%（裴沙沙等，2022），土壤 N_2O 排放总量下降了 53.30%～54.31%（韩冰等，2016）。将灌溉模式和氮肥减量两种方式相结合，也是降低土壤氮素累积和淋溶的有效措施。在滴灌条件下，减氮 15%～45%时，0～60 cm 土壤氮含量明显减少 9.81%～75.84%，尤其是 0～20cm 土层变幅最大（杜飞乐等，2018）。但施氮量为 300kg/hm^2 以上时，土壤氮残留量显著增加，且主要以 0～40cm 土壤氮残留量最大（胡语妍，2018）。另有学者通过研究不同集水阻渗调控技术下土壤矿质氮含量的变化来探索适宜旱区果园节水且土壤氮素减蓄的方法。结果表明，起垄覆膜、防渗层和两者结合处理均能减少 0～3m 土层土壤 NO_3^--N 含量，可分别减少 60.08%、74.38%、57.15%（陈嘉钰等，2020）。因此，节水灌溉和氮肥减量相结合能有效减少氮素淋溶与土壤氮素累积。

2. 水肥一体化技术

水肥一体化技术是利用灌溉系统将肥料溶解在水中，同时进行灌溉与施肥，适时、适量地满足农作物对水分和养分的需求。采用水肥一体化技术不仅可以减少肥料使用量和养分流失，还可以满足作物对肥料的需求，提高作物吸氮量，降低土壤氮素累积和淋溶。水肥一体化施肥方式配合“减量分次”施肥管理，能够有效降低氮素输入、提高氮肥利用率，进而降低土壤氮素累积和淋溶风险（李红等，2021）。水肥一体化施肥方式下，减量施氮稻田土壤氮含量降低 15.2%～50.7%（李帅等，2021），土壤氮盈余量降低 111kg/hm^2。水肥一体化结合植物篱措施使全氮、全磷浓度分别降低 31.23%、25.18%，流失总量分别减少 45.38%、36.81%，降低了农田氮磷面源污染物的排放（宋科等，2021）。总之，在满足作物生长所需养分的前提下，采用滴灌、喷灌、水肥一体化等灌溉方式，可以提高作物吸氮量及肥料利用效率，同时减少土壤 NO_3^--N 累积量和淋失量。

三、土壤“内源氮”去除技术

1. 浅、深根系作物的搭配种植

生长过程中作物吸收根系附近土壤中的水分和养分，而距离根系较远土壤中的水分和养分则难以吸收，且不同作物根系在土壤中的分布存在空间差异，因此，不同作物对土壤中不同深度氮素的吸收也存在差异。将浅、深根系作物搭配种植，利用两种作物根系在土壤剖面的空间分布差异和根系形态不同，吸收不同深度土层中氮素，可减少土壤中氮素的累积。搭配种植一般分为浅、深根系作物间作和休闲期种植深根型作物两种情况（图 9-3）。浅、深根系作物间作可以在同时期吸收不同土壤深度的氮素，冬小麦-牧草豆科植物间作土壤 NO_3^--N 含量减少约 43.9%（Arlauskiene et al.，2021）。将菜-休闲-菜轮作改为菜-豆类作物-菜轮作并减少外源氮投入，改良轮作后，三叶草和番茄农田氮损失总量分别减少了 72%、40%，土壤中的 NO_3^--N 分别降低了 65%、43%（Min and Shi，2018）。而在休闲期种植深根型填闲作物，则是利用填闲作物根系发达、生长迅速、吸氮量大等特点，促使其对土层中 NO_3^--N 大量吸收和移除，实现作物对深层土壤中养分的差异化吸收，以降低深层土壤剖面 NO_3^--N 累积和淋溶（彭亚静等，2015；尹兴等，2015）。设施菜地揭棚休闲期种植填闲作物使土壤 NO_3^--N 含量显著减少了 22.70%～55.40%，氮淋溶降低 12.6～28.9kg/hm^2，对氮的淋溶阻控率达到 24.0%～55.1%（巨昇容等，2022）。休闲期种植玉米对设施菜地淋溶液中 NO_3^--N、NH_4^+-N、总磷浓度分别降低 54.4%～76.5%、20.4%～29.6%和 31.0%～64.7%（萧洪东等，2020），种植苋菜对氮素淋溶阻控效率达到 30.1%～49.5%，有效磷含量提升 31.9%～67.8%（范新等，2021）。不同作物类型、种间相互作用强度以及土壤环境条件等对降低土壤氮素累积效果不同，尤其是作物类型间，因此，需要进一步研究不同作物类型间作、轮作对减少土壤氮素累积的效果。

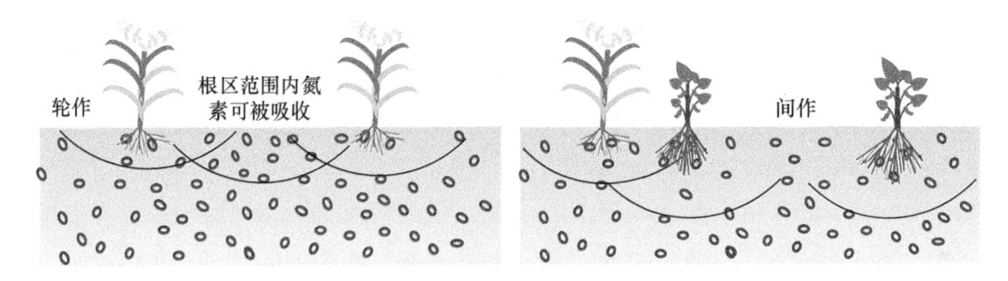

图 9-3　搭配种植对土壤氮素累积影响

2. 原位生物去除技术

微生物脱氮技术是在人为控制下利用微生物去除土壤中氮素的过程。土壤中微生物脱氮有硝化-反硝化、厌氧氨氧化两个过程，先将 NH_4^+-N 氧化为 NO_3^--N，然后在厌氧条件下通过反硝化作用进行脱氮，形成“硝化-反硝化”的脱氮过程，或者厌氧氨氧化菌直接利用 NO_2^-为电子受体，将 NH_4^+-N 转化为氮气的生物反应过程；其中，氮的反硝化过程可能更适合深层土壤脱氮，而厌氧氨氧化脱氮更多应用于污水处理中。在深层土壤剖面中采取原位生物脱氮技术，是一种经济高效、环境友好的氮去除方式，强化土壤剖面中氨氧化过程、减少深层土壤剖面中的氮储量，是降低氮素累积量的重要方法（Roley et al.，2018；陈紫萱等，2022）。恒电位仪利用电极作为电子供体，富集电活性反硝化细菌，加速土壤 NO_3^-的还原，促进氮素的反硝化过程；而生物炭和电势的联合应用不仅可以加速土壤 NO_3^-的去除，还能控制 N_2O 的排放（Qin et al.，2017；胡锦刚等，2021）。异养硝化-好氧反硝化菌株对土壤 NH_4^+-N、NO_2^--N 和 NO_3^--N 去除率分别为 96.72%、91.40%和 97.14%（Yuan et al.，2020）。铁还原菌在不同菜地中铁氨氧化、反硝化和厌氧氨氧化脱氮贡献分别为 73%～12.4%、53.1%～72.3%和 18.9%～36.4%（丁帮璟等，2020）。目前，该技术在水中运用较多，而在土壤中应用相对较少，例如，He 等（2019）研究表明，异养硝化-好氧反硝化细菌 TJPU04 假单胞菌，对水中 NH_4^+-N、NO_3^--N 和 NO_2^--N 去除速率分别为 4.69mg/（L·h）、5.60mg/（L·h）、4.99mg/（L·h），去除效率高达 98%、93%和 100%。因此，微生物脱氮技术在土壤方面的应用需要进一步研究和推广。

四、“控外源，去内源”技术综合评价

基于上述分析，表 9-1 评价了各种措施的优缺点，根据自身需求选择适宜的措施来降低农田土壤氮素累积量，提高土壤氮素利用效率。

农田土壤氮盈余量与氮累积之间总体上呈指数关系，即氮肥用量超过特定值后，土壤氮累积量快速升高，因此，降低氮肥投入和提高作物吸收是降低土壤氮素累积的控制措施。近年来，通过改变田间灌溉、施肥和种植制度及优选肥料种类等措施，已对减少土壤氮素累积起到一定效果，然而，高耗型作物向低耗型作物的种植制度调整、土壤氮素的原位生物去除均受生产成本和土壤环境等影响，难以大面积推广应用。因此，要想有效降低土壤氮素累积量，必定要将施肥、灌溉、种植制度与各种技术措施相结合进行多方位考虑。由于土壤、环境和农艺措施的不同，各种措施效果有所区别，因此，需要进一步研究单个措施效果差异和最佳适用条件对降低农田土壤累积氮素减量的作用效果；另外，各种单项措施相结合的综合效果也需要深入研究，为降低农田土壤氮素累积提供科学支撑和技术指导。

表 9-1　降低土壤氮素累积措施评价

措施分类	具体措施	优点	缺点
施肥	氮肥减施	节约肥料，降低成本	准确的氮肥减量难以把握，需要考虑土壤和作物等因素。除氮肥效应函数法，其他方法工作量大、技术难度较高，较难实施
	有机-无机肥配施	充分发挥有机肥和化肥易实施、提高土壤肥力和氮肥利用效率的优点	需要养殖业配套、有机肥源充足，还需考虑有机肥中重金属含量和发芽指数
	添加硝化抑制剂和脲酶抑制剂等	减缓尿素水解速度和硝化作用，减少 NO_3^--N 流失，提高养分利用效率	易受土壤环境等因素的影响，准确用量难把握
	施用缓/控释肥	省时省工，养分释放缓慢，满足作物需要	成本较单质肥料高，但缓释材料可能会造成二次环境污染
灌溉	节水灌溉（喷灌、滴灌、渗灌）	节约水资源和成本	设施一次性投资较高，设备质量要求较高；运营期需持续维护
	水肥一体化	节水节肥，省时省工，降低成本	
种植制度和技术	低耗型作物替代高耗型作物	节约肥料，肥料利用率高	需调整种植结构，可能会牺牲部分经济效益，农户难接受
	浅、深根系作物的搭配种植	实现作物对土壤剖面不同深度养分的差异化吸收	需调整种植结构，可能会牺牲部分经济效益，从而增加种植成本
原位生物脱氮技术		直接去除，效果好	技术要求和成本高，应用较少，微生物易受各种环境因素影响大，效果稳定性差

第二节　基于硝化抑制剂的氮素减量参数确定

一、硝化抑制剂类型和用量选择试验

试验所用装土容器为内径 16cm、高 21cm、用 PVC 管制作的圆柱桶，每桶装入过 2mm 筛的土 3kg。供试土壤类型为高肥力的洱海流域冲积型水稻土，该取土农田已多年种植蔬菜。土壤理化性质为：全氮 1.59g/kg、全磷 3.10g/kg、有机碳 23.47g/kg、土壤容重 1.14g/cm^3。硝化抑制剂类型：3，4-二甲基吡唑磷酸盐（DMPP）、2-氯-6-三氯甲基吡啶（CP）、双氰胺（DCD）。

试验共设 11 个处理，分别为空白（CK）、单施尿素、尿素+DMPP（DMPP 梯度为 N 投入量的 1%、3%、5%）、尿素+DCD（DCD 梯度为 N 投入量的 5%、10%、15%）、尿素+CP（CP 梯度为 N 投入量的 0.2%、0.5%、1%）。每个处理设置 3 个重复。尿素 N 用量为 30kg/亩。培养期间土壤含水率保持在田间持水量的 70%。

2021 年 8 月 20 日，在室温条件下开始培养，培养时间为 80 天，各处理将所需的肥料或硝化抑制剂混合溶于水中，溶液均匀喷施于土壤表面，空白处理喷施清水。土壤取样时间为培养第 0.5 天、1 天、3 天、5 天、7 天、10 天、15 天、20 天、30 天、40 天、60 天、80 天，每次取土样 50g，测定土壤 NO_3^--N、NH_4^+-N 和含水率，计算硝化抑制率。

土壤硝化抑制率（%）=［（普通施肥的 NO_3^--N 含量–加抑制剂处理的 NO_3^--N 含量）/普通施肥的 NO_3^--N 含量］×100

二、添加不同硝化抑制剂水稻土的 NO_3^--N 和 NH_4^+-N 含量变化

添加不同浓度 DMPP 于水稻土，在培养第 5～10 天后 3%DMPP 和 5%DMPP 处理的土壤 NO_3^--N 含量显著低于 CK 处理（图 9-4），有较好的硝化抑制效果，较 CK 处理平均低 51.7mg/kg。5%DMPP 处理下土壤 NO_3^--N 含量在第 15 天后直至培养结束基本趋于稳定，虽然与 CK 处理的差异较小，但抑制效果较好。

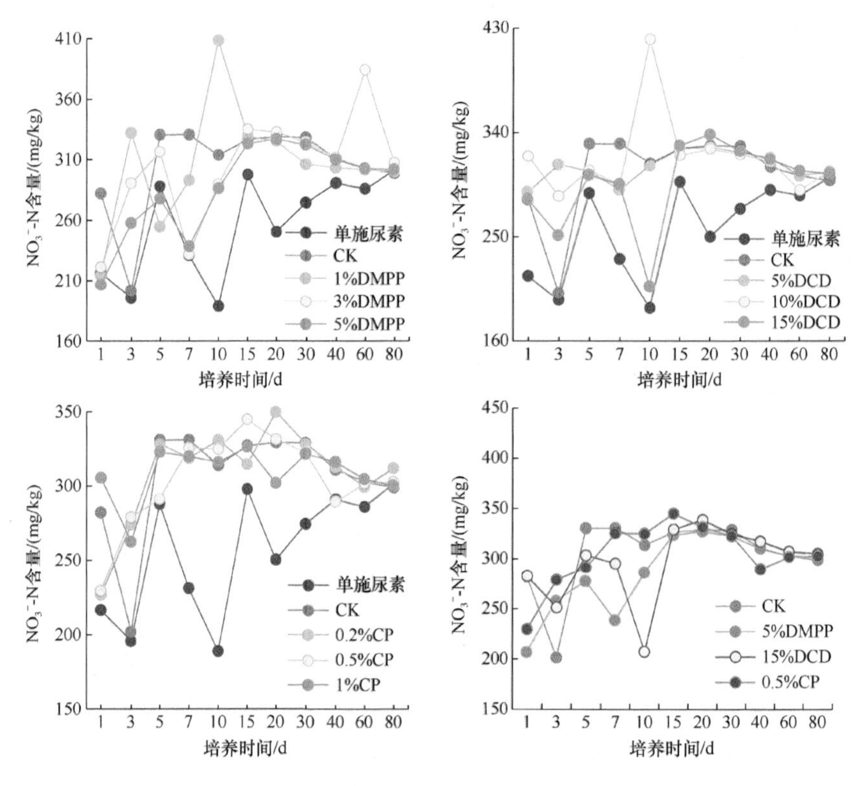

图 9-4 添加硝化抑制剂后水稻土 NO_3^--N 变化

添加不同浓度 DCD 于水稻土，在培养第 5～7 天后，添加 DCD 的 3 个浓度处理土壤 NO_3^--N 含量都显著低于 CK 处理（图 9-4），具有较好的硝化抑制效果。高浓度（15%DCD）处理的抑制效果延续至第 10 天，此时土壤 NO_3^--N 含量最低（207.7mg/kg），从第 15 天开始直至培养结束，3 个 DCD 不同浓度处理的土壤 NO_3^--N 含量与 CK 处理差异不大，随时间的增加呈现降低趋势。15%DCD 处理的土壤 NO_3^--N 含量最低，平均为 296.7mg/kg，具有较好的抑制效果。

添加不同浓度 CP 于水稻土，从第 5 天开始至第 7 天，3 个添加 CP 的处理逐渐表现出一定的抑制效果，土壤 NO_3^--N 含量低于 CK 处理（图 9-4），第 10 天时，CP 处理的土壤 NO_3^--N 含量高于 CK 处理。0.5%CP 处理在培养第 40 天时土壤 NO_3^--N 含量显著低于 CK 处理，有明显的硝化抑制效果；1%CP 处理后期（第 10～80 天），除了在第 20 天土壤 NO_3^--N 含量显著低于 CK 外，其余时段均和 CK 无显著差异。0.5%CP 处理的土壤 NO_3^--N 平均浓度最低，为 304.1mg/kg，具有较好的抑制效果。

水稻土添加 DMPP 后（图 9-5），土壤 NH_4^+-N 含量均显著高于 CK 处理，在培养前 10 天，NH_4^+-N 含量均能保持较高水平，平均为 149.4mg/kg，在第 10～20 天，添加 DMPP 的 3 个处理土壤中 NH_4^+-N 含量呈极显著下降，之后直至培养结束土壤 NH_4^+-N 含量处于较低的稳定水平，但 5%DMPP 处理土壤 NH_4^+-N 高于 1%DMPP 处理和 3%DMPP 处理。

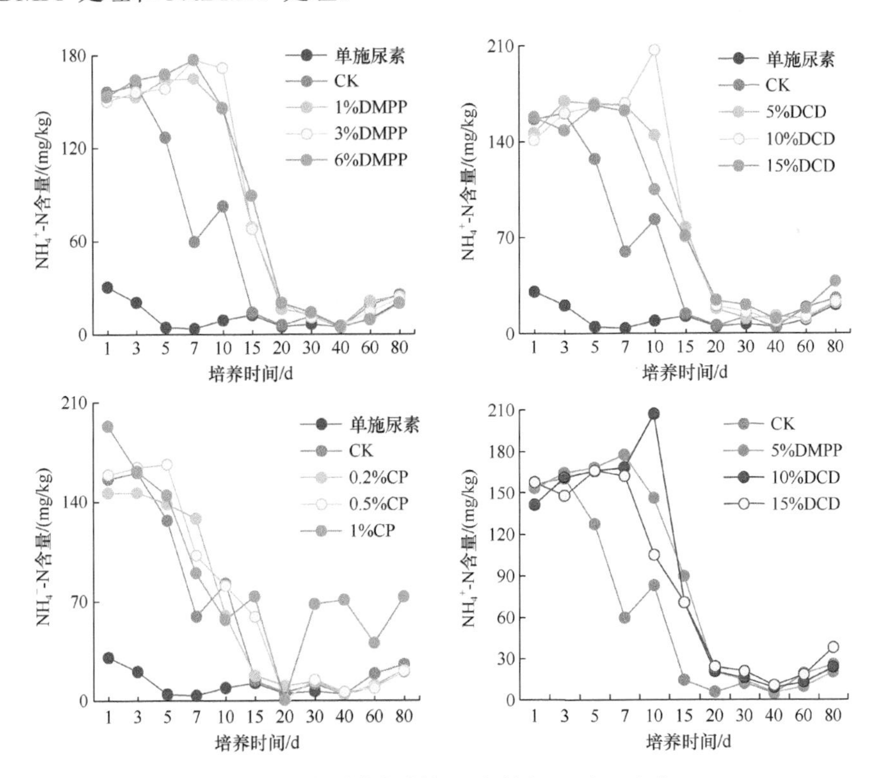

图 9-5　添加硝化抑制剂后水稻土 NH_4^+-N 变化

水稻土添加 DCD 培养后（图 9-5），前 3 天和后 50 天，添加 DCD 的 3 个处理土壤 NH_4^+-N 含量与 CK 处理无显著差异；培养第 5～20 天，3 个处理的土壤 NH_4^+-N 含量均显著高于 CK 处理。比较 3 个 DCD 不同浓度处理，10%DCD 处理土壤 NH_4^+-N 高于 5%DCD 处理和 15%DCD 处理。

水稻土添加 CP 培养后（图 9-5），土壤 NH_4^+-N 含量均高于 CK 处理，比较 3 个添加 CP 的处理，1%CP 处理土壤 NH_4^+-N 含量高于 0.5%CP 处理和 0.2%CP 处理。

综合比较 3 种硝化抑制剂添加后，水稻土 NO_3^--N 最低浓度处理为 5%DMPP、15%DCD 和 0.5%CP（图 9-4），整个培养期，NO_3^--N 平均浓度为 5%DMPP 处理（287.0mg/kg）＞15%DCD 处理（296.7mg/kg）＞0.5%CP 处理（304.1mg/kg），说明 5%DMPP 处理对水稻土氮素的硝化抑制效果最好。3 种硝化抑制剂添加水稻土后，NH_4^+-N 浓度最高的处理为 10%DCD（90.5 mg/kg），其次是 1%CP 处理（88.7mg/kg）和 5%DMPP 处理（88.1mg/kg），且 3 种不同抑制剂添加的水稻土 NH_4^+-N 浓度差别不大。因此，5%DMPP 处理对水稻土硝化抑制效果较好，降低了土壤 NO_3^--N 的流失风险。

三、添加不同硝化抑制剂水稻土的硝化抑制率变化

水稻土肥力水平高，添加硝化抑制剂后，抑制剂对水稻土硝化作用的抑制效果也表现出先上升后下降的趋势（图 9-6），前 10 天的硝化抑制率达到最高，之后呈下降趋势，其中，5%DMPP 处理的平均抑制率最高为 8.2%，其次是 15%DCD 处理（4.9%），最后是 0.5%CP（2.7%），因此，适合水稻土的硝化抑制剂为 DMPP，合适的施用比例为添加施氮量 5%的 DMPP。因为水稻土肥力高，在添加硝化抑制剂时，可适当提高添加比例，提高对水稻土氮素转化的抑制效果。

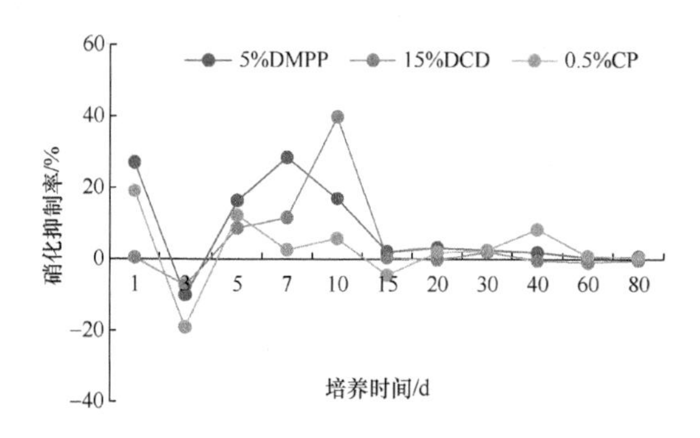

图 9-6　添加硝化抑制剂后水稻土硝化抑制率变化

第三节　休耕对高原湖区农田土壤和浅层地下水中氮累积的影响

一、背景

农业面源污染已成为河、湖等地表水体富营养化最主要的污染源之一，减少外

源氮磷投入是防控农田氮磷流失的重要措施之一，特别是在水环境敏感区，采用休耕进行农田氮磷流失防控是保护区域水环境安全的有效措施。研究表明，氮肥大量施用会增加氮在土壤剖面中的累积（吴芸紫等，2017），而氮减施可降低土壤剖面中氮含量，减少土壤氮的淋溶风险，降低地下水氮污染（张万锋等，2021）。休耕也会降低土壤氮磷流失风险，频繁、持续的翻耕导致表层土壤有机质含量下降，加剧农田表层土壤碳氮磷失衡，引起土壤碳氮磷的损失（张云贵等，2005）。目前，关于施氮对土壤氮分布和地下水氮污染的研究较多，而休耕对其影响的研究鲜见报道。高原湖泊流域农业面源污染问题突出，湖泊保护形势依然严峻，研究表明湖泊流域农业面源污染物主要来源于氮磷肥料的施用（胡光伟等，2023；高田田等，2022）。李正兆等（2008）分析了抚仙湖周边农田浅层地下水的污染状况及影响因素，得出高强度的施肥和灌溉造成了农田土壤氮含量升高，施肥对地下 NO_3^--N 浓度影响显著。李桂芳等（2022）研究表明，云南高原湖周集约化农区近32%的监测点 NO_3^--N 超出《地下水质量标准》（GB/T 14848—2017）中Ⅲ类水规定的20mg/L，高原湖区浅层地下水氮污染较为严重，威胁着高原湖泊水质安全。由此可见，农田面源污染防治是高原湖泊水污染治理的重要内容之一（王佳音等，2013）。

目前，高原湖区农田通过氮磷化肥减施、调整种植和施肥结构等直接或间接源头减量措施进行农田氮磷流失防控。休耕是一种重要的源头减量措施，关于休耕对农田土壤剖面氮累积和地下水氮污染的研究还鲜见报道。因此，本节以抚仙湖周边农田土壤剖面和浅层地下水为对象，分析休耕前后土壤剖面和浅层地下水中氮浓度或储量的变化，探讨休耕对土壤剖面和地下水中氮累积的影响，研究结果为湖泊周边农田土壤剖面氮素减蓄及地下水硝酸盐污染治理提供了技术支持。

二、休耕前后土壤剖面和浅层地下水中氮的监测

1. 研究区概况

随着抚仙湖流域经济社会的快速发展，湖泊水质快速下降，局部水域氮磷时有超标，2022 年湖泊水质已下降至地表水Ⅱ类水水平，湖泊水生态面临退化风险。研究区位于抚仙湖（24°17′～24°37′N，102°49′～102°57′E）周边坝区农田，该区耕地面积约 1307hm^2。土壤类型主要是水稻土、红壤，成土母质多为河湖相沉积物和第四纪风化物。2018 年 1 月，抚仙湖周边坝区农田开始休耕。休耕前作物类型多样，主要种植蔬菜、小麦、玉米、蓝莓、荷藕、水稻等农作物或经济作物。蔬菜复种指数高，一年种植 3～5 茬，种植面积达 4820hm^2。按 1 年平均种植 3 茬作物计，年化肥 N 平均施用量为 738kg/hm^2，化肥 P_2O_5 平均施用量为 351kg/hm^2。高强度施肥造成了农田土壤氮浓度高，土壤剖面氮累积量大，在集中降水和地下水位波动下土壤氮淋失量增加，加大了地下水氮污染风险。

2. 样品采集与测定

2017 年 12 月（休耕前）、2020 年 8 月和 2021 年 4 月（休耕后），分别对抚仙湖周边农田浅层地下水和土壤进行取样，用专用水样采集器在农田灌溉井中采集休耕前水样 39 个、休耕后水样 36 个，水样收集在 200mL 聚乙烯瓶中。在采集水样附近的农田，用 100cm 高的螺旋土钻采集土壤剖面，休耕前 22 个、休耕后 10 个，分 0～30cm、30～60cm 和 60～100cm 三层取土壤剖面样，采集的土样装入聚乙烯密封袋中。将水、土样放在有冰袋的保温箱中带回实验室，并储存在 4℃的冰箱中。水样用于测定总氮（TN）、有机氮（ON）、硝态氮（NO_3^--N）和铵态氮（NH_4^+-N），土样用于测定土壤含水率（MC）、溶解性总氮（DTN）、TN、NO_3^--N 和 NH_4^+-N。选择典型土壤类型分层取环刀样，用于测定土壤容重。

水样中 NO_3^--N 和 NH_4^+-N 用连续流动分析仪测定，TN 用碱性过硫酸钾氧化-紫外分光光度法测定。土壤含水率（MC）用烘干法测定，pH 用便携式电位计测定；土壤中 TN 用凯氏定氮仪测定，NO_3^--N 和 NH_4^+-N 用 $CaCl_2$（0.01mol/L）溶液提取后通过连续流动分析仪测定，DTN 用碱性过硫酸钾氧化-紫外分光光度法测定。

三、休耕前后土壤剖面中氮累积特征

随土层深度的增加，TN、DTN、NO_3^--N、NH_4^+-N 浓度逐渐降低，都呈现 0～30cm＞30～60cm＞60～100cm 的变化规律（图 9-7）。休耕降低了土壤氮浓度，休耕前土壤剖面中各形态氮浓度均大于休耕后（图 9-7），休耕前后，0～30cm 土壤 TN 变化（$P<0.01$）较另外两层显著（$P<0.05$）。休耕后，0～30cm 土壤 TN 浓度为（1.41±0.11）g/kg，较休耕前降低 36.5%，30～60cm（1.04±0.18）g/kg 和 60～100cm（0.80±0.19）g/kg 土壤 TN 分别显著降低了 25.9%、18.4%。休耕前后，60～100cm 土壤 DTN 和 NH_4^+-N 浓度变化较另外两层显著，与休耕前相比，休耕后该土层 DTN（25.72±6.74）mg/kg 和 NH_4^+-N（0.58±0.15）mg/kg 浓度显著降低了 130.2%和 110.6%，0～30cm 土壤 DTN［（46.81±9.35）mg/kg］和 NH_4^+-N［（1.00±0.37）mg/kg］浓度分别降低了 31.6%和 60.1%，30～60cm 土壤 DTN［（39.34±9.81）mg/kg］和 NH_4^+-N［（0.86±0.28）mg/kg］浓度分别降低了 54.0%和 61.3%。30～60cm 土壤 NO_3^--N 浓度变化较其他土层显著（$P<0.05$），与休耕前相比，30～60cm 休耕后 NO_3^--N［（12.51±4.72）mg/kg］浓度降低了 90.8%，0～30cm 土壤 NO_3^--N［（16.05±4.14）mg/kg］和 60～100cm［（11.98±4.04）mg/kg］浓度分别降低 59.5%和 65.4%。由此可见，休耕对土壤剖面氮浓度的影响巨大，休耕不灌溉、不施肥，减少了外源氮投入和淋溶水驱动，降低了土壤剖面氮浓度。

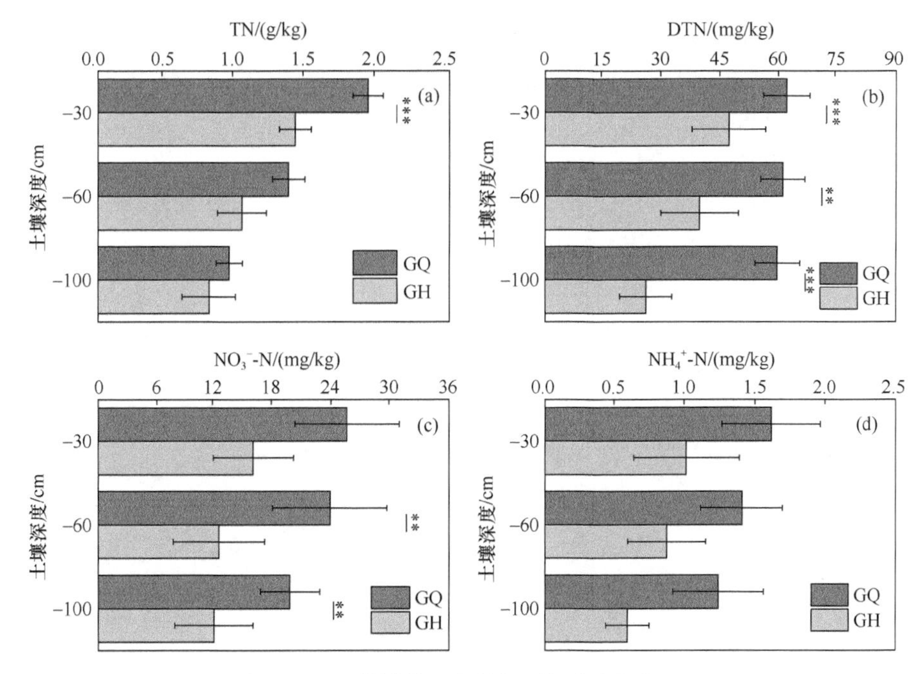

图 9-7 休耕前后土壤剖面氮浓度变化

休耕前蔬菜等作物大面积种植和水肥大量投入，增加了抚仙湖周边农田土壤剖面中氮素累积。图 9-8 表明 0～100cm 土壤剖面氮储量受休耕影响显著($P<0.05$)，休耕前后 TN 和 NH_4^+-N 储量变化呈极显著差异（$P<0.01$），NO_3^--N 和 NH_4^+-N 呈显著差异（$P<0.05$）。休耕后不同形态氮储量显著低于休耕前，休耕前 0～100 cm 土壤 TN 和 DTN 储量分别为（17.20±0.97）t/hm^2 和（0.68±0.06）t/hm^2，而休耕后则分别降至（13.7±2.07）t/hm^2 和（0.47±0.09）t/hm^2；休耕前 0～100cm 土壤 NO_3^--N 和 NH_4^+-N 储量分别为（266.8±31.17）kg/hm^2 和（18.7±3.04）kg/hm^2，而休耕后

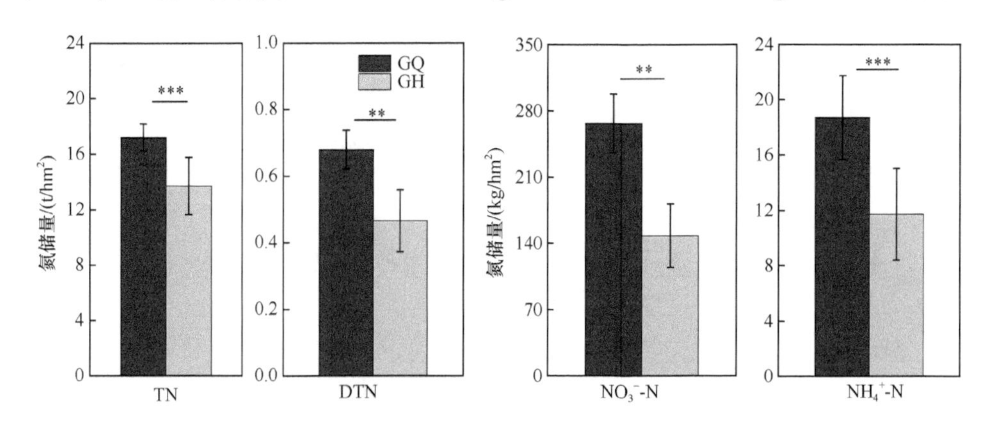

图 9-8 休耕前后 0～100cm 土壤剖面氮储量变化

则分别降至（148.1±33.69）kg/hm^2 和（11.7±3.32）kg/hm^2。休耕后 0～100cm 土壤 TN、DTN、NO_3^--N、NH_4^+-N 储量分别下降 25.5%、44.7%、80.1%、59.9%。由此可见，休耕减少了土壤剖面中氮累积，降低了土壤剖面氮流失风险。

随着集约化农业的发展，肥料持续过量施用，在降水、灌溉等驱动下，投入的氮肥大量淋失出耕层，累积在土壤剖面中，成为地下水氮污染的重要来源。研究表明，中国化肥氮作物平均利用率仅为 31.2%（任科宇等，2019），施入农田中的当季化肥氮近 70%累积在环境和土壤中。其中，氮的地表径流、地下淋溶和氮氧化物的气态损失量分别占当季施氮量的 4.2%、14.0%和 12.5%（Wang et al.，2019；Wei et al.，2021；Ma et al.，2022）；除了氮的地表径流和气态损失外，包括地下淋溶在内的约 52%的当季施氮量进入土壤剖面。外源氮的大量投入，导致农田土壤剖面氮累积量持续升高。特别是蔬菜地，我国露地菜地 0～1m、1～2m、2～3m 和 3～4m 的土壤 NO_3^--N 累积量达 264kg/hm^2、217kg/hm^2、228kg/hm^2 和 242kg/hm^2；设施菜地土壤 NO_3^--N 累积量更高，达到了 504kg/hm^2、390kg/hm^2、349kg/hm^2、244kg/hm^2。0～100cm、0～200cm 和 0～400cm 的 NO_3^--N 累积量分别占当季露地菜地氮肥投入量的 4%、9%和 13%，同样地，设施菜地分别占当季氮肥投入量的 5%、11%和 17%（Bai et al.，2021）。休耕后不灌溉、不施肥，降低了农业生产对土壤的干扰，减少了土壤剖面中各形态氮浓度。研究表明，休耕前土壤剖面氮含量均高于休耕后，说明休耕显著减少了土壤氮盈余量（Shan et al.，2008；李继福等，2014），降低了土壤剖面无机氮储量（陈成龙等，2016），极大地减小了氮素向深层土壤淋溶的风险（吴芸紫等，2017）。抚仙湖周边农田休耕前主要种植蔬菜，施肥量大、复种指数高，高强度的耕作、施肥和灌溉，增加了土壤剖面氮素累积，致使休耕前 0～100cm 土壤剖面 TN 和 NO_3^--N 高达 17.2t/hm^2 和 267kg/hm^2，而 3 年休耕（不施肥、不灌溉）后，土壤剖面 TN 和 NO_3^--N 累积量显著下降了 25.5% 和 80.1%。同样地，减氮施用硝化抑制剂处理下 0～120cm 设施菜地土壤剖面 NO_3^--N 累积量较常规施肥显著降低 13.07%～62.32%（赵宇晴等，2023），减氮条件下施用缓释肥料的春玉米农田 0～120cm 土层土壤 NO_3^--N 含量低于对照，降低了 NO_3^--N 向更深土层淋溶的风险（赵聪等，2020）。减施氮肥也降低了土壤 TN、NO_3^--N、NH_4^+-N 和碱解氮含量（胡启良等，2022）。由此可见，不施或减施氮肥显著降低了土壤氮含量。

四、休耕前后浅层地下水中氮浓度变化特征

休耕通过改变土壤中氮储量进而影响着浅层地下水中氮浓度和各氮形态分配的变化，图 9-9 表明休耕前抚仙湖周边浅层地下水中 TN、ON、NO_3^--N、NH_4^+-N 平均浓度分别为（12.90±2.35）mg/L、（3.41±1.52）mg/L、（7.81±1.99）mg/L、

（0.73±0.33）mg/L，近46%的采样点NO_3^--N浓度超出《地下水质量标准》（GB/T 14848—2017）中Ⅲ类水质要求规定的20mg/L。休耕后地下水中TN、ON、NO_3^--N、NH_4^+-N浓度分别下降了88.4%、82.7%、92.1%、65.8%，地下水水质整体以Ⅰ、Ⅱ类水质为主。休耕前后地下水中NH_4^+-N浓度具有显著差异（$P<0.05$），其他形态氮浓度呈极显著差异（$P<0.01$）。休耕改变了地下水中氮形态的分配，ON/TN和NH_4^+-N/TN从休耕前的26%和6%升高至休耕后的39%和17%，而NO_3^--N/TN从休耕前的61%降至休耕后的41%。由此可见，休耕降低了地下水中氮浓度，提高了地下水水质。

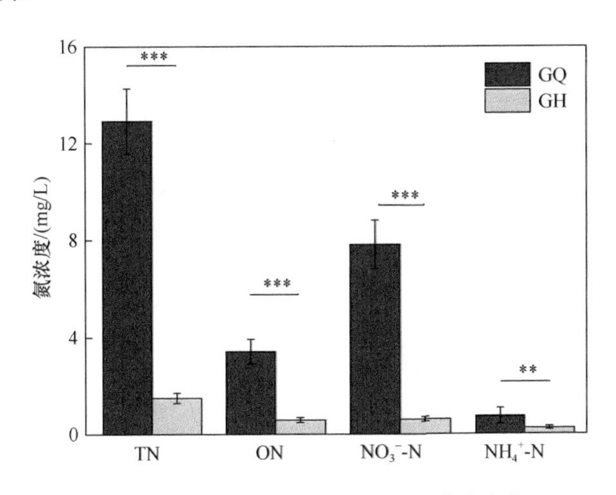

图9-9　休耕前后浅层地下水中氮浓度变化

土地利用影响着地表氮负荷，驱动土壤氮素的迁移转化，进一步影响着浅层地下水氮浓度和形态（李桂芳等，2022）。农业生产中过量施氮不仅对作物增产效果不显著，还导致盈余氮在土壤中累积及渗漏到地下水，成为地下水氮的主要来源之一（Esteller et al.，2009）。研究表明，土壤氮淋溶以NO_3^--N为主，且大量发生在施肥后的较强降水过程中（李景润等，2021），氮的淋溶增加了地下水氮污染风险。高原湖周集约化农区化肥氮占浅层地下水硝酸盐来源的20%左右，而由于长期施肥累积的土壤氮贡献了44%（Cui et al.，2023）。本研究结果表明，休耕前抚仙湖周边农田浅层地下水NO_3^--N整体在地下水Ⅲ类水质水平（20mg/L），休耕后显著降低了地下水中各形态氮浓度，使地下水水质显著提升至Ⅰ～Ⅱ类水质水平，水质得到明显改善。抚仙湖周边农田大多分布在南、北两端，休耕前主要种植蔬菜、花卉等经济作物，复种指数高，氮肥用量大，多数氮肥残留在土壤以及渗漏到地下水中（袁玲等，2010），导致农田区域地下水氮污染严重；而休耕后不灌溉、不施肥，进入到地下水中的氮仅为土壤遗留氮，显著降低了地下水氮浓度。Mayer等（2010）研究结果表明，较严重的地下水

NO_3^--N 污染主要与化肥施用量较高的蔬菜种植有关，施肥量较高的蔬菜种植区地下水 NO_3^--N 含量明显高于低施肥的大田作物种植区。因此，为防止湖泊周边浅层地下水水质恶化及其对湖泊水质的影响，建议合理调整种植结构，降低复种指数，减少肥料投入，有机-无机肥合理配施，农田进行轮休，距湖较近的农田可以延长休耕年限。

五、休耕前后土壤氮累积差异对浅层地下水中氮浓度的影响

土壤剖面中氮累积影响着浅层地下水中氮浓度变化。图 9-10 表明，休耕前后土壤剖面中各形态氮储量与地下水中 NO_3^--N 浓度都呈现显著线性正相关（$P<0.05$），说明随土壤剖面中氮储量的增加，地下水中 NO_3^--N 浓度呈现不同程度的递增。休耕前浅层地下水中 NO_3^--N 浓度的增长速率远高于休耕后，随着 0～100cm 土壤中 TN、DTN、NO_3^--N、NH_4^+-N 储量的增加，休耕前地下水 NO_3^--N 浓度的增长速率分别为 0.687、5.235、0.009 和 0.087，而休耕后地下水 NO_3^--N 浓度的增长速率分别为 0.011、0.657、0.001 和 0.02。由此可见，休耕显著降低了浅层地下水 NO_3^--N 浓度的增长速率。

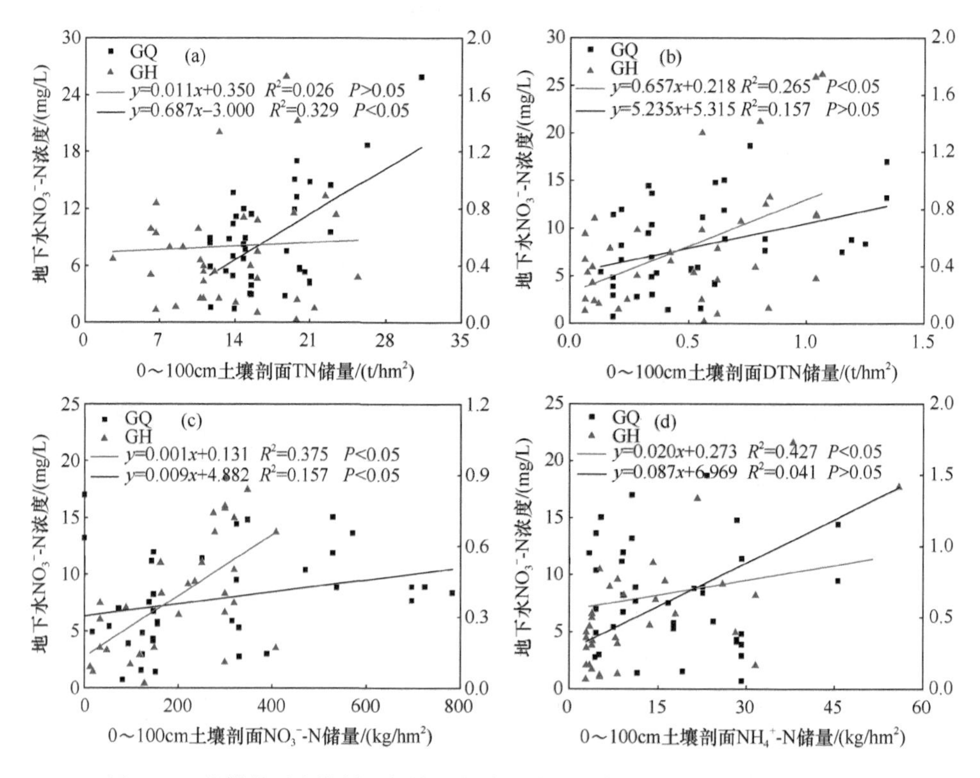

图 9-10 休耕前后土壤剖面氮储量与浅层地下水中 NO_3^--N 浓度的线性关系

第四节　小　　结

土壤累积氮已成为农田氮素径流和淋溶流失的主要来源，也最终成为河流、湖泊等地表水体和浅层地下水中 NO_3^--N 的重要来源，因此，“控增量、去存量”是农田土壤氮素减蓄的主要策略。外源氮素施用减量包括以提高氮养分利用效率为目标外源氮投入减量，如施用硝化抑制剂、有机-无机肥配施以提高氮素利用效率，以及外源氮的零投入（如休耕措施）。高原湖区水稻土肥力水平较高，适合水稻土的硝化抑制剂为 DMPP，合适的施用比例为 DMPP 添加施氮量的 5%左右。

休耕显著降低了土壤剖面和地下水中氮浓度和土壤氮储量，休耕后各层土壤 TN、DTN、NO_3^--N 和 NH_4^+-N 浓度分别降低 18.4%～36.5%、54.0%～130.2%、59.5%～90.8%和 60.1%～110.6%，0～100cm 土壤 TN、DTN、NO_3^--N、NH_4^+-N 储量分别下降 25.5%、44.7%、80.1%、59.9%，地下水中 TN、ON、NO_3^--N、NH_4^+-N 浓度分别下降了 88.4%、82.7%、92.1%、65.8%。因此，为防止高原湖区农田土壤氮累积及其对浅层地下水的氮素污染及湖泊水质恶化，建议湖泊周边农田调整种植结构，降低复种指数，或实行轮休，减少肥料投入量，距湖泊较近的农田可适当延长休耕年限。

参 考 文 献

陈成龙, 高明, 倪九派, 等. 2016. 三峡库区小流域不同土地利用类型对氮素流失影响[J]. 环境科学, 37(5): 1707-1716.

陈春兰, 陈安磊, 魏文学, 等. 2021. 长期施肥对红壤稻田剖面土壤碳氮累积的影响[J]. 水土保持研究, 28(2): 14-20.

陈嘉钰, 谢永生, 骆汉, 等. 2020. 黄土高原苹果园不同集水阻渗技术调控下土壤水分、矿质氮含量变化[J]. 干旱地区农业研究, 38(3): 19-25.

陈紫萱, 周钟昱, 蒋文婷, 等. 2022. 竹林河岸带土壤反硝化脱氮效果模拟及机理研究[J].环境科学学报, 42(6): 426-436.

杜飞乐, 任天宝, 林二阁, 等. 2018. 滴灌减氮对植烟土壤无机氮变化及烟株氮积累的影响[J]. 土壤, 50(2): 298-304.

丁帮璟, 徐梦珊, 李丹丹, 等. 2020. 不同菜地土壤的铁氨氧化脱氮过程探究[J]. 中国环境科学, 40(8): 3506-3511.

范新, 李浩亮, 雷孝, 等. 2021. 南方设施菜地填闲苋菜筛选及其氮磷淋失阻控效果研究[J]. 土壤, 53(2): 285-290.

冯朋博, 康建宏, 梁熠, 等. 2020. 普通尿素与控释尿素配施比例和方法对土壤氮素供应和春玉米产量的影响[J]. 植物营养与肥料学报, 26(4): 692-704.

高田田, 谢晖, 万能胜, 等. 2022. 巢湖典型农村流域面源氮磷污染模拟及来源解析[J]. 农业环境科学学报, 41(11): 2428-2438.

郭丽, 史建硕, 王丽英, 等. 2018. 滴灌水肥一体化条件下施氮量对夏玉米氮素吸收利用及土壤硝态氮含量的影响[J]. 中国生态农业学报, 26(5): 668-676.

郭路航, 王贺鹏, 李妍, 等. 2022. 河北太行山山前平原葡萄园土壤硝态氮累积特征及影响因素[J]. 水土保持学报, 36(3): 280-285.

韩冰, 叶旭红, 张西超, 等. 2016. 不同灌溉方式设施土壤 N_2O 排放特征及其影响因素[J]. 水土保持学报, 30(5): 310-315, 321.

胡锦刚, 肖春桥, 邓祥意, 等. 2021. 稀土浸矿场地土壤异养硝化-好氧反硝化菌株 K3 的分离及脱氮研究[J]. 稀土, 42(5): 1-12.

胡语妍. 2018. 滴灌条件下不同施氮量和灌溉定额对春小麦生长和氮素积累与转运的影响[D]. 石河子: 石河子大学硕士学位论文.

胡光伟, 梁业伟, 庄少奇, 等. 2023. 洞庭湖流域农业面源污染时空分异特征与防治建议[J]. 环境生态学, 5(3): 59-65.

胡启良, 杨滨娟, 刘宁, 等. 2022. 绿肥混播下不同施氮量对水稻产量、土壤碳氮和微生物群落的影响[J]. 华中农业大学学报, 41(6): 16-26.

金容, 李兰, 郭萍, 等. 2018. 控释氮肥比例对土壤氮含量和玉米氮素吸收利用的影响[J]. 水土保持学报, 32(6): 214-221.

巨昇容, 闵炬, 董刚强, 等. 2022. 不同种类填闲作物阻控设施菜地氮磷淋溶效果及机制研究[J/OL]. 土壤学报: 1-12. (2022-06-11). https://kns.cnki.net/kcms/detail/32.1119.P.20220609.1832.008.html.

赖睿特, 杨涵博, 张克强, 等. 2020. 硝化/脲酶抑制剂及生物质炭对养殖肥液灌溉土壤氮素转化的影响[J]. 农业资源与环境学报, 37(4): 537-543.

雷豪杰, 李贵春, 丁武汉, 等. 2021. 设施菜地土壤氮素运移及淋溶损失模拟评价[J]. 中国生态农业学报(中英文), 29(1): 38-52.

李桂芳, 杨恒, 叶远行, 等. 2022. 高原湖泊周边浅层地下水: 氮素时空分布及驱动因素[J].环境科学, 43(6): 3027-3036.

李敏, 王春雪, 舒正文, 等. 2019. 牛粪化肥配施对稻田下渗水氮素流失和水稻氮素积累的影响[J]. 农业环境科学学报, 38(4): 903-911.

李瑞珂, 汪洋, 安志超, 等. 2018. 不同产量类型小麦品种的干物质和氮素积累转运特征[J]. 麦类作物学报, 38(11): 1359-1364.

李红, 汤攀, 陈超, 等. 2021. 中国水肥一体化施肥设备研究现状与发展趋势[J]. 排灌机械工程学报, 39(2): 200-209.

李景润, 谢军红, 李玲玲, 等. 2021. 耕作措施与施氮量对旱作玉米产量及土壤水氮利用效率的影响[J].西北农业学报, 30(7): 1000-1009.

李继福, 鲁剑巍, 任涛, 等. 2014. 稻田不同供钾能力条件下秸秆还田替代钾肥效果[J]. 中国农业科学, 47(2): 292-302.

李帅, 卫琦, 徐俊增, 等. 2021. 水肥一体化条件下控灌稻田土壤氮素及水稻生长特性研究[J]. 灌溉排水学报, 40(10): 79-86.

李正兆, 高海鹰, 张奇, 等. 2008. 抚仙湖流域典型农田区地下水硝态氮污染及其影响因素[J]. 农业环境科学学报, 27(1): 286-290.

刘沥阳, 华伟, 张诗雨, 等. 2020. 东北棕壤长期不同施肥处理轮作大豆氮素吸收和土壤硝态氮特征[J]. 植物营养与肥料学报, 26(1): 10-18.

刘晶, 郑利芳, 王颖, 等. 2022. 控释尿素施用比例对旱地春玉米产量及土壤硝态氮残留量的影响[J]. 西北农林科技大学学报(自然科学版), 50(11): 127-134.

潘飞飞, 宋俊杰, 李庆飞. 2022. 不同种植年限设施菜田土壤硝态氮的累积与空间分布特性[J]. 中国瓜菜, 35(1): 70-75.

彭亚静, 郝晓然, 吉艳芝, 等. 2015. 填闲种植对棚室菜田累积氮素消减及黄瓜生长的影响[J]. 中国农业科学, 48(9): 1774-1784.

裴沙沙, 黎耀军, 严海军, 等. 2022. 喷灌施氮对马铃薯氮素积累及土壤硝态氮影响[J]. 排灌机械工程学报, 40(7): 745-750.

屈佳伟, 高聚林, 于晓芳, 等. 2018. 不同氮效率玉米品种对土壤硝态氮时空分布及农田氮素平衡的影响[J]. 作物学报, 44(5): 737-749.

任科宇, 段英华, 徐明岗, 等. 2019. 施用有机肥对我国作物氮肥利用率影响的整合分析[J]. 中国农业科学, 52(17): 2983-2996.

茹淑华, 张国印, 耿暖, 等. 2015. 氮肥施用量对华北集约化农区作物产量和土壤硝态氮累积的影响[J]. 华北农学报, 30(S1): 405-409.

宋科, 秦秦, 郑宪清, 等. 2021. 水肥一体化结合植物篱对减缓果园土壤氮磷地表径流流失的效果[J]. 水土保持学报, 35(3): 83-89.

王超林, 程伯夷, 华玉妹. 2019. 农业固废碳源对三峡库区消落带土壤脱氮性能的强化作用[J]. 环境工程, 37(8): 101-106.

王佳音, 张世涛, 王明玉, 等. 2013. 滇池流域大河周边地下水氮污染的时空分布特征及影响因素分析[J]. 中国科学院研究生院学报, 30(3): 339-346.

王汝丹, 王学春, 陈虹, 等. 2021. 氮磷调控对土壤氮素分布及利用的影响[J]. 湖南师范大学自然科学学报, 44(6): 54-61.

王士军, 田路遥, 刘丙霞. 2023. 地下水浅埋区层状土壤结构对包气带硝态氮累积和淋失的影响[J]. 中国生态农业学报(中英文), 31(1): 125-135.

吴芸紫, 刘章勇, 蒋哲, 等. 2017. 稻-麦连作和稻-休耕农田植物物种多样性的比较[J]. 草业科学, 34(5): 1090-1099.

萧洪东, 雷孝, 涂金智, 等. 2020. 玉米填闲种植对珠三角菜地土壤氮磷吸收淋失阻控及其对后茬蔬菜生产影响的研究[J]. 生态环境学报, 29(11): 2199-2205.

徐大兵, 赵书军, 袁家富, 等. 2018. 有机肥替代氮化肥对叶菜产量品质和土壤氮淋失的影响[J]. 农业工程学报, 34(S1): 13-18.

尹兴, 汪新颖, 张丽娟, 等. 2015. 填闲作物消减蔬菜生产棚室土壤硝态氮潜力研究[J]. 农业资源与环境学报, 32(3): 222-228.

袁玲, 王容萍, 黄建国. 2010. 三峡库区典型农耕地的氮素淋溶与评价[J]. 土壤学报, 47(4): 674-683.

臧祎娜, 周晓丽, 解东友, 等. 2018. 硝化抑制剂 DCD 和 NP 对温室菜田土壤氮素转化及 N_2O、CO_2 排放的影响[J]. 江苏农业科学, 46(20): 333-337.

赵伟鹏, 王倩姿, 王东, 等. 2021. 设施大棚黄瓜-紫甘蓝轮作体系产量和土壤氮平衡对氮素调控剂的响应[J]. 植物营养与肥料学报, 27(6): 980-990.

张仁和, 王博新, 杨永红, 等. 2017. 陕西灌区高产春玉米物质生产与氮素积累特性[J]. 中国农业科学, 50(12): 2238-2246.

张恒, 陈艳琦, 任杰莹, 等. 2022. 西南麦区小麦苗期氮高效品种筛选及指标体系构建[J]. 四川农业大学学报, 40(1): 10-18, 27.

张绍武, 胡田田, 刘杰, 等. 2019. 滴灌施肥下水肥用量对温室土壤硝态氮残留的影响[J]. 灌溉排水学报, 38(3): 56-63.

张万锋, 杨树青, 孙多强, 等. 2021. 秸秆覆盖与氮减施对土壤氮分布及地下水氮污染影响[J]. 环境科学, 42(2): 786-795.

张云贵, 刘宏斌, 李志宏, 等. 2005. 长期施肥条件下华北平原农田硝态氮淋失风险的研究[J]. 植物营养与肥料学报, 11(6): 711-716, 736.

赵聪, 张伟, 刘化涛, 等. 2020. 减氮量施用缓释氮肥对春玉米产量及土壤硝/铵态氮含量剖面分布的影响[J]. 土壤通报, 51(2): 430-435.

赵宇晴, 杨迎, 田晓楠, 等. 2023. 减氮配施硝化抑制剂与菌剂对温室黄瓜产量品质和土壤氮素损失的影响[J]. 水土保持学报, 37(4): 267-277.

周翔, 陈上, 何川, 等. 2019. 覆膜和控/缓释肥互作对春玉米生长与氮素利用的影响[J]. 农业机械学报, 50(8): 321-330.

周旋, 吴良欢, 董春华, 等. 2019. 氮肥配施生化抑制剂组合对黄泥田土壤氮素淋溶特征的影响[J]. 生态学报, 39(5): 1804-1814.

Arlauskiene A, Gecaite V, Toleikiene M, et al. 2021. Soil nitrate nitrogen content and grain yields of organically grown cereals as affected by a strip tillage and forage legume intercropping[J]. Plants, 10(7): 1453.

Bai X L, Jiang Y, Miao H Z, et al. 2021. Intensive vegetable production results in high nitrate accumulation in deep soil profiles in China[J]. Environmental Pollution, 287: 117598.

Bai L L, Shi P, Li Z B, et al. 2022. Effects of vegetation patterns on soil nitrogen and phosphorus losses on the slope-gully system of the Loess Plateau[J]. Journal of Environmental Management, 324: 116288.

Carey B M, Pitz C F, Harrison J H 2017. Field nitrogen budgets and post-harvest soil nitrate as indicators of N leaching to groundwater in a Pacific Northwest dairy grass field[J]. Nutrient Cycling in Agroecosystems, 107(1): 107-123.

Cui R Y, Zhang D, Hu W L, et al. 2023. Nitrogen in soil, manure and sewage has become a major challenge in controlling nitrate pollution in groundwater around plateau lakes, Southwest China[J]. Journal of Hydrology, 620: 129541.

Cui X M, Wang J Q, Wang J H, et al. 2022. Soil available nitrogen and yield effect under different combinations of urease/nitrate inhibitor in wheat/maize rotation system[J]. Agronomy, 12(8): 1888.

Dupas R, Ehrhardt S, Musolff A, et al. 2020. Long-term nitrogen retention and transit time distribution in agricultural catchments in western France[J]. Environmental Research Letters, 15(11): 115011.

Esteller M V, Martínez-Valdés H, Garrido S, et al. 2009. Nitrate and phosphate leaching in a Phaeozem soil treated with biosolids, composted biosolids and inorganic fertilizers[J]. Waste Management, 29(6): 1936-1944.

Gao J B, Lu Y L, Chen Z J, et al. 2019. Land–use change from cropland to orchard leads to high nitrate accumulation in the soils of a small catchment[J]. Land Degradation and Development, 30(17): 2150-2161.

Geng Y H, Cao G J, Wang L C, et al. 2019. Effects of equal chemical fertilizer substitutions with organic manure on yield, dry matter, and nitrogen uptake of spring maize and soil nitrogen distribution[J]. PLoS One, 14(7): e0219512.

He X L, Sun Q, Xu T Y, et al. 2019. Removal of nitrogen by heterotrophic nitrification-aerobic denitrification of a novel halotolerant bacterium *Pseudomonas mendocina* TJPU04[J]. Bioprocess and Biosystems Engineering, 42(5): 853-866.

Liu K L, Du J X, Zhong Y J, et al. 2021. The response of potato tuber yield, nitrogen uptake, soil nitrate nitrogen to different nitrogen rates in red soil [J]. Scientific Reports, 11: 22506.

Liu Z H, Gao J C, Xu L Y, et al. 2022. Effects of humic materials on soil N transformation and NH_3 loss when co-applied with 3, 4-dimethylpyrazole phosphate and urea[J]. Journal of Soil Science and Plant Nutrition, 22(3): 3490-3499.

Ma R Y, Yu K, Xiao S Q, et al. 2022. Data-driven estimates of fertilizer-induced soil NH_3, NO and N_2O emissions from croplands in China and their climate change impacts[J]. Global Change Biology, 28(3): 1008-1022.

Mayer P M, Groffman P M, Striz E A, et al. 2010. Nitrogen dynamics at the groundwater-surface water interface of a degraded urban stream[J]. Journal of Environmental Quality, 39(3): 810-823.

Min J, Shi W M, 2018. Nitrogen discharge pathways in vegetable production as non-pont sources of pollution and measures to control it[J]. Science of the Total Environment, 613-614(1): 1359-1364.

Qin S P, Zhang Z J, Yu L P, et al. 2017. Enhancement of subsoil denitrification using an electrode as an electron donor[J]. Soil Biology and Biochemistry, 115: 511-515.

Roley S S, Tank J L, Grace M R, et al. 2018. The influence of an invasive plant on denitrification in an urban wetland [J]. Freshwater Biology, 63(4): 353-365.

Singh B J, Shan Y H, Johnson-Beebout S E, et al. 2008. Chapter3 Crop residue management for lowland rice-based cropping systems in Asia[J]. Advances in Agronomy, 98: 117-199.

Shu X X, Wang Y Q, Wang Y L, et al. 2021. Response of soil N_2O emission and nitrogen utilization to organic matter in the wheat and maize rotation system [J]. Scientific Reports, 11: 4396-4396.

Wang R, Min J, Kronzucker H J, et al. 2019. N and P runoff losses in China's vegetable production systems: Loss characteristics, impact, and management practices[J]. Science of The Total Environment, 663: 971-979.

Wei Z B, Hoffland E, Zhuang M H, et al. 2021. Organic inputs to reduce nitrogen export via leaching and runoff: A global meta-analysis[J]. Environmental Pollution, 291: 118-176.

Wu H Y, Song X D, Zhao X R, et al. 2019. Accumulation of nitrate and dissolved organic nitrogen at depth in a red soil Critical Zone[J]. Geoderma, 337: 1175-1185.

Yan F L, Shi Y, Yu Z W. 2022. Optimized border irrigation improved nitrogen accumulation, translocation of winter wheat and reduce soil nitrate nitrogen residue[J]. Agronomy, 12(2): 433.

Yin X, Zhang L J, Li B W, et al. 2018. Effects of nitrogen fertilizer and dicyandiamide application on tomato growth and reactive nitrogen emissions in greenhouse[J]. Scientia Agricultura Sinica, 51(9): 1725-1734.

Yuan H J, Zeng J R, Yuan D, et al. 2020. Co-application of a biochar and an electric potential accelerates soil nitrate removal while decreasing N_2O emission[J]. Soil Biology and Biochemistry, 149: 107946.

Zhao Z G, Verburg K, Huth N. 2017. Modelling sugarcane nitrogen uptake patterns to inform design of controlled release fertiliser for synchrony of N supply and demand[J]. Field Crops Research, 213: 51-64.